菜根谭全集

卷二

［明］洪应明 著

吉林出版集团有限责任公司

第三编　立志问学篇

穷愁寥落，不应废弛

贫家净拂[①]地，贫女净梳头。景色虽不艳丽[②]，气度自是风雅。士君子一当穷愁寥落[③]，奈何辄自废弛[④]哉！

【注释】 ①拂：掸，掸去尘土。

②艳丽：光彩艳丽、光艳美丽。

③寥落：空寂、冷落，用来形容寂寞不得志的样子。

④废弛：废弃懈怠，指应施行而未施行。

【译文】 贫穷的人家地上总是十分干净，贫家女子的头发总是光亮整齐，没有什么珠光宝饰。看上去虽然不是那样耀眼夺目，却另有一种不俗的气质。读书人到了穷困潦倒时，为什么就会自暴自弃、放松对自己的要求呢！

【解评】 充足的生活是为满足于我们追求精神境界准备物质条件，物质上的贫穷可以清苦我们的身体，但我们的心灵是富裕的。这正是人与动物的区别。孔子最喜欢的弟子颜回以修行修养而著称，他家境贫寒，却十分向学，孔子曾经说过："饭疏食，饮水，曲肱而枕之，乐亦在其中矣。"追求仁义的乐趣是物质生活的享受所无法可比的，颜回正是沉浸于这种乐趣中，物质生活的匮乏并不能动摇他的向学之心，所以连孔子也感叹地说："一箪食，一瓢饮，居陋巷，人不堪其忧，回也不改其乐，贤哉回也。"后世追求修为的君子则应该以颜回为榜样。

孔子的弟子颜渊像

摆脱俗情，与世无争

做人无甚高远事业，摆脱得

俗情[①]，便入[②]名流；为学无甚增益功夫，减除得物累[③]，便超圣境[④]。

【注释】 ①俗情：世俗的情感。

②入：与“出”相对，进入。

③物累：为外物所累，指心思受到物欲的损害。

④圣境：脱俗的境界。

【译文】 做人不必一定要做出一番远大的事业，只要能够摆脱俗气，拥有自己不凡的气质，便可以跻身名人高士之列；做学问也不必非要有所创见，只要抛弃个人得失，就可进入超凡脱俗的境界。

【解评】 大千世界，茫茫众生不乏英雄人物，可是一个时代也就那么几个，普通人不一定都能做出什么大事业而名扬万年，但并不代表不能活得精彩。只要能超越世俗的局限，摆脱功名利禄的束缚，活出真实的自我，便是有境界的性情中人。就如同做学问一样，不是每个人都能创建什么惊人的理论，但只要摆脱功利之心，不是为了什么物质的或其他的目的做学问，就可以说是超越的境界了。在生活中，不要戴着功利的有色眼镜看待问题，不要总是计较自己的得失，还生命的本真面目，你就会觉得生活其实很美好很轻松。

心地需清净，读书易学古

唐太宗李世民像

心地清净[①]方可读书学古。不然，见一善行，窃以济私；闻[②]一善行，假以覆短[③]。是又藉寇兵而赍[④]盗粮矣。

【注释】 ①心地清净：指心地纯洁。清，洁净。净，干净，洁净。

②闻：见识，见闻。

③覆：覆盖，掩蔽。短：短处，缺点。

④赍：把东西送给人。

【译文】 只有心灵纯洁的人才可以通过读书学习古人的长处。否则，会因为见到一件好的处事方法，却拿来自己谋取私利；学到一种好的处事方法，却用来掩饰自己的缺点。这就如同向贼借兵或给盗送粮。

【解评】 品味古书，学习古人的人生智慧生活经验，是增加学识、扩大眼界、充实心灵的一种途径，如同唐太宗李世民说过的一样：“以铜为镜，可以正衣冠；以古为镜，可以知兴替；以人为镜，可以明得失。”如果没有从大处着眼、全局把握的能力，把古人的处世方法经验之谈用做伪饰自己的手段，则从本质上违背了古为今用的意义。好像一件珍贵的古董却被暴发户用来装点门面，完全辱没了古董的价值。只有心灵纯净的人，没有谋取私利的杂念，才能真正读懂古人之书，理解其中的道理。

勿让外物锢，需觅本来心

人心有一部真文章，都被残篇断简①封锢了；有一部真鼓吹②，都被妖姬艳舞湮没了。学者须扫除外物，直觅③本来，才有个真受用。

【注释】 ①残篇断简：指古人遗留下来的残缺不全的书籍和文章。

②鼓吹：乐名，用鼓、钲、箫等乐器合奏。常用于军中，后用于朝廷宴会等。

③觅：寻找，探究。

【译文】 在每人心中都有一篇优秀的文章，可惜的是都被那些空洞呆板的书本所禁锢；每人心中本来都有一曲动听的乐章，可惜却被那些妖艳女子的轻歌曼舞所掩盖。只有排除外界干扰，去探究事物的特有规律，才能有所作为、才能受益无穷。

【解评】 外界规定性事物总是影响着人的认知，这个规定性事物就是，所有的经验和说法……然而盲目地接受太多陈规的后果是丧失了自己的敏感和独特的创见，只会重复别人的话语，这是因为自己的心灵已被外界成规所蒙蔽。治学的人不仅要保持自己敏锐的心灵，还要接受更多的考验。长期以来，治学都是最为辛苦的工作之一。除去脑力体力的劳动，还要坚定信念，不为外物所诱惑。治学是清苦的工作，而现代社会让人分心分神的事物越来越多，灯红酒绿的物质享受，学术研究领域日益纷繁的理论学说，都在阻碍着治学的前进。必须返回内心，拒绝一切诱惑和动摇，想要找到属于自己的世界，就要用自己敏锐的内心去体会世界。

体味真意，不误正道

读书不见圣贤，如铅椠佣；居官不爱子民，如衣冠盗；讲学不尚躬行，如口头禅①；立业不思种德，如眼前花。

【注释】 ①口头禅：指常挂在嘴边的话或口头用语，常作为谈话的点缀，在这里是夸夸其谈的意思。

【译文】 如果只是一味地读书不去领会圣贤的思想，那就会成为文字的奴隶；做官如果不替百姓多做些好事，那就如同是衣冠大盗；讲授知识如果不注重学以致用，那就不过是夸夸其谈；干事业如果不想着布施德惠，那就犹如昙花一现不会持久。

【解评】 读圣贤书，需要领悟的是其中的思想精髓，如果只是在读看文字表面，那只是死读书。非但不能增益个人的智慧，只能让自己陷入文字的泥沼。不是有句俗话说“死读书，读死书”吗？为官者不为百姓造福，却以公谋私鱼肉百姓，那就和强盗没有区别，只能比强盗更可恶。做学问不与实际结合，那只是纸上谈兵，无济于事不会有好的成绩。建功立业却不能修身立德,这功业则是无根之花,不会持久。这都是因为只看到问题的表面,却不能把握它们内在的本质。不能领会事物内在的含义,更不会正确地加以实践,甚至更危险的会与其本来的意义悖谬。故为人为事切不可贪图表面风光,要经过深思去体会其中的真意,才不会误入歧途。

收拾精神,并归一路

学者要收拾精神[①],并归一路[②]。如修德而留意于事功[③]名誉,必无实诣[④];读书而寄兴于吟咏风雅,定不深心[⑤]。

【注释】 ①收拾精神:收拢分散而不集中的精力,即聚精会神的意思。

②并归一路:在此指专心致志地研究学问。

③事功:指事业功名。

④实诣:指实际造诣。

⑤深心:在此指有所成就的意思。

【译文】 做学问的人要收拢分散不集中的精力,专心致志地钻研。如果一边想提高学术水平,一边又想着事业功名,那么必然就不会有真正的进步;在读书学习时却热衷于吟诗作赋,那么也会影响学业一定不会有所成就。

【解评】 做学问是一件不计较功名利禄的事情,凭借的是对学术的热情和爱好。若是想以学术之道获取功名利禄,那所谓的"治学"就变成了沽名钓誉的手段,绝对不可能在学术上有所成就。读书治学最重要的就是要放下心、沉下心、静下心,因为治学的生活在物质上是比较清苦的,只有内心的热情才会把外界的诱惑拒于心门外,才能坐得下来读得下书。曹雪芹晚年贫病交加,却能坚持《红楼梦》的写作,且"批阅十载,增删五次","字字看来皆是血,十年辛苦不寻常。"最终《红楼梦》成为中国文学史上的千古奇书。

勿妄自菲薄,毋夸所有

前人云:抛却自家无尽藏[①],沿门持钵[②]效贫儿。又云:暴富贫儿休说梦,谁家灶里火无烟[③]。一箴[④]自昧所有,一箴自夸所有,可为学人切戒。

【注释】 ①无尽藏:原是指佛家道德无边无际,作用万事万物也无穷无尽,后来常指事物取用无穷。

②钵:器皿的一种,类似于盆,多用陶制品。

③烟:烟火。

④箴:告诫,规劝。

【译文】 前人说过:何必放着自家偌大的财富,却偏要学着穷人沿街乞讨。又说:乍富的穷人,千万不要到处炫耀,谁家炉灶里不冒烟呢?上面两句话,一句是劝诫人们不要看不到自己的长处而妄自菲薄,另一句是告诫人们不要妄自尊大,夸耀自己的优点,这些都是做学问的人应该引以为戒的。

【解评】 踏实务实是为学最重要的品质,务实的精神,意思是说从实际出发,不做无根据的猜测;脚踏实地的精神,则是指"板凳需坐十年冷"的心态。治学是一项长久而艰苦的工作,其成果不是一天两天就能看得出,需耐得住寂寞,需忍得了清苦。不要因为课业艰难而丧失信心,要相信自己定有旁人没有的长处,只要坚持下去,有"几十年如一日"的治学精神,一定会有独创的成果。但亦不能妄自尊大,只学会了一点,就以为自己无所不知,夸夸其谈顶多为自己挣来一时的虚名,坚持不了多长时间,很快就会被大家识破,更别想自己能有很好的收获。

参透表象,方知内涵

善读书者,要读到手舞足蹈处,方不落筌蹄[①];善观物者,要观到心融神洽时,方不泥[②]迹象。

【注释】 ①筌蹄:筌为捕鱼的器具,蹄为捉兔的器具。见《庄子·外物》:"筌者所以在鱼,得鱼而忘筌;蹄者所以在兔,得兔而忘蹄。"

②泥:拘泥。

【译文】 对于善于读书的人,能看出书中让人手舞足蹈的地方,从而领悟到其中的精髓;善于观察事物的人,能与事物互通信息,从而透过外形看出其中所蕴藏的内涵。

【解评】 "读书"不是小和尚念经死读书,不求甚解,那样什么也学不到,反而会落入语言的陷阱。"读书"是要透过文字表面,琢磨出作者的心思意图,也就是要看出文字底下隐藏的意义,才称得上读懂了书,读透了书。像孔乙己那样,读书就读出个茴香豆的"茴"有几种写法,是中国古代科举制度的罪恶,也代表了中国传统知识分子的悲哀。他们不是得鱼忘筌,反而是拘泥于筌而忘记了鱼。善于观察事物的人能够透过事物的表象,发现它们的内在规律与本质。这样才不会拘泥于事物的表面现象,才能根据客观情况做出正确的判断。

文道皆要拙

文以拙[①]进,道以拙成。一"拙"字有无限意味,如桃源犬吠,桑树鸡鸣,何等淳庞[②]气象!至于寒潭之月,古木之鸦,工巧中便觉有衰飒[③]情形矣。

【注释】 ①拙:质朴,自然。

②淳庞:敦厚质朴。淳,淳朴。

③衰飒:萧条、衰落的意思。

【译文】 写文章要质朴、自然才能大有长进,探索真理也要朴实才能获得成功。朴实具有深远的含义,就像世外桃源中的犬吠,桑树旁的鸡鸣那样,是敦厚质朴而又

南朝诗人谢灵运像,图出自明·天然撰《历代古人像赞》。

繁荣的景象!而水中明月的倒影,老树上乌鸦鸣叫,尽管意境雅致,却带给人一种萧条衰落的感觉。

【解评】 子曰:“大巧若拙。”一“拙”字,往往能体现出事物的本色,刻意的过于加工,则人为斧凿的痕迹就太重了。拙的好处,在于纯真自然,不假雕饰。南朝谢灵运曾苦苦构思而不得,睡下以后,忽然梦到族弟谢惠连,从而想到一好句,就是《登池上楼》里的“池塘生春草”。这句诗其实很平凡,却又尽得自然之美,谢灵运自称得此句似有神助,后世诗论者也都极为推崇。至于用上寒潭、古木等意象,如晚唐苦吟诗人贾岛的“独行潭底影”,元代马致远的“枯藤老树昏鸦”,虽然也很美,但终究失之工巧,雕痕太重,在境界上就比自然天成的诗句差远了。

学道用恒心,得道一任天机

绳锯木断[①],水滴石穿[②],学道者须加努力;水到渠成[③],瓜熟蒂落,得道者一任天机[④]。

【注释】 ①绳锯木断:绳子能锯断木头。比喻力量虽小,只要坚持就能成功。

②水滴石穿:水能把石头穿透,常比喻力量虽小,但坚持就可以成功。

③水到渠成:水流到的地方自然就形成沟渠,比喻条件成熟,事情自然就会成功。

④天机:天赋的灵机,即天意的意思。

【译文】 绳子能够锯断木头,水滴能够把石头穿透,所以做学问的人应该加倍努力;事情自然就会成功,瓜熟蒂落,因此,学有所成的人能够畅通无阻。

【解评】 《四书集论·论语·公冶长》中说道:“君子之于学,惟日孜孜,毙而后已,惟恐慌其不及也。”意思是说君子对于学习,每天孜孜不倦,死而后已,唯恐学无所成。治学要特别强调恒心,学习是循序渐进的过程,不能急于求成,如荀子的《劝学》里所说:“积土成山,风雨兴焉;积水成渊,蛟龙生焉;积善成德,而神明自得,圣心备焉。故不积跬步,无以至千里;不积小流,无以成江海。骐骥一跃,不能十步;驽马十驾,功在不舍。锲而舍之,朽木不折;锲而不舍,金石可镂。”只有以此恒心与毅力,才能体会到“蓦然回首,那人正在灯火阑珊处”的含义。

人生在勤,勿可虚度

春至时和[1],花尚铺一段好色,鸟且啭几句好音。士君子[2]幸遇清时,复遇温饱,不思立好言、行好事,虽是有世百年,恰似[3]未生一日。

【注释】 ①时和:天气和顺。

②士君子:即君子,指有道德的人。

③恰似:恰如的意思。

【译文】 春天到了,百花齐放,百鸟争鸣。君子如果有幸遇上太平盛世,又不必为衣食发愁,假如不想着创立匡世的学说,做一些造福的好事,那么即便长命百岁,也是枉度一生。

【解评】 春天的景色为什么如此的诱人?鸟语花香是最为动人的春景之一。春日风和日丽,有助于万物生长,花鸟虫鱼也都奉献出最美妙的色彩,最靓丽的歌喉。人们要是生活在欣欣向荣的时代,自当发奋有所作为。古代的知识分子尤其讲经世致用,这是儒家积极入世,知其不可为而为之思想的体现。有所作为,是体现人的价值的重要方式之一。人通过劳动,无论体力还是脑力,不仅是为了自身的生存发展,也是为建设更美好的未来作贡献。正如乌申斯基所说:"劳动是人类存在的基础和手段,是一个人在体格、智慧和道德上臻于完善的源泉。"张衡是东汉的科学家、天文学家、哲学家,他一生著有大量的作品,制造了浑天仪与地动仪,在历法方面也有研究,他就说过:"人生在勤,不索何获?"

敛来清苦,毫无生机

学者有假兢业[1]的心思,又要有段潇洒的趣味。若一味敛束[2]清苦,是有秋杀无春生,何以发育万物?

【注释】 ①兢业:即兢兢业业,指做事小心谨慎,认真负责。

②敛束:即收敛约束。敛,收敛。束,约束,束缚。

【译文】 做学问的人,既要有兢兢业业的刻苦精神,做事认真负责的态度,又要有调剂生活的潇洒情趣。如果总是约束自己,生活过得单调而无味,那么就像是自然界中只有秋季,而无春天,如果是这样,万物怎么能繁衍生息呢?

【解评】 治学是清苦的工作,只有刻苦坚毅的人才可以做得到。学者需要疏离世俗生活才能保持清醒的头脑,但疏离世俗并不是远离生活,恰恰相反,治学之人应当是对生活感受最为敏锐的人,远离生活、关在书斋里的并不是真正的学者。治学需要清醒与冷静,但也不可缺少春日的生机之趣,否则只能把书读死了。美学家宗白华先生说过:"中国人不像浮士德'追求'着'无限',乃是在一丘一壑,一花一鸟中发现了无限。"这正说明了治学之严谨以外的闲适散淡的审美态度——对待学术、对待生活,都是如此。宗白华先生的著作《美学散步》,从书名中就体现了他的审美态度——

悠然淡远而怡然自足。这样的治学才不会脱离现实，但又是超脱的。

苦乐相磨福长久，疑信互勘知真理

一苦一乐相磨练[①]，练极[②]而成福者，其福[③]始久；一疑一信相参勘[④]，勘极而成知者，其知始真。

【注释】 ①磨练：（在艰难困苦的环境中）锻炼。

②极：尽头，顶点。

③福：幸福。

④勘：探测，考察的意思。

【译文】 在艰难困苦的环境中，经过不断磨炼，最后才能达到快乐的尽头，这样所获得的幸福才会长久；经反复验证后，由质疑再到认证，最后所得到的知识才是真知灼见。

【解评】 生活中总会遇到这样那样的痛苦与磨难，就像天气变幻世事难料。但雨后总会放晴，若能通过苦难的考验，也能迎来人生路上的彩虹。快乐与痛苦两者如影随形，经历了痛苦的磨砺，才能明白快乐不会轻易随你而来，才会懂得珍惜，得到的幸福才能持久。为什么豪门多出纨绔子弟，就是因为他们一出生就泡在蜜糖罐里，好像一个人一直吃糖，吃多了就不知道什么是甜味了。成长就是一个盘旋上升的过程，似乎画了一个圆，其实已经更上一层楼了。不经考虑就接受别的事物，只能说是轻信。怀疑是一切真知之母，只有怀疑才会催使我们去追寻，在这追寻的过程中，我们才可以慢慢地走向真理。

心体莹然，本来不失

夸逞功业，炫耀[①]文章，皆是靠外物做人。不知心体莹然[②]，本来不失，即无寸功只字，亦自有堂堂正正[③]做人处。

【注释】 ①炫耀：夸耀。

②莹然：指光亮透明的样子。

③堂堂正正：光明正大的人。

【译文】 夸耀自己的功业，炫耀自己的文章，这些都是靠着身外东西来提高自己的身价做法。实际上只要心地纯正，保持人的本性，即使没有一点功劳，没有一篇文章，也照样是个堂堂正正的人。

【解评】 建功立业，追求道德修养，这些都是出于心性、自然而然的事情。建立功业只是为证明自己的能力与价值的完善自我，奉献自己的智慧以造福社会。著书立说更是超越功利的工作，只为成一家之言，阐一家之理，分享自己的智慧结晶，为此学科的发展作出了贡献，与天下人共同探索真理。如果用这些作为砝码来夸耀自己，那真是完全偏离了两者的本质。"若恃其功，则功细矣；若恃其德，则德薄矣。"若是以这两者作为自己的装饰，那还不如做个普通愚钝的人来的本真。

【解悟】

少壮者事事当用意，衰老者事事宜忘情

洪应明的首段话明确地说明了每个年轻人应尽心尽力地关注一切事情——至少是尽可能多的事情，否则，无所用心或用心不够，像随波漂浮的水鸭一样，都不会有展翅高飞的本领。每个年衰体弱者，则应对所有的事冷静处之，不动感情——至少是不动过分的感情，否则，俗情过重，像幼马一样，只顾忙碌奔走而不善驾车，不能够挣脱名利的缰锁。

“少壮者事事当用意”，在思想实质上，与同一时期的一副著名对联：“风声、雨声、读书声，声声入耳；家事、国事、天下事，事事关心”，颇有相似。在此之中，个人的使命感、责任感和高远的理想，溢于言表，都是告诫青春年华、年富力强者应该珍惜时光，培植并保持自己敏锐的心智，拓展自己丰富的知识面，学会全面地把握纷纷繁繁、大大小小的世事，千万不能每天吃饱喝足无所事事，虚度光阴，否则，人生容易慢慢老去，到那个时候伤心后悔，也于事无补了。

要做到“事事当用意”，要尽心于学问，也要尽心于生活，要认真地读有字书，也要认真地读无字书……这正是古今成大学问与大功业者的前提条件。

试想，年轻的曹雪芹如果不是时时处处地留心观察种种的风土人情，不是对诗词歌赋、工艺美术、园林建筑乃至烹调、医药及农业知识均有所了解和研究，不是对人生的悲欢离合、少男少女们的情爱纠葛有着深切的体会和刻骨铭心的记忆，他又如何可能写得出《红楼梦》。

所谓“工夫在诗外”，这种工夫就要事事当用意，不钻牛角尖，多向别人学习，从而进入留心处处皆学问的佳境。

这里，“事事当用意”所指的仅是少壮者所易忽略的全面性。但问题还有另一方面，那就是人生有限而知识无限，少壮者即使是精力旺盛，也不能不分主次轻重，不能不顾实际地全面出击，避免出现十个手指按十个跳蚤，结果是一个也按不住的局面。

更需要注意的是，青少年时期，正是长知识和人生观逐步形成的重要时期，所以，青少年的主要精力应放在学习知识、充实自己的方面上，在工作中，就要注意处理好自己所学的专业与兴趣的关系，在读书时，则应处理好精读与泛读的关系，等等。总之，要注意全面成长的同时，还要善于像聚透镜那样，将所有的光线聚集到一点上，把自己的工作和自己所挚爱的事业搞好，才能获得人生的真正成功。

洪应明提出的“衰老者事事宜忘情”，作为经验之谈，就是对年老体衰者的一则养生忠告。年老体衰者在生理上，体力与精力已大不如青壮年，在思想感情上，饱经沧桑的人生履历已使他们变得更成熟，更豁达也更超脱，名利权势之类的诱惑力已经大大减少。他们和年轻人相比，更懂得生命的珍贵，也更懂得人生的真谛。他们要颐养天年，不为情困，不为情忧，就是一项必要的前提条件，为此就须重视自我情感与情绪的调节。

传统医学认为情分七种，即喜、怒、忧、思、悲、恐、惊，它们是个人对客观事物或事情的主观情感反应，它们的来去变化与人的精神与生理体态运动，有着密切的联系，

并以五脏的生理反应作为其存在的基础。如在中医名著《素问》中，就有此言："肝在志为怒，心在志为喜，脾在志为思，肺在志为忧，肾在志为恐。"显然，喜怒哀乐之类的情感所造成的过分强烈或长期持续的情感刺激，会导致人的心肝脏腑发生功能性的紊乱与失调，从而导致疾病，不利于养生长寿，对于衰老者就更是如此。

人都是有感情的，情怀全忘，对于有血有肉又吃五谷杂粮者，是不可能的。所以，更现实地说，衰老者对于人的七情六欲，不可过分地看重，不要过分地执著。孔子的养生之道中，有一条便是："及其老也，血气既衰，戒之在得。"不失为经验之谈。所以，就要保持适度温和、不偏倚的性情和宁静的心境，通过修身养性来达到养生的目的。

近代报界泰斗陶百川先生在百岁寿诞之际，曾自创"老年健康自律歌"：

日行三千步，夜睡七小时，
工作不过劳，饮食有节制，
以忍耐齐家，以和平处世，
俭能常有余，勤故无难事，
名利看得淡，大事不糊涂。

把名利看得淡的同时，又要在面临大事时不糊涂，看似矛盾对立，这正是《菜根谭》所论及的养生之道。

对于年老体衰的人来说，以上这些经验之谈，是可以落实到具体方面的。如接人待物时能豁达大度，凡事能从大处着眼，不因个人的得失而斤斤计较；勇于将事业传授给后来者，须知对于个体的有限生命而言，事是做不全的，书是读不全的，路是走不尽的……在一定意义上言，天下事了犹未了，何妨以不了了之？在这方面，衰老者对年轻人的不信任甚至是还想和年轻人再争长短，这样都是不理智甚至是愚蠢的。

古罗马雄辩家西塞罗在其名篇《论老年》中，曾嘲笑公元前6世纪的大运动家密罗。因为密罗在风烛残年的时候，当看到年轻人在竞技场上大显身手时，再看看自己的鹤骨鸡肤，竟忍不住地号啕大哭，最后因不服气，狂劈橡木而死。类似密罗之类的心理与作为，自然是不足效仿的。

老年人与青年人交往，应注意要彼此真诚相待，以求互相了解，不应恃年龄、经验乃至恃权威的优势来压制青年人，防止制造或是扩大隔代人之间的代沟。在家庭生活中，要注意创造一种和睦的家庭气氛，乃至淡化家庭琐事。子孙自有子孙福，对于子孙的就业婚姻，不操过分的心，让他们走自己的路。对于家庭的其他成员，避免计长较短，这也就是"不痴不聋，不作家翁"。另外，做一些自感兴趣又是自己力所能及的事，做到老有所为，情有所寄，对于亲朋故友的不幸，还要有节哀顺变的认可态度，等等。

如果能做到了这些，老年人就可避免因过分的喜怒哀乐及焦虑、抑郁、悲哀、怨恨、愤怒、惊慌等所带来的消极影响，从而可以帮助自己更好地颐养天年。

俗话说："人生七十古来稀"，而在今天中国的一些长寿区，已是"人活百年不称奇"。随着生活水平的提高和医疗保健措施的改善，中国和一些现代化的国家已经即将迈入或已迈入老龄化社会。因此，在这里重温《菜根谭》及中国文化的一些养生养性的思想，还是非常有意义的。

人要立志

嵇康像，图出自清·顾沅辑《古圣贤像传略》。

晋朝时期嵇康认为：一个人没有远大的志向，不能算人。君子考虑事情，应当效法好的，认真思考筹划后，再付诸行动。立志要做的事，就在心里发誓做好，始终不二。只怕自己力量不济，期于必成。如果放松懈怠，或因外物的牵挂，或受私欲的拖累，对眼前小事或私情摆脱不开，自己就会犹豫不决，心里引起矛盾斗争，导致功败垂成。这样的人，用于防守则不坚固，用于攻取则胆小懦弱，和他立誓约则相违背，和他商量事情则多泄密。碰上欢乐的事情则多放纵情感，自处安逸则极意声色，所以表面上虽繁华闪耀，而事实上无实效、无结果，这是令君子为之叹息的。至于申包胥到秦国哭援兵救楚，伯夷、叔齐饿死在首阳山，鲁国柳下惠守信不欺，西汉苏武持节不降，可称矢志不移。他们认为自己必须要那样做，这也是自己心中对志向的肯定。

对于县中长吏，有尊敬之心就行了，不要很亲密，不要经常拜访他，拜访他时要有个选择，和别人一同去，不要独自在前或独自在后。之所以要这样，是因为长吏好打听外事，恐怕有所举发，被他人猜疑，免不了要去四处打听。多做少说，谨慎自守，这样的话就可免受埋怨责备。

为人处世，自然应当清高淡泊，如有人把烦劳之事嘱托你，要使人尽力，或托人之请求，应当婉言谢绝。不干预这些人的事，就可以取得谅解。如果事情急迫，觉得非要帮助，可以表面表示拒绝，而私下秘密帮助。这样做的原因，首先可以远离善恶是非之地，其次可以杜绝别人的许多请托，最终可以保全清廉的名声，这也是立志的一个重要方面。

立志是每个人都要做的。从前立志是君子的事，后来也成为普通人的事，但如果不先立下一个志向，那么心中就没有确定的方向，就会胡作非为，成为天下的小人，大家都会讨厌你，瞧不起你。你发愤立志要做个君子，那么不管做官不做官，人人都会敬重你。这就是有无志向的区别。

人的气质是与生俱来，不容易改变的，唯有读书能够影响气质。古代精于相术的人都认为读书可以变换人的骨相。要想彻底的改变，必须先立下坚韧不拔的志气。

学以致用，注重实际

不要死读书，要做到学以致用，这样才会读出成就，读出思想。跳出小书斋，走向人生社会的广阔天地，这才是真正的课堂。但是，许多读书人并不真正明白这个道理，只是局限于对现成书本的注释，满足于小小书斋中的安逸和宁静。我们这样讲并不是说不该去读书本的知识，并不是看不到书本知识的重要性，恰恰是看到了书本知识的作用，充分看到了它的作用和局限性，才提倡大家：走出书斋，走向生活。

战国初年，在我国出了一位举世闻名的医学家——扁鹊。

扁鹊的医术很高明，流传了许多动人的治病故事。

有一次，他和他的两个徒弟路过虢国。恰好虢国的太子“死”了。京城里闹闹嚷嚷，有的人在祈祷，有的人忙着奔丧。

扁鹊找到了太子的从属官中庶子，详细地询问了太子发病的情况和“死亡”的时间，便说：

“我觉得太子还没有死。”

中庶子说：

“你这话说得太离奇了吧！死了的人怎么还能复活呢？骗谁谁都不会相信的。”

扁鹊说：

“既然您不相信，那就让事实说话吧——请您向国君报告一下，就说有一个名叫扁鹊的人，能救太子的命。现在等候在宫外，听候国君的吩咐。”

中庶子既然不相信这话，自然也就不愿意为他报告。后来，经过扁鹊的再三说服，中庶子才把扁鹊的话报告了国君。国君一听说扁鹊能把死去的太子治活，赶快跑出来迎接。

经过扁鹊的诊断，太子的死是“尸厥症”，也就是我们现在说的“休克”或“假死”。扁鹊师徒三人，竭力抢救。不一会儿，太子果然活了，经过长时间的调养，虢太子完全恢复了健康。

从这以后，天下人都盛传扁鹊有起死回生之术。扁鹊听了，却说：

“我怎么能把死人治活呢！太子的这种病，只是从表面看上去已经死了，实际并没真死；我只是用适当的治疗方法，把他从垂死中挽救过来罢了。”

又有一次，扁鹊经过齐国。齐国的国君用接待宾客的礼节招待他。不料，他见到国君就说：

“您有病了。现在还在肤浅的部位，要尽快治疗，不然会越来越严重的。”

国君说：“我没病。”

扁鹊听了这话就走开了。扁鹊走后，国君对他左右的大臣们说：

“当医生的就是见钱眼开，想要靠给没病的人治病，来显示自己的医术高明，博取名利。”

过了五天，扁鹊又来见国君，说：

“您的病已经发展到血脉里了，如不治疗，还会往深处发展。”

国君又说：“我没病。”脸上显出很不高兴的样子。

又过了些天，扁鹊又来了，说：

“您的病已经发展到肠胃里，如不赶快治疗，还会更严重。”

国君连理也没理他，扁鹊只好又走了。又过了五天，扁鹊又来了，他看了看齐侯的脸色，扭头就往回走，什么也没说。这一走，国君却慌了神了，赶快叫人问扁鹊是怎么回事。扁鹊说：

“国君的病已经发展到骨髓里了，我已经没有办法医治他了。”

果然过了不久，齐国的国君便呜呼哀哉了。

扁鹊把他所学的医术运用到实践，为祖国医学作出了巨大贡献，他首先确立了“望、闻、问、切”的诊断方法。所谓“望”就是观病人的气色，看病人的舌苔；所谓“闻”，就是听病人的呼吸和说话声音；所谓“问”，就是问病人的发病经过，有什么感觉；所谓“切”，就是按脉搏，诊断心、肝、肺、胃、脾、肾等处有什么毛病。他在实践中所总结的这些诊断技术，成了历来中医的传统诊断方法，至今还被采用。此外，他还注意常见病、多发病的预防和治疗，会运用汤药之外的针灸、石砭、热敷、按摩等多种治疗方法。并具有一定的朴素的唯物主义思想，提出了不给“信巫不信医”，“骄恣不论于量”等人治病的“六不治”之说。

勿夸所有，可为学问

谦虚使人进步，骄傲使人落后。因为谦虚，可以学到很多东西。谦虚谨慎是一种美德，更是每个人走好人生之旅的必备之具。只有谦虚，才会不断要求上进，才会善采人之长而补己之短，才会更严格地要求自己，使自己学有所成。

唐初贞观二年，太宗谓侍臣曰：“人言作天子则得自尊崇，无所畏惧。朕则以为正合自守谦恭，常怀畏惧。昔舜诫禹曰：‘汝惟不矜，天下莫与汝能争；汝惟不伐，天下莫与汝争功。’又《易》曰：‘人道恶盈而好谦。’（按：实为《易·谦》卦《彖辞》）凡为天子，若惟自尊崇，不守谦恭者，自身倘有不是之事，谁敢犯颜谏奏？朕每思出一言，行一事，必上畏皇天，下惧群臣。天高听卑，何得不畏？群公卿士，皆见瞻仰，何得不惧？以此思之，但知常谦常惧，犹恐不称天心及百姓意也。”

魏征像，图出自清·顾沅辑《古圣贤像传略》。

魏征曰：“古人云：‘靡不有初，鲜

克有终。'（按：见《诗经·大雅·荡》）愿陛下守此常谦常惧之道，日慎一日，则宗社永固，无倾覆矣。唐虞所以太平，实用此法。"

曾国藩去世后，江苏巡抚何璟首论其功，说道："臣昔在军中，每次听到谈论收复安庆之事，则推功于胡林翼之筹谋，多隆阿之苦战。其后金陵克复，则又推功诸将，而无一语及其弟国荃。谈及僧亲王剿捻之时，刁苦耐劳，辄自谓十分不及一二。谈及李鸿章、左宗棠一时辈流，非言自问不及，则曰谋略不如，往往形之奏牍见之函札，非臣一人之私言也。"

从时代背景上看，处于乱世而谦抑，确实是一个明智的自保之道。但人都对名利情有独钟，有时甚至为了名而不要命。曾国藩能像东汉光武手下的"大树将军"冯异那样将功劳让给别人，实在是难能可贵。就像他自己所说的："贵谦恭，貌恭则不招人之侮，心虚可受人之益。吾人用功，力除傲气，力戒自满，毋为人所冷笑，乃有进步也。居今之世，要以言逊为直。有过人之行而口不自明，有高世之功而心不居，乃为君子自厚之道。"

伏久飞高，守正待时

等待时机是每个有事业心的人必学的。儒家典型的原则是"穷则独善其身，达则兼济天下"。要想成就一番事业，就不能因为自己眼下的处境地位不如意而丧失了志气，不能因为时间的消磨而灰心。古往今来功成名就者，有少年英雄，也有大器晚成。不管怎样，急于露头角就难以成气候，急功近利不足成大事，急躁情绪持久便容易患得患失，容易失望悲观。只有守正而待时，善于抓住机会而又坚定志向，自然会走向成功的道路。

《北史演义》版画之渤海王高欢像

等待好的时机而行动是每个人都懂得的道理，但不丧失一切可能的机会、把握火候则是衡量人的能力大小高低的标志。高洋，就是靠待时而动而得以成功的。

高洋等待的时机就是在他长兄高澄被杀、形势极端复杂的情况下显露出才华的。北周政权的基业是由高欢开创的。高欢本是东魏大臣。在镇压尔朱荣残余势力中掌握了东魏的实权，专朝政长达16年之久。高欢死后，长子高澄继立。高澄心毒手狠，猜忌刻薄，上无礼君之意，下无爱弟之情。高洋当时已通晓政事，走上了政治舞台，并已经对高澄的地位构成威胁。如果他精明强干、才华外露的话，必然受到高澄的猜忌防范，对以后的每一步都造成影响，也会引起属下僚佐的注意。

高洋字子进，他是一个很有心机，遇事明理处事果断而有见识的人。小时候，高欢为测试几个儿子的才气智能，让小哥儿几个拆理乱线，“帝（指高洋）独抽刀断之，曰：‘乱者须斩’，高祖是之”。因为这件事就深得高欢的喜欢和重视，后封为太原公。

高欢死后，高澄袭爵为渤海文襄王，高洋年长，因而心里早有防戒之心。高洋“深自晦匿，言不出口，常自贬退。与澄言无不顺从”，给人一种软弱无能的印象，高澄有些瞧不起他，常对人说：“这样的人也能得到富贵，相书就不用解释了吧。”

高洋妻子李氏长得非常漂亮，高洋为妻子购买首饰服玩，稍有好一点的，高澄就派人去要，李氏很生气，不愿意给，高洋却说：“这些东西并不难求，兄长需要怎能不给呢？”高澄听到这些话，也觉得不好意思，以后就不去索取了。有时，高澄还给高洋家送些东西来，每次都很自然的收下，因此兄弟之间相处还相安无事。

每次上完朝回去以后，高洋就关上宅院之门，深居独坐，很少和妻子说话，有时候一天都不会说一句。高兴时，竟光着脚奔跑跳跃。李氏看到不觉诧异地问他在干什么，高洋则笑着说：“没啥事儿，逗你玩的！”其实他终日不言谈，是怕言多有失。如此跑跳更有深意，一则可以彻底使政敌放松对自己的警惕，一个经常在家逗媳妇玩的人能有什么大志呢？二则借经常光脚跑跳之机，锻炼身体，磨炼意志，一种举动而收几种效果。正因如此，高澄及文武公卿等都以为高洋又笨又痴，没把他当一回事。

东魏武定七年（549 年），高澄一行几人正密谋篡位自立的时候，被膳奴即负责做饭进餐的兰京所杀，重要谋士陈元康以身掩护高澄，身负重伤，肠子都流了出来。当时事情发生得比较突然，高府内外十分震惊，高洋正在城东双堂，听说变起，高澄已被杀死，颜色不变，毫不惊慌，忙调集家中可指挥的武装力量前去讨贼，他部署得当，有条不紊。兰京等人本是乌合之众，出于气愤才杀死高澄，并不是因为什么政治目的，故不堪一击，一会儿工夫就全部被斩首。

高洋下令，脔剖他的尸体来发泄杀兄之愤。接着，就在其兄府中办公，召集内外知情人训话，说膳奴造反，大将军受伤，但伤势不重，对外不准走漏任何消息。众人听了，都大惊失色，想不到这位痴人在危急时刻来这么一手。夜里，陈元康断气而亡，高洋命人在后院僻静处挖个坑埋掉，故意诈说他奉命出使，并虚授一个中书令的官衔给他。高澄手握大权，高欢的许多宿将都铁心保高氏，但当时尚属意高澄而未注意到高洋。所以，高洋的这些应急措施非常有用。外人都不知高澄已死，更不知高澄的重要谋士陈元康也被埋在土里，这样大局已定。

高洋控制了高澄的府第和在邺都的武装力量后，当夜又召大将军都护太原唐巴，命他分派部署军队，迅速控制各要害部门和镇守四方。高澄的宿将故吏都倾心佩服高洋的处事果断和用人得当，所有人都非常高兴，真心拥护并辅佐高洋。

东魏主知道高澄死了，暗自高兴，私下里和左右幸臣说：“大将军（指高澄）已死，好像是天意，威权应当复归帝室了。”高洋左右的人认为重兵都在晋阳，劝高洋早日去晋阳全部接管高欢及高澄的武装力量方可真正无忧。高洋以为有理，遂安排好心腹控制住邺都的整个局面。甲午日高洋进朝面君，带领 8000 名全副武装的甲士进入昭阳殿，随同登阶的就有 200 多人，都手持利刃，如临大敌。东魏孝静帝元善一看这种情形，心中恐惧，高洋只叩两个头，对魏主说：“臣有家事，须诣晋阳。”然后下殿转身就走，随从侍卫也跟着扬长而去。魏主目送之，说："这又是个不相容的人，不知道什么时候我会死了。"

晋阳的老将宿臣，从来都不把高洋放在眼里，当时尚不知高澄死信。高洋到晋阳后，立刻召集全体文武官员开会。会上，高洋英姿勃发，侃侃而谈，分析事理，处理事情全都恰如其分，且才思敏捷，口齿流利，和往日里的高洋就不是一个人。文武百官皆大惊失色，刮目相看而倾心拥戴。所有事情都准备好以后，高洋才返回邺都为高澄发丧。

高洋早已打算称帝，一直在窥测风向蠢蠢欲动，但他不是明目张胆死打硬拼，或拉帮结派打击异己。这样自然民愤大、目标大而且容易为人所制，而是"守正"待时。平日里自贬自谦，与兄长融洽相处。但其居安思危，养尊处优时不忘锻炼自己，且能注意时局之变化，注意人才，确是有心机之人。高澄之死，他临事不慌，秘不发丧，很快控制了局面。观其隐秘陈元康之死而虚授中书令之职的做法，足以证明识人的高明之处。高澄死后不到三天便果断前往晋阳先声夺人，真正控制高澄的全部武装力量，可见其善谋而能断。半年后，高洋于梁简文帝大宝元年(550 年)五月代东魏自立，建立了北齐政权。

做学问贵在有所选择

明朝时的吕坤认为：如果没有固定涵养，一个人经历生死会有多少次改变？就算具备一定的知识，也无法保证成为什么样的人，所以学者的德性必定要非常坚定。只要坚定自己的涵养，无论是正常还是变化、贫困还是发达、生存还是死亡都看得很平常。就算碰到困难，也不算什么难事。如果遇到麻烦事，不管怎样看都是一个好人，一旦碰上一个小小的麻烦，就露出了本来面目。假如碰上大事、难事，那会不知道会变成什么人了？因而不能轻易嘲笑古人，在这方面我们可能还没有人家做得好。

身处艰难困苦的环境却能坚守真理让鬼神折服，居家的日子不被妻子儿女厌恶，如此才称得上真正的学问、真正的修养。勉强在众人面前支撑，一时一事侥幸没有露出真面孔，因此称这样的人为贤人，真正的君子未必是这样。

一旦停止了呼吸，就不会再复活。一呼一吸暗中累积，人就不知不觉白了头。冷静地观察君子，他们之所以抚腿自叹，是希望在有生之年有所作为，因而更加珍惜时光。但是珍惜光阴也各有不同。富贵的人感叹他的荣华富贵没有达到最高点；追求功名的人感慨自己的事业没有成功；放荡的浪子终日沉湎于酒色以消磨时光；贪心鄙俗的人苦心经营家业来留给子孙后代。但是，他们中间只有一种人是值得我们学习的，那就是追求功名的人。其余三种人，为了他们的目的而珍惜时间又有什么可贵的呢？唯有君子担心流年似水、时光易逝，感叹义理没有穷尽，害怕虚度此生，非常担心德性有所欠缺，不能达到至善至美而错过一生。这样才是真正的珍惜光阴。今日不能再拥有，应当珍惜今日的大好时光，这好像救火与逃亡的紧迫念头，实践天赋的品格，达到人性美好的心愿。不担心没有时间，只担心浪费时间。如果没有虚度光阴，那么自己的心中就会非常快乐，就算在旦夕间离开人世又有什么遗恨呢？不然的话，即便是活了百岁，只不过是虚度光阴罢了。

不加强自身的修养就会整天飘忽游离，那是在担心别人的诽谤和赞誉；不努力学习就会成天愁眉不展，那是因为担心自身的荣誉和耻辱，这是所有做学问的人爱犯的毛病。

冰块遇上烈火，即刻就会被溶化。但是，用炽热的炭火来溶化坚硬的冰块，那必定是慢慢地溶化直到溶尽；溶尽后仍然很寒冷，又必须慢慢地加热才能升温；升温后慢慢达到沸点，然后又要经过缓慢的过程才能蒸发完，所以，学业自然不会快速学成，因此会学习的人不会生出急于求成的心思，而是循序渐进从容不迫地积累才华与学问。做学问的关键，是要把天道、人情、物理、世故认识理解得十分透彻，但要以自己心中的真正的道理来分析理解并取舍它们。

友善地对待他人确实是一种好想法。可是那些天性凉薄的人，对待别人总是冷漠而没有情感。道路不相同的人，违背别人的观点而且听不进去任何劝导。强迫别人听从并实施多种手段，这是儒家应当加以力戒的。孔子倡导"启愤、发悱、复三隅"，"中人以下不语上"，这难道不是诲人不倦的好方法吗？不然对双方来说都没有好处。自然就会有美妙的音乐不用多奏，深奥的教义不可随便传授这一说了。

所有著有学说的人大多有浩瀚的辞章；独自探究一家学说的人，大多有本人独到的见解。做学问的人想以有限的生命，博采众长以抵达学海的彼岸。以自己急躁的心思，来探究蕴藏学问的真谛，是一件非常困难的事，所以做学问的人贵在有所选择。

为师之学

清朝时期车万育解悟《菜根谭》时认为：冰是由水变的，但比水更寒冷，这是说学生的能力超过了先生；青出于蓝胜于蓝，这是说弟子胜过师傅。没能到先生的馆里当面请教，叫做在宫墙外面眺望；得到先生的秘密传授，称为衣钵真传；人们称呼杨震为关西夫子，世人称贺循是当世儒家学派的宗师；东汉的苏章背着书籍，行走千里去求学，这是他拜师的殷勤；北宋的游酢和杨时去拜见老师程颐先生，看见先生在闭目养神，不敢惊动，于是二人站在雪地里等候，这足以说明二人对老师的敬爱；弟子称赞老师善于教导，就如自己坐在春风中沐浴；自己学业有成，感谢老师的教学，这是承接及时雨的温润。

杨震像，图出自清·顾沅辑《古圣贤像传略》。

为人处世一定要记住的三件大事：父母生养，老师教诲，君王恩泽。做一个好老师有四种方法：有尊严使学生敬畏，年老稳重使人信赖，以身说教而不违反，讲解知识详尽细致。拿着经书向先生请教文章的要义，要态度诚恳，把老师当做严父一样对待。古代学馆开学，击鼓开馆，发放书籍，讲解学习要求，求学者担着行囊从四面八方涌来，做先生的从来不会拒绝收教资质差的学生。古时的先生教授门徒，左边放史书，右边放经书，早上研究，晚上诵读，这样学生才能学到真正的知识。杨龟山跟随程明道学习，学成之后，杨龟山回去时，程明道对客人说："我的道义已经传到南方去了。"丁宽曾经向田何学《易经》，等丁宽回去时，田何对门人说："我的易学已传到东方去了。""道已南，易已东"是说弟子沾染了老师教育的恩泽。张复胤曾做过唐太宗的老师，在唐太宗月池赐宴上他夸耀自己引导太宗的功劳。张奂出使外国，碰上反叛，士兵都很惊慌，他带着弟子在帐中安然读书，使军心安定，躲过了兵祸。曾巩曾经收录了《忠臣录》、《孝子录》，使三纲五常振兴起来。胡瑗建立了经义斋、治事斋，教会学生知识，把理论与实践结合起来。除了东汉经学家郑玄可以与孔丘比较才学外，再没有第二人可以与之相比较了，他的道德是从他的文章显耀出来。唐朝狄仁杰才华出众，像北斗星一样明亮，人们称他为"北斗以南一人耳"，他的事业是从他的功勋、他的学术中得来的。边孝先大腹便便，曾经因为喜欢在白天睡觉而遭到学生的讥笑。韩退之推崇儒学，气质不同寻常，排斥佛教，不读非圣贤的书，读书的人没有不把他当做泰山北斗，韩夫子的大名为儒生敬仰。应劭拜见先生时先报官衔，这岂是尊敬先生的礼节。李固不炫耀父亲的爵位，就可以说他是贤良的弟子。

王守仁像，出自明·吕维祺《圣贤像赞》。王守仁是明代著名思想家，号阳明先生，故又称王阳明。

学以致用

明朝时期王阳明认为：学、问、思、辨、行，都是所说的学，不去行的则不能称之为学。比如学孝，就必须服侍奉养，身行孝道，然后才叫做学。哪能光凭口说舌谈就可以叫做学孝呢？学射箭就必须张弓搭箭，拉满弓以击中目标。学写字，就必须准备好纸张笔墨。天下所有的学，没有不去行就能叫做学的。所以学的开始，本来已经是行了。勤学好问，问就是学，就是行。问又不能没有疑，有疑就有思。思就是学，就是行。思又不能没有疑，有疑就有辨。辨就是学，就是行。辨已明了，思已慎了，问已审了，学已能了，还继续用功地学，这就叫做笃行。不是说学、问、思、辨以后,才落实去行的。所以,就为了能做成事来说,叫做学;就为了解除困惑来说,叫做问;就为了能通晓事物的道理来说,叫做思;就为了精细考察来说,叫做辨;踏踏实实地做,叫做行。

它们的功用可以分为五个方面,结合这五个方面就是一件。我的心理合一为本体,知行并进是工夫的观点,不同于朱熹的观点的地方,正是在这里。只举出学、问、思、辨来穷尽天下的理,却不说笃行,这样只以学、问、思、辨为知,而穷理就没有行了。天下只有不行而学的,哪有不行就可以叫做穷究天下的理的呢?程颢说:"只穷理,便尽性致命。"所以,必须行仁且达到仁的极致,然后才能说穷尽了仁的理;行义达到义的极致,然后才能说穷尽了义的理。行仁达到仁的极致,就能尽仁的性,行义达到义的极致,就能尽义的性。学已经穷理到极致,却还没有落实在行动中,天下不会有这样的情况,由此可见,不行不可以看成是学,不行不可以看成是穷究天理。知行二者是相统一的,缺一不可。

万事万物的理,就在我们的心中。而一定说穷尽天下的理,这大概是认为我心的良知不足,而一定要向外广求天下的事物,以增补心的不足,这还是把心和理一分为二。学、问、思、辨、笃行的工夫,虽然有的人资质低,要付出比别人多百倍的努力,但努力到极致,到达尽性知天的工夫。也不过是尽我心的良知罢了。良知以外,不能加上任何丝毫?如今一定要说穷天下的理而不知返回内心探求,那么,所说的善恶的机缘,真伪的区别,舍弃了我心的良知,又将怎么样体察呢?所说的气的约束和物的蒙蔽,正是被"穷天下之理"约束和蒙蔽罢了。如今要除去这一弊病,不知在内心用功,却一味想向外探求,这就像眼睛看不清,不去服药调理医治眼睛,却盲目地在身外找寻光明,光明就不会从身外找得到,任情恣意的害处,也是因为不能在人心良知中细察天理。这就是差之毫厘,谬以千里的问题,足以让人辨明。

知识如金字塔

明朝时的吕坤认为:三尺长剑,其作用是一丝宽的利刃;笔长三寸,真正能发挥作用的却只是笔尖那么一点点,其余的都只不过是没有什么大用处的装饰之物。即便如此,但是如果剑与笔只有利刃和笔尖,它们的用处也就难以发挥。那么如此看来,没有用的东西,却是那有用的东西的依托;有用的东西,却要靠没有用的东西来帮助发挥作用。善于烹调的易牙也不能没有人来帮厨,擅长铸剑的欧冶子也不能少了砧手,善做木工的鲁班也不能没有钻工帮忙。既然不能缺少,那就等同于有用的,就不要认为它是多余的无用之物。

对于坐井观天的人来说,不可以与他谈论天的广大,只有他自己从井里出来四下看看,才会知道天空的广大。虽然如此,但是如果被云彩和树木挡住了视野,那么所看到的天空就会受影响了。登上泰山的顶峰,就会看到天空显得广阔无边。虽然如此,不如亲自去游览八方极远的地方,心通到九重天之外,天在胸中好比太仓之中的一粒米那样,只有这样,才会有言及通达的见识。

掺了味并不是最美的味道,五味中最美的自然是白水了。着了颜色并非是最美的颜色,所以无色反而成了五色中的主色。着了影像并非是最好的象,所以没有像反而是万象之母。着了力并非是最大的力,所以大地承载了万物就好像没有负载一样。

着了情并不是至真至纯的情,因此天地生成万物却不亲。着了心并不是真正的最用心,所以说圣人处理万事万物就好像毫不用心一般。如果一个病人到了面无血色,发润如油的状态,就无法治愈了。因为一身的元气和血脉都集中到了面目之上。假如只有君主一个人富有,而天下的百姓都很贫穷,这是非常令人感到可怕的。

治理国家的人,让民众富足,体恤百姓,这并不仅是为了人民。这好比构筑城墙,下部宽广而上部窄小才会坚固不摧。又好比种树,浇灌根部,修剪树冠树枝,树木才会长得茂盛。城墙没有上宽下窄而不倒塌的,树木没有根部露在外面树梢繁茂而不枯萎死亡的。那就让人感到担心害怕了,天下的形势,都是逐渐积累而形成的。不能忽略一丝一毫的细节,装载羽毛的车子却折断了车轴,那是日积月累造成的;不要忽略那寒冷的露水,也许不久它就会变成坚冰,这也是逐渐积累造成的。自古以来,天下、国家、自身的败亡,都离不开“积渐”这两个字,累积之初是微小的,逐渐形成的也许是刚开始的,真让人感到心寒啊!

熊熊燃烧的大火不会冒烟,顺流而下的流水没有响声,人的心情平静就没有什么言语。

风刚从山谷里吹出来的时候,它强劲的势力能拔木走石。吹远了风势就会减小,再远一点风势又会减弱,再远就变得微弱,再远一点就会灭尽了,这是它的必然势态。假如风从山里刮出来时,只能使树叶振动,使羽毛拂动,那它就寸步难行了。京城是号令发出的首要之地,纪法不能不让人感到它的振作和威严。

背上有东西,回头看上千万转自己却看不到,因此就以为人言不可相信。假如一定要等到自己看见才相信,那就没有能够看见的时候了。

有的人因害怕换衣服时的寒冷而一年都忍受寒冷,有的人因害怕打一针时的疼痛而心甘情愿保留那能致自身于死地的疮。一劳永逸的事情,只能限于和那有见识的人谈。

牙齿紧密地排列在一块却不嫌互相压迫,这是自然理应如此的。假如其中某颗脱落了再补上,就觉得口中有了异物。只有保持原本应该存在的东西,多也不行,少了也照样不行。

刚柔互用,不可偏废

清朝时期的曾国藩解悟《菜根谭》时认为:自古帝王将相,称之为圣贤都是因为自立自强,即使作为圣贤,他们也各有自立自强的方法,所以才能够独立不惧,确定不移。过去我在京城,好与各位有大名高位的人闹意见,一开始就有挺然独立不畏强暴之意。近年来体会到天地之道,要刚柔互用,不可偏废,太柔了会委靡不振,太刚了则容易折断。刚不是说暴虐,只是说强矫而已;柔也不是说要卑弱,而只是谦让而已。办事为公,就应勉力争取;争名逐利,就应当谦退;开创家业,则应勉励为之;守成安乐,则应谦退;与人相处,应当强矫;与家人相处,则要谦让。

既想建功立业,享有大名,又想要求田问舍,内图厚实的待遇,这两者都有盈满的征兆,全无谦退之意,这是绝对不能长久的。至于“倔强”这两个字,却不能缺少。功业文章都要有这两个字的精神贯穿其中,不然软弱无力,什么事情都做不好。孟子所说的至刚,孔子所说的贞固,就是从这两个字引发的。如果能除去愤恨的欲望而使身体强壮,多些倔强来激励志气,则会有无穷的进步了。

强毅之气,决不能缺少,但强毅与刚愎不同。能够战胜自己的人才可称得上强。如自我控制力强,在宽恕别人的方面强,勉励自己向善良的方面靠近。如不习惯早起,而强制天未亮即起;不习惯庄重尊敬,而强制参与祭祀仪式;不习惯劳苦,而强制与士兵同甘共苦。勤劳不倦,这就是强。不习惯有恒,而强制自己坚定地持之以恒,这就是毅。力求以气势胜人,就是刚愎。二者表面上相似,却有很大的差异,不可不辨识清楚,需谨慎从事。

学习如登山

宋朝时期的张载认为:学习就好比做官要会处事,做文化人要先看志气。所以做官之前先教他学习处理事情,让他们先树立志向,教育最基本的问题则是志向。

扩大自己的心胸,就能更多的体察天下万事万物。如果没能够体察到万事万物,那么就说明心不专一,心外有心。世上普通人的心,只停留在闻见这样狭小的范围;圣人能够充分施展发挥他的心,不让所见所闻而束缚住他的心,所以当他们观察天下时,他的心里包含了所有东西。因此,孟子认为全部施展自己的心,就会知人性和天的本质。这样说来,天再大也没有外的东西,是因为人有心外之心,所以能使心和天心相合。见闻所知道的,主要是物和物相接触所产生的知,从德性中循理穷源所得的知,不是仅仅从知性达到的,但不以实际的礼加以训练,那性还并非能有所成,所以用知识和实际的礼结合来养成性,道义就会表现出来,就像天地的规则变化运行一样。

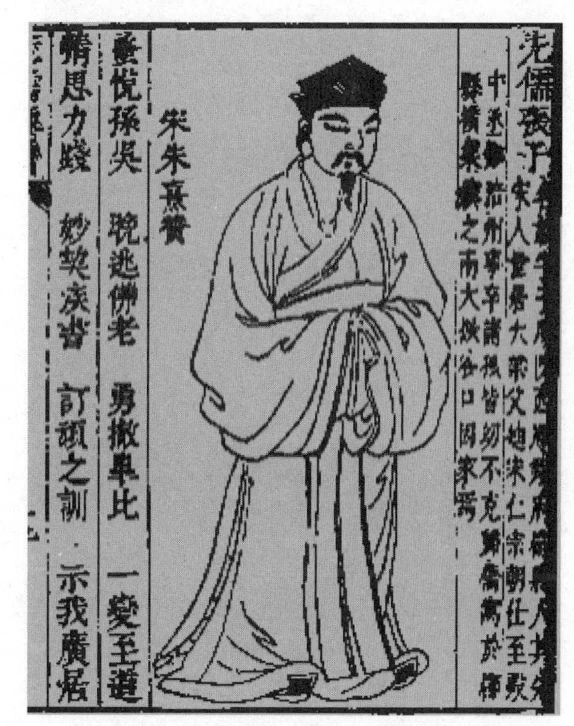

宋朝哲学家张载像,图出自明·吕维祺《圣贤像赞》。

说话要有教育内涵,行动符合法则,白天有所作为,晚上有自己的心得,休息有所存养,瞬间心存正义。

认知道德以大中为根本目的,就可以把握了问题的实质。选择中庸之道坚定不移地执行它,就是到达到目的的具体过程和方法,只有知道学习然后才能有勤奋追求的动力,有了动力,然后就会逐渐进步,从而就会达到理想的境界。

孔子的"博学于文,约之以礼",是说由最繁杂到最简洁,能使人不背离正道。孔子的"温故而知新"和《易经》中所谓有"多识前言往行以蓄德",这是告诉人们只有学习前人的经验才能有所创新。考虑分析前人做不到的而今天自己达到了,依靠以往的知识来考察了解今天,都是这个意思。

一个人没有远大的志向,心里不想学习,虽然在学,但不会有所成就。人在求进的道路上懒惰,自然不会达到目的。自己并非是天生道德高尚的正人君子,必须勤奋刻苦到了从心所欲也不违背规矩的程度,才可以放下书本。如果道德本性卑贱,始终是学不会的。

学习却不能够发掘掌握其中的事理,这主要是粗心造成的,就像颜回终于没有达到圣人的境界,就是因为他的粗心大意。

学习就如同攀登山峰一样,当他们在宽阔平坦的地方时,都是迈开大步朝前快走,等到了险峻坡陡的地方都止步不前了,这就要具有刚强勇敢毫不犹豫的精神才能有所前进。

登泰山而小天下

战国时期的孟子认为:孔子站在东山便觉得鲁国变小了,站在泰山就觉得天下变小了,所以见过大海的人就难被一般的江河所吸引,在圣人门下受过教育的人就不会被一般言论所打动。

君子运用一定的方法在学问上达到很深的造诣,就是想让自己能自觉地获得学问。君子应该自觉地求得学问,自觉地获得它,就能牢固地掌握它;能够牢固地掌握它,就能积累得深厚;能够积累得深厚,那就能左右逢源地获得知识。

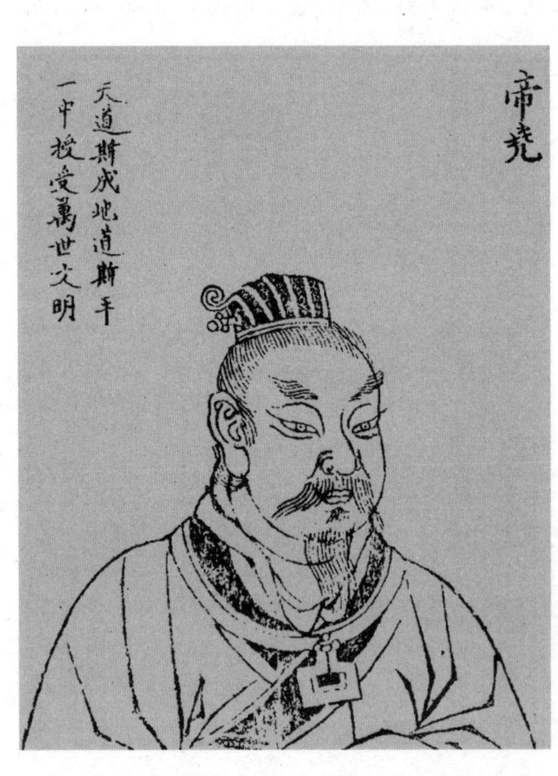

帝尧像,图出自明·天然撰《历代古人像赞》。尧是中国上古的帝王,被儒家奉为圣君。

高明的木匠不会因为笨拙的学徒而改变或抛弃操作时用的墨线;善射箭的羿也不会因学射箭的人笨拙而改变弯弓时应达到的限度。君子教人,也像羿教射箭一样拉开弓却不射箭,只是示范性做出跃跃欲试的样子。他立下一个合乎中道的学习原则,理解其中道理的人就能跟上去。

人最怕的事不是不能胜任,而是在于不去做呀。慢点儿走,走在年长的人后面就叫做悌,走得很快,抢在年长的人前面就叫做不悌。慢点儿走,难道是人们不能做的吗?是不去做呀。尧舜之道,也只不过是孝悌罢了。你穿尧的衣,讲尧的话,做尧所做的事,那你就是尧了。你穿桀的衣,讲桀的话,做桀所做的事,那你就是桀了。

不要仗着自己的权位高而发问,仗着自己的贤能而发问,仗着自己的年长而发问,仗着自己的功劳大而发问,仗着自己的交情深而发问。

心是善于思考的器官,一加思考就能得到人本来的善性,不思考便得不到。

君子对待自然界的万物,爱惜它却不施以仁德;对于天下的人民,以仁德相待却不亲爱。君子亲爱亲人因而仁爱人民,仁爱人民因而爱惜万物。

“静”能根治学者的百病

明朝时期的吕坤认为:只有“静”才能根治学者的每一种毛病。

做学问的保持心境澄清是根本,坚持慎口寡言是关键。

读书学习能使人少犯错误,这是因为心境与道同在,邪念无法乘虚而入。

没有作为就要学习,这是圣学的根源所在。学者在步入圣门时就应树立这种思想。当今的人几句话便落到有所作为上来,这是因为不能摆脱毁誉得失之心的原因,因此一张口谈的就是作为。

君子总是兢兢业业,对每一个小问题都谨慎行事。对细小的事物也不疏漏,害怕间断了工夫,害怕中断了善念,害怕私欲乘虚而入,害怕自欺欺人的念头重新萌发,害怕某一件事情一旦马虎就一发而不可收,害怕闲暇时懒散惯了而在正规场合也会疏懒。所以,在大庭广众之下可以看出独处时的行为;从言行中,可以看出一个人意念的美丑;意念有过错,独处时懒散,而大家都看得到,就是从上述独处的情形中检验出来的。君子独处时也不能够懒散轻慢,不然的话,在独处时马虎行事,而在友人面前故意做作,是不能够表现出自然神色,也不会表现得圆满,只不过是自费心机、徒劳无益罢了,而那谨慎独处的君子早已看透了他的心思。

古时的学者经常在修身养性上下工夫,所以外在的美德与品质相称;而今的学者只注重外表的修饰,与内心不协调从而导致品质不良。

每件事情的发生都有它的客观原因存在,每句话的说出都有它美妙的心境,每个事物的存在都有它深刻的道理,每个人都有他独特的处世之道。做学问的人最需要掌握的,就是这些。没有什么地方不可以学习,没有什么时间不可以用来学习,之所以不肯学习是因为没有学习的念头。没有完全掌握,没有达到至高境界就不会止步,只有如此才能称得上是真正的学者。现在的学者不都是如此,他们只关注那浩瀚博杂的群书,在那靡丽尖刻的辞章中消磨斗志,在扰乱真理破坏世俗的技巧上用尽心机,在繁杂、刻薄的礼仪上争强斗胜,真是可悲啊!而那些沉湎于醉生梦死的人,整天昏昏沉沉如一个傻子和病人一样,浑然不觉。常常穿着华贵,吃着美味却无所用心,那就更可悲了,因此学者的宝贵之处就在于爱好学习,更可宝贵的就是懂得如何去学习。

学士的耻辱是没有才华没有知识,既有才华又有学识,却又是学士的烦忧。拥有才学并不是很难,难就难在正确地使用与发挥。君子将才学当做修身养性的法宝对待,并不把它当成骄傲卖弄的资本。用它来济世安邦,并不用它来夸耀卖弄。否则,就会因此导致灾祸的。自古至今,十个人有十个,百个人有百个都因卖弄才学而招致灾祸,没有一个幸免,这让人更担忧。

人的气质有好的地方,也有不好的地方。做学问的道理没有别的什么,只要培养好自己,纠正自身不好的一面就行了。

不能很好地运用所学的道学，只是因为自己没有打好根基；或是提出的倡议得不到别人响应，而势力孤单；或是因为自己坚守而受到他人阻挠排斥，因此志向迷惑；或者是因为施行了而没有成功，于是就感到沮丧气馁；或是因为风俗的干扰，因此而杂念顿生。要想从这些情形中拔身而出，就必须有万夫莫挡的勇气和至死不渝的决心。不然的话，就算每天三五成群地聚在一起交谈，弄得口干舌燥，也不会办成什么事。

绳锯木断，水滴石穿

绳锯木断、水滴石穿都是由积累而来，锲而不舍、金石可镂，就是刻苦修习的结果。无论学道，还是习艺，坚持始终如一，认准了就干下去，不改初衷，自然会水到渠成、瓜熟蒂落，正如俗语所说，上天不负有心人，百炼成钢，功成圆满。求学问道不能有一蹴而就的思想，要勤于积累不断充实自己。积累就得勤学。历史上勤学苦练的事太多了，头悬梁、锥刺股的故事代代相传。传说李白少年求学，遇一老人在磨铁棒，要把铁棒磨成针，李白感到非常奇怪便问其原因，老人很自信地说：只要工夫深，铁棒磨成针。李白由此得到启发。玄奘西游，愚公移山的寓言，都说明了“绳锯木断，水滴石穿”的道理。

明代伟大小说家吴承恩在长篇神话小说《西游记》里，写了唐僧师徒一行西天取经的故事。《西游记》里所写的孙悟空等人物都是作者虚构的，那些降妖除怪的故事也都是作者虚构的。但在历史上，唐僧确有其人，取经也确有其事。

唐僧，就是玄奘，他因精通印度佛学中的《经藏》、《律藏》和《论藏》，而被誉为三藏法师，所以又称唐三藏。

李白像，图出自明·天然撰《历代古人像赞》。

玄奘出生于一个官吏家庭，全家都信奉佛教。隋朝政府在洛阳考选和尚，他在13岁时便被破格录取而出家当了和尚了。唐朝初年，他去四川研究佛经，发现汉文佛经译得不完全、不准确，越研究感到疑问越多，便学习了梵文，决心到佛教发源地——天竺去求取真经。

这样，他又来到了长安，邀约了同伴。一切准备妥当，但由于当时唐朝初建，突厥贵族经常骚扰边境，朝廷便严禁私人出境，出国申请未被官府批准，原来约好的伙伴都不愿意去了。但这却丝毫也动摇不了他西天取经的决心。公元629年（唐太宗贞观三年）8月，他从长安出发，混在返回西域的客商里，过了玉门关后，就开始了自己西行。

当他到达凉州时（今甘肃武威

县)，便被都督李大亮看管了起来，硬逼着他沿原路返回。后来，好不容易，在一位好心和尚的帮助下，才连夜逃出了凉州。

在玉门关时，他骑的马也累死了。玄奘过了五座烽火台后，便进入了荒无人烟的莫贺延碛沙漠，这就是号称八百里流沙的大戈壁滩。

他艰难地走了100多里路后，实在口渴难挨，停下来喝口水时，一不小心，皮囊掉了，洒光了所有水。极目所见，茫茫沙漠，一望无际，哪里还找得到一滴水呢？他咬着牙，又极度艰难地走了五天以后，感到天旋地转，昏倒了。到半夜，刺骨的寒风才把他给吹醒。天亮了，他突然看到前面不远的地方就有一块绿洲，便踉踉跄跄地奔了过去。果然有嫩绿的青草，清清的泉水。"阿弥陀佛"，终于得救了！

经过半个多月的苦难历程，玄奘终于走出了浩瀚的沙海，来到了高昌国(在今新疆境内)。高昌国王听说唐僧到达，不仅派了使臣去迎接他，而且还请他讲经说法。

玄奘离开了高昌国后，继续沿着丝绸之路前进。他从天山南麓穿过新疆，又从葱岭北隅翻过终年积雪的凌山(今天山穆索尔岭)，再经大清池(苏联境内侵塞克湖)，到达西突厥叶护可汗王廷所在地的素叶城(即碎叶，就是现在苏联的托克马克)，渡过乌浒水(今中亚阿姆河)，又折向东南，重新登上帕米尔高原，通过西突厥南端的要塞铁门关天险(在今阿富汗巴达克山)，过了叶火罗(今阿富汗北部)，整整走了一年，于公元628年夏末，最终到达了目的地。

玄奘历经千难万险，终于来到了摩揭陀国(今印度比哈尔邦南部)的天竺佛教最高学府——那烂陀寺，受到了一千多个手捧高香和鲜花的和尚的热烈欢迎。

那时那烂陀寺已经有七百多年的悠久历史了。寺内常有僧众一万多人。寺的住持(当家和尚)戒贤是位年过百岁的佛学权威，早已不讲学了。但是，这位佛学权威却被唐僧西天求取真经的精神所感动，为了表示对大唐(即中国)的友好情谊，特意收玄奘为弟子，特地为他重开讲坛，用了15个月的时间，亲自给他讲解了最高深、最难懂的佛经《瑜伽论》。

玄奘用了五年的时间，精研了佛学理论。在寺里，除戒贤精通全部经论外，在一万多个和尚里，能通晓20部的仅有1000人，能通晓30部的仅有五百人，能精通50部的仅有10人，而玄奘就是10人中的一人，成了博学多才的佛学大师！

公元636年，玄奘辞别了戒贤，外出游学。他沿着恒河先到了现在的孟加拉，沿着印度半岛东岸南下，到了和现在的斯里兰卡隔海相望的达罗，又沿着印度半岛西岸北上，访问了世界著名的艺术宝库阿旃陀石窟，并曾一度深入印度半岛的腹地。然后，又西进到现在的巴基斯坦，再沿着印度河北上，到了现在的克什米尔南部的查谟，并在这里留居了两年，进行佛学理论研究。玄奘的声誉传遍了整个天竺，成为公认的最博学的佛学大师。

公元645年(贞观十九年正月二十四日)，玄奘带着650多部佛经，历时18年，跋涉五万余里，回到了长安。

这天，长安城人山人海，路两边摆满了香案和鲜花，锣鼓喧天，乐音缥缈，僧尼数万人排成长队，热烈迎接这位西天取经凯旋而归的伟大英雄，并把他带回来的经卷和佛像安放在弘福寺里。

唐太宗被唐僧取经的精神所感动，特地派了宰相房玄龄去长安把他迎接到洛阳行宫里来，召见了他，极有兴致地听他述说了西域和天竺的见闻，并劝他还俗，帮助自己治理国家，玄奘不肯，婉言谢绝了。

三月初一这天，玄奘回到长安后。不久，便先后在弘福寺和慈恩寺主持译场，并在慈恩寺修建了大雁塔，作为储经之用。经过20年坚持不懈的努力，他和译员们译出了佛经75部，共1335卷。共同编写了《大唐西域记》。这部游记记叙并描述了包括现在我国的新疆以及阿富汗、巴基斯坦、印度、孟加拉、尼泊尔、斯里兰卡等国家的地域地貌、城市风光、风俗民情、名胜古迹、宗教文化、历史人物和传说故事，材料丰富、内容翔实、文笔严谨、准确可靠，被译成多种外文，成为一部世界名著，对研究中亚、南亚和中国西部的历史、地理和经济、文化，都有极为重大的学术价值。

磨炼福久，疑参知真

经过磨炼得到的幸福我们会珍惜的时间很长，在温室中的花朵是经不起风吹雨打的。求知也是同样的道理。一个人一生的知识很多是从书中得来，不过也要听取人们的言论，观察周围事态的变化，因为仅仅靠书本上得来的知识是不够用的，更不要说书中知识还会有偏差和错误，当一个人学识肤浅时疑问也少，学问越是高深疑问也就越多，因此古人才有"学无止境"的说法。不论求幸福，还是求知识，都需要经过个人的努力，经过反复锤炼才会得到，这样才会牢靠。

南宋哲学家陆九渊像，图出自明·吕维祺《圣贤像赞》。

陆九渊，字子静，号存斋，又称象山先生，南宋江西抚州金溪县青田人。其八世祖曾任唐昭宗之宰相，其六世祖于五代末避乱徙居，遂成金溪陆氏。

陆九渊从小就非常聪明，性若天成。三四岁时，经常服侍父亲，极善发问。一日，忽然问道："天地何所穷际？"其父笑而不答，他则"深思至忘寝食"；其父呵之，便姑置不想，而胸中疑团不散。5岁读书，6岁受《礼经》，8岁读《论语》、《孟子》，尤善察辨。闻人诵程颐语录，便说："伊川之言，奚为与孔子孟子之言不类？"从此对程颐的理学发生怀疑。11岁时，经常是秉烛夜读，其读书不苟简，而勤考索。13岁时，与其兄复斋共读《论语》，忽发议论说："夫子之言简易，有子之言支离。"一日，复斋（时年二十）于窗下读《伊川易传》，读到《艮》卦，对程颐的解释反复诵读，适逢陆九渊经过,便问:“汝看程正叔此段如何?”陆九渊答道:“终是不直截明白。‘艮其背,不获其身’,无我。‘行其,不见其人’,无物。”如此透辟的解说,在他看来却非常容易理解,随口可说。又一日,读书至古人对“宇宙”二字的注解:“四方上下曰宇,往古来今曰宙”时,恍然大悟道:“原来无穷!人与天地万物,皆在无穷中者也。”终于解开了十年前百思不得其解的难题。于是,他进一步开阐说:“宇宙便是吾心,吾心即是宇宙。东海有圣人出焉,此心同也,此理同也;西海有圣人出焉,此心同也,此理同也;南海北海有圣人出焉,此心此理,亦莫不同也。”陆九渊心学之大端,于此尽显无遗。后来,门人詹阜民问:“先生之学亦有所受乎?”陆九渊说:“因读《孟子》而自得之。”这正是陆九渊与理学家的不同之处。

53 岁时,奉命守荆门军,此处乃古今征战之所,宋金边界重地,素无城壁。早有人欲意修筑,却惮费重不敢轻举。陆九渊仔细研究后,只用三万即告完成。平日他常常检阅士卒习射,中者受赏,郡民亦可参与。料理一年,兵容大振,周丞相称赞说:“荆门之政,可以验躬行之效。”这充分说明了心学的修身应事之功。

陆九渊很早就开始探究“天地何所穷际”的秘密。陆九渊说:“人心非血气,非形体,广大无际,变通无方。倏焉而视,倏焉而听,倏焉而言,又倏焉而动,倏焉而至千里之外,又倏焉而究九霄之上。‘不疾而速,不行而至’,非神乎!不与天地同乎?”又说:“心,只是一个心。某之,吾友之心,上而千百载圣贤之心,下而千百载复有一圣贤,其心亦如此。心之体甚大,若能尽我之心,便与天同。”所以,当他看到“四方上下曰宇,往古来今曰宙”这句古文时,便不禁要发出感慨:原来无穷!天地无穷,我心亦无穷。“万物森然于方寸之间,满心而发,充塞宇宙,无非此理。”因而,“宇宙便是吾心,吾心即是宇宙”。“宇宙内事,是己分内事;己分内事是宇宙内事”。所以,他要人“收拾精神,自作主宰”,我们要不崇拜古人,不迷信先儒,做个真正顶天立地的超人。

天资聪慧的人也必须学习

明朝时期吕坤认为:自己内心的醒悟才是觉悟。若能参透自己的心思,才是真悟。

明理省事,这四个字对于学者来说更为重视。

现在的人远不如古代的人,主要原因是没有知识。学问应该从夏、商、周三代以前学起,才能达到光明正大、中庸平和的地步。如今的人只会用秦汉以来的学术观点固执地与人争辩是非曲直,已是很可笑的了,何况以耳闻目睹的某些事情加上自己的一点小聪明做资本,盛气凌人又不愿听从别人的意见,岂不是更为可笑。

任何事,都有古人留下的法则可依据,才做了一件事,就要思考古人做这件事时会如何做;才和某个人相处,就要想想古人和这种人交往会如何做。至于起居言行举止,莫不如此,时间长了言行就会与古人吻合,与道相合。要做到这点,最主要的还在于用心,平日修养的工夫在于诵读诗书时就要领会:这一点可以用来作为我去做某件事的方法,那一点又可以医治我做某件事上的毛病,这样做的话,遇事时立刻就会记起这些教导,就可以不假思索了。

就算天资聪慧,还要靠学问来维护。就算天资如圣人一般,也是需要学问的。夏商周三代以来没有出过全才。有的是辜负了天资,有的是缺少修养,纵使有人干出了

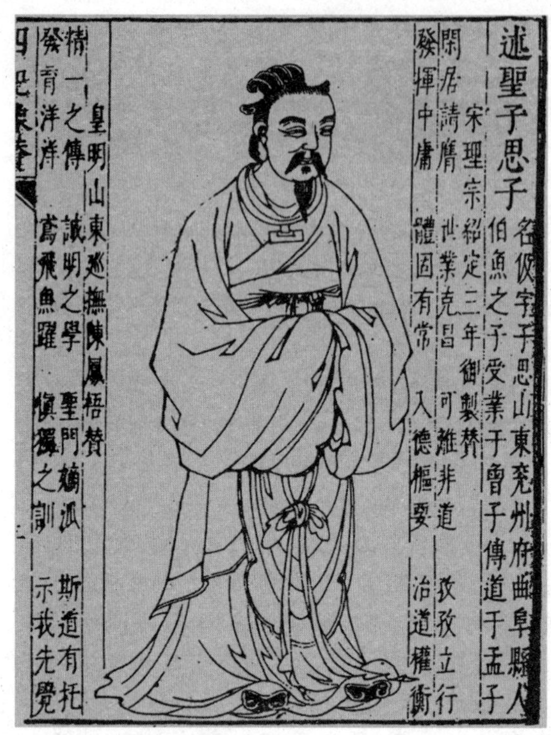

孔伋像，图出自明·吕维祺《圣贤像赞》。孔伋字子思，是孔子的孙子。

惊天动地的伟业，但认真考察他，还有很多不足的地方。

劝学的人总喜欢以功名利禄来引诱人；劝人为善的人总喜欢以幸福吉祥来诱导人，这是非常可悲的。

读尽所有谈道的书，多读那些专业技术方面的书，不要读那些闲杂书，应该焚毁那些邪妄的书。

君子吸纳有用的知识，不接纳无益的东西。不知道应该知道的知识就会愚昧，懂得没有益处的知识只能带给人烦恼。

工夫全靠冷静清醒时来体现，力量则靠深沉凝重来实现。

万仞高山，若号召大家去攀登，愿意去的人一定很少。所以圣人所走的道路平坦，贤者所走的道路艰险。让人进入狭窄的洞穴，进去的人一定很少。因此圣人的道路宽广，贤者的道路就狭窄了。

倘若用是非来决定做与不做，因利害而萌发悔改之心，也是很不合道理的。

从帝王到平民百姓，从尧舜到普通的人，都是心中先有急切追求的理想和愿望，而后才能使德业有所长进，事业有所成我的心思。子思说：“我在吃饭的时候，多次听到祖父的教诲：‘父亲砍柴，儿子却不能为父亲分担重量，这就是不孝。’我每每思索这一教诲，都感到压力巨大而不敢懈怠。”孔子听了欣喜地说：“我没有忧虑了，我的事业将世代相传，而且将会昌盛。”

孔子说：“礼，君子不可以不学习。人的容貌不可以不修饰，不修饰就没有仪容，没有仪容就失理，失理就不忠诚，不忠诚就会失去礼貌，没有礼貌就无法立足于人世间。离人远远的而有光彩的，是修饰；靠人近近的而更明显的，是学问。比如污水池，雨水、污物都流到那里，莞草、蒲草都生长在那里，从上面看下去，有谁知道它是不是活水的源泉啊！”

子上向他的父亲子思请教如何学习。子思说：“祖先有教诲在，学习一定要从学圣道开始，这是为了能学习成才；磨刀一定要用磨刀石，这是为了能出利刃。所以，先祖孔子立下教诲：必须从学习《诗经》、《尚书》开始，而到《礼》、《乐》为止，不涉及杂说。”

学习可以使贫穷变得富有

战国时期荀子认为：想要变得高贵，由愚蠢变得聪明，由贫穷变得富有，这只能靠学习了！那些学习的人，学了能够实行的就是士；能够尽力而为的，就是君子；真正学习了的，就是圣人。上可以为圣人，下可以为士君子，就没人会束缚我。所以说：鸡鸣即起。像舜帝、盗跖那样的人也有自己执著追求的目标。对那些不思上进的人，孔子忧虑地说："难道没有博弈的人吗？"害怕没有可以执著追求的理想或目标的人，不是成为舜那样的人就成为盗跖那样的人。如今的君子纵使没有什么作为，就不会像盗跖那样，虽饱食终日，既不做出没于深山幽林的隐者，又不关心天下大事，只是糊糊涂涂地浪费光阴。《易》书上说："君子进修德业，须及时行动。"其实不是这样，如果这样自命清高却无所成就，人们是不会相信的。孟子论及各朝代圣人学习的体会，不外乎是"忧勤惕厉"这四个字，其中最令人感到亲切的是："仰头而思，夜以继日，侥幸获取，坐等天亮。"这四句话不仅可做宰相的座右铭，还可做士人、农民、工人和商人的座右铭。

要始终保持"童心"

明朝时期李贽认为：童心就是真心。童心不会有丝毫虚假，纯粹真诚的，是人心初时的根本。如果失掉了童心，也就失掉了真心，也就不再是一个真诚的人。做人如果不真诚，那就完全丧失了为人的根本。

童子是人的根本；童心是心的根本。不可以失去人心的根本，童心在许多人身上很快地就丧失了的原因是在开始的时候，所见所闻从眼睛耳朵里进入到人的内心，在心中成了主宰，童心于是丧失了；随着年龄的增长，知识道理通过所见所闻进入到人的内心，成为心的主宰，童心便丧失了；随着时间的长久，知识和道理积累得越来越多，那么所懂得的和明白的就日益增多，于是就了解到好的名声人人喜欢，就专门来张扬它，于是童心就这样失去了；了解到坏的名声人人都厌恶它，就专门来遮掩它，于是童心便丧失殆尽了。对于道理的所见所闻，都是因为读了很多书而从儒家经义与明理中得来的。古代的圣人，他们也都曾读书。然而，他们不读书，童心本来便存在，即使读了很多书，也注意保护童心不让它失去啊。不像一般的学者，因为读了很多书反而使自己的童心受到了蒙蔽。学者既然因为读了很多书懂得了很多道理，童心就受到了蒙蔽，为什么圣人又如此多地著书立说来困扰他们呢？童心一旦被困扰，那么，人说出的话就不是从心里发出来的。落实到政事上去，政事便失了根基，把它写成书，则词不达意。不是内心所具有的就不彰明美好，不诚实也不能够吸引人，想求得一句纯真的话，成为始终也不可能的了。这是因为童心既然受蒙蔽，心里便都是些从外面听到见到的知识和道理了。

心里装的都是些儒家道理，所说的话自然都是些儒家的经义与名理了，不是由童心里发出来的。文辞虽然巧妙，于我们有什么相干呢？难道不是以假人来说假话，做假事作假文吗？做人一旦假，那么就没有不假的了。既然如此，用假话对假人说，那么假人就欢喜；用假事对假人讲，那么假人就欢喜；用假话对假人谈论，那么假人就欢喜。没有不假的，也就没有不欢喜的了。全部都是假把戏，矮人看不清，就不会被分辨，这样，即使世上有最好的文章，都埋没在假人之中而没有全部被后人看到，此类事情很多。为什么呢？这是因为天下最好的文章没有不出于童心的。如果童心一直存在，那么大道理也就不流行，所见到的和所听到的也不会常存。那么就无时不可以作文,无人不可以作文,没有一样关于文字的体裁形式不是文章了。诗为什么一定效法于古选上的,文章为什么一定要效法于先秦?文章发展到六朝,变化成为近体诗,又变化成为传奇、院本、杂剧、小说、八股文,贤者说:圣人之道都是古今最好的文字,是不能凭时间先后来论的。所以有童心的人自然能写出好的文学作品,更别说什么《六经》,什么《论语》和《孟子》了。

心领神会,融于事物

读书做学问,既需要独立于身边万物的心智,又要使自己全身心地投入其中,并与自然万物及社会万事融为一体。做到心神融洽不拘泥迹象,你会很快进入一个新境界,不但学到了知识,你的事业也会豁然开朗。

北魏孝文帝,他是一位了不起的少数民族政治家,以从汉俗进行民族融合而著名的。这位皇帝有一个突出的爱好,喜欢咏诗作赋。史家对他这一爱好不知所由,因为他生在北疆、5 岁登基,不可能受过老师的严格训练,却能有较深的文学造诣,是一般理论解释不了的。

像魏孝文帝这样的有名君王,史书自然不乏溢美之词,但很多史实并非虚构。比如说:"手不释卷,在舆据鞍,不忘讲道。""帝善属文,多马上口占,既成,不更一字。""不更一字"恐怕有些夸张,但口授成文恐怕不会假。史书上还具体描写了孝文帝咏诗作赋的场面。

孝文帝率兵攻打悬瓠,在和众大臣饮酒时互相以诗助兴,应酬答对。孝文帝率先作诗说:"白日光天兮无不曜,江左一隅独未照。"彭城王勰紧接着说:"愿以圣明兮登衡会,万国驰诚混日外"。郑懿说:"去雷大振兮天门辟,率士来宾一正历。"在众臣应对后,孝文帝又咏诗道:"遵彼汝坟兮昔化贞,未若今日道风明。"

他把对文学的爱好化作辛勤的创作活动,把自己的文集赠给大臣刘昶作纪念,并且说:"虽然这里面的文章有很多是不符合文理要求的,但浓厚的兴趣又不能使我因无知而停止写作,所以这本书赠给你,暂且作为你茶余饭后的笑料吧。"大臣崔挺从外地来到孝文帝居住的地方,孝文帝对他说:"自从和你分别到现在,眨眼之间两年已经过去了。我所写的文章已经汇成了一个小集子,现在把副本送给你。"

魏孝文帝又把卓越的文学才能施展于政治斗争之中,从太和十年后的 14 年间他亲自起草了全部治册,为统一北方增强民族间团结作出了贡献。

心地干净,方可读学

读书做学问,在于安于贫寒心地安宁。好的作品,却是人间真情。心地无瑕,犹如璞玉,不用雕琢,而性情如水,不用矫饰,却馥郁芬芳。读书寂寞,文章贫寒,不用人家夸赞溢美,却尽得天机妙味,体理自然。

明末清初的一位大文人金圣叹,他满腹才学,但对功名利禄不感兴趣,安心做个靠教书评书养家糊口的"六等秀才"。在独尊儒术,崇尚理学的时风中,他偏偏钟爱为正统文人所不齿的稗官野史,被人称为"狂士""怪杰",他对此全不在意,终日纵酒著书,我行我素,不求闻达,不修边幅。据记载,说他常常饮酒谐谑,谈禅说道,能三四昼夜不醉，仙仙然有出尘之致。

清顺治十八年二月，清世祖驾崩，哀诏发到金圣叹家乡苏州，苏州书生百余人借哭灵为由，哭于庙，为民请命，请求驱逐贪官县令任维初，这就是震惊朝野的“哭庙案”。清廷暴怒，捉拿此案首犯18人，均处斩首。金圣叹是为首者之一，自然也难逃灾厄，但他毫不在乎，临难时的《绝命词》，没有一个字提到生死，只念念不忘胸前的几本书，赴死之时，从容不迫，口赋七绝。《清稗类钞》记载，他在被杀当天，写家书一封托狱卒转给妻子，家书中也只写有：“字付大儿看，盐菜与黄豆同吃，大有胡桃滋味，此法一传，吾无遗憾矣。”

读书·疑·信·悟·躬行

文字是超越时空的信息载体。多少伟大的思想家、文学家、科学家虽然他们已经辞世了，而他们的精神成果犹在，所靠的就是书中所记载的文字。

我们虽然不能在空白地带重新建造人类的精神文明，但我们可以虚心、审慎地接受前人所留下来的精神财富——尤其是其中有价值的成分。那么，读书就是主要途径之一。

我们要读书，必须要读书。

真正的富有，是心智与知识的富有，身贫未必贫。

因此，在洪应明看来，一个人即使是住在简陋的茅屋中，只要天天能诵诗读书，那就等于日日与古圣前贤们会面交谈了，谁能够说身贫者唯一拥有的只是困苦的生活？真可谓“人家不必论贫富，才有读书声更佳。”(唐伯虎诗句)

读书人要领会书的义理真谛，不能做书的奴隶，要做书的主人。

因此，在洪应明看来，一个人读书时，若不能见贤思齐，若不能领会圣贤先哲们思想的真谛，那就只会成为书本的奴仆佣人了。

要把书读好，还要有相应的行动与精神状度。在这方面的意识，《菜根谭》提到了三点：

(1) 读书，做学问，似逆风撑船、淘沙寻金一样，从难处入手，在苦中收获，成效才真才大。在学习中，须有水滴石穿的精神，有恒心，要奋发努力。有此基础，在自然而至的机遇

唐伯虎像，图出自清·孔继尧绘《吴郡名贤图传赞》。

机缘出现时，才可能有水到渠成、瓜熟蒂落式的彻悟与收获。

(2)读书，须排除外界的不良影响，假如一个人在吵闹喧哗之处，还能潜心读书、专心向道，那就进入了一种最佳的状态。

(3)读书时，读书者必须身心自在轻松。为此，读书者就须摆脱世俗人情的种种诱惑，摆脱物欲的种种拖累，平平实实、恬恬淡淡地做来，才能学有所成，理解并达到古代圣贤的精神境界。

从古至今有许多事例，很好地证明了以上三点读书之道的成立。

读书之苦，甚至不以“为伊消得人憔悴，衣带渐宽终不悔”为限。拿南朝文学理论家刘勰来说，他自小立志高远，热爱读书和思考，因怕婚后的家庭琐事拖累了学业，他就终身不娶，还搬到了环境幽雅宁静的寺庙里住，专心向学，苦读苦思了十多年，终于写出了具有划时代意义的文学理论巨著——《文心雕龙》。可见读书的刻苦与读书的大收获，是成正比例的。

又好比青年时代的毛泽东，为了锻炼自己的心性定力，曾专门到人来人往、熙熙攘攘的闹市茶肆中去看书。当他全神贯注于书本时，周围的景象与嘈杂声在他的意识中逐渐淡化了，他也进入了一个耳边无噪声、心地有波澜的高境界，他追求的是学识，而不是宁静的环境。而这种闹场能学道、茶肆能读书的锻炼，无疑有助于他逐渐培植起优秀的心理素质。他的一生，因此而得益颇多，这也是人尽皆知的了。

从闹场能学道的事例，从《菜根谭》所表达的意识，可见人生的动静、闲忙，应该是互补的。因此，行动时动如狡兔，读书或静思时静如处子，才是人生的理想态度之一。一个人，能从静中观物动，能在闲处看人忙，眼观世界，静思反省自我，才可能领会超尘脱俗的趣味；一个人，遇忙处会偷闲，处闹中能取静，自我的心灵世界不被五色五音等牵制，那就是一段安身立命的工夫。

相反，唯求安静的喜寂厌喧者，往往一味地闭门避人以求静，殊不知，如此一心一意地执著于无人之境，便成了我执之相，心执著于静境，反成了内心躁动的根源。从心性修炼的角度言，这又怎么可能到达人我一空、动静两忘的境界呢?

而且，真正的读书修学，不应该是哗众取宠、欺世盗名之事，也不是“都为稻粱谋”(龚自珍语)之事，因此，真正的读书人、学者都懂得摆脱俗情、减除物累的重要性，不至于因盲从“学而优则仕”之理而攀附权贵，也不至于因时髦的“经商热”而告别了书本……在这点上，还是钱钟书先生的比喻最恰当、最形象：“大抵学问是荒江野老屋中二三素心人商量培养之事。”确实如此。

读书不是单纯的看与读，在最佳的读书状态中，疑与信也十分重要。

疑，是疑书。

在这点上，孟子曾有经验之谈：“尽信书，则不如无书。”原来，他在读《书·武成》篇时，看到了在武王伐纣的战争中，有“血流漂杵”之语。他认为此语不可信，因为武王率领仁义之师讨伐暴虐无道的纣王，得到了民众的欢迎与支持，这样的军队怎么可能杀人杀到血流成河，连木棒都浮了起来呢？所以，他认为《书·武成》篇的可信处，仅有十分之二三，可见书上的话绝不能全信。

孟子可说是深知疑书之道，唯有疑，读书者才能保持独立思考，才能提出问题，也才可跳出前人的窠臼，不至于盲从书本，不至于成为一个仅是储存书本的两脚书柜，也才能解决新的问题，迎接新的挑战。

信，是信书——相信与接受书中的合理见解与正确认识，这一点也同样重要，因为读书就是一个接受知识、认同真理的过程。

到现在，我们还经常遇到这样一些骄傲自大、患上“文人相轻”重症的读书人。他们读书时，最善于用缩小镜来看书本中的合理处，用放大镜来看书本中的缺陷毛病。于是，他们就不懂博采百家之长来立一家之言之道，只会指诘百家之短来强化自己那本来已经够刻薄尖酸而又肤浅庸俗的认识。因此，来看一下这则典故吧！

20 世纪 40 年代，一个军队少将曾向当代著名哲学家熊十力请教读书的书目与方法。

周武王像，图出自明·天然撰《历代古人像赞》。

当这位少将将自己所读过的书的缺点与不足，先后向熊十力侃侃道出时，却被熊十力严厉地打断了：“你这个东西，怎会读得进书？任何书的内容都是好坏兼陈。你为什么不先看一本书的那些好的内容？却专门去挑坏的。这样读书，即使你读了百部千部，你又能得到什么益处？”

此当面一喝，如禅师的当头一棒，立刻使这位少将得以醒悟，进而在读书方法上有了起死回生的转折。日后，他卸下了戎装，专心向学，成为以弘扬中国传统的儒家文化为标识的“现代新儒家”的著名代表人物之一，他就是徐复观。

这个事例，足证一个“信”字在读书过程中的重要。

在洪应明看来，疑与信要密切结合起来，相互参照探究，当这种探究的工夫做到家时，读书人才可形成真知灼见。

上面所说的，是读书的实在工夫，须读书人一步步做来。

另外，读书人要把书读好，灵性与悟性是必不可少的，它们是将死书读活的关键。

灵性、悟性之类，给人的印象似乎是虚无缥缈、不可捉摸的。因为得鱼而忘筌、得兔而忘蹄、得意而妄言之类，是只可意会而不可言传、如人饮水而冷暖自知的，笔者对此再多作饶舌，无疑是多此一举。因此，这里只想再强调一遍洪应明所提出的思想：对于事物与真理的认识，仅是听别人的说解而领悟，还是包含有痴迷的成分，比不上自我领悟的那样彻底明白；人生的蓬勃意趣，仅是因外界景物而得以引发者，还是先埋下了失落的预兆，比不上自我感悟所得的那样闲逸。事实上，仅是就字论字却不能了悟书的真谛者，恰似鸡啄米一样，啄得一粒是一粒，不能举一反三，缺乏思想的飞跃与猛进。而在这方面，对待禅与诗，就很需要领悟与意会，不可咬文嚼字、冥思苦想而不得其解。

为什么读书呢？书呆子们从不去思考这个问题，他们只为读书而读书。

但聪明的读书人却非常认真地正视这个问题，洪应明就属这种聪明的读书人，由于他鲜明地提出了这样的观点:一个善于讲学问、论道德的人,却不崇尚亲身去做、去行、去实践,那只是口头禅罢了。何谓口头禅?禅宗和尚往往用一套常用语来作为启迪后来者的依据("话头"),随着禅宗影响的逐步扩大,在社会上、佛门中,就有不少不明禅理或对禅理仅一知半解者,就爱用这些常用语来作为自己谈话的点缀谈资,这也就是"口头禅"——泛指常挂在某些人嘴边而无实际意义的空话套话。因此,论"讲学不尚躬行,如口头禅"的原因,很简单,借用陆游就读书而示儿的两句诗,就是:"纸上得来终觉浅,绝知此事要躬行。"聪明的读书人当切戒纸上谈兵,去呆气、傻气和迂腐的言行。否则,仅仅将读书的兴致寄托在对风雅诗文的吟诵上,夸夸其谈,那就不易有什么深刻的内心感受和大的收获。

知之越切,爱之越深。对人如此,对书也是如此,因为书是学习的依据,是怀疑与思考的轨迹,是人生了悟的记录,是实践躬行的指南。俄国著名作家赫尔岑说得好:"书籍是和人类一起成长起来的,一切震撼智慧世界的学说,一切打动心灵的热情,都在书籍里结晶成形。……书籍是未来的纲领,因此我们要尊敬书籍!"

知道了书的宝贵,知道了读书的必要,也就容易对洪应明的这样一种认识产生共鸣:千年奇遇,比不上购到、借到和读到一本好书,比不上遇见一位挚友益友。

仔细想想,在平凡的日子里,一个真正爱读书而又重友情的人,能读到一本书,而这本书正是自己日夜所盼的;能在熙熙攘攘而又陌生的人群中,不期而遇自己的一位挚友,而那位挚友又是能理解与支持自己的,那时的心情,真是任何言语所难以言表的、充满着无比喜悦的……

假如你有过类似的经历与感受,那么,就应该祝贺自己并发扬下去。

假如没有,那么,希望你尽快将此处空白填上,填上充实而又鲜活的书情与友情。

人的一生,能有好书相顾相伴,能有良友相容、相念和相携,就不算虚度,人生就有乐趣,可以说得上充实,也可以说得上幸福了。

学无止境

北齐时期颜之推认为:学习的目的是为了求益。有的人其实只读了几十卷书,就目中无人,不把任何人放在眼里,对同辈人更是十分傲慢轻视,而别人恨他如仇寇,厌恶他如猫头鹰。这样因学习而使自己受到损害,还不如不学。

读书做学问,能使人开心明目,以有利于做人。对于不知道很好侍奉父母的,应当从读书中看到古人的先意承颜,怡声下气,不辞辛苦去为父母做好吃的东西,这样引起惭愧恐惧,而能对照古人行孝道。对于不知道忠君的,应从读书中看古人尽忠职守不越本分,遇到国家有难不惜牺牲生命,不忘直言上谏以利国、利民,这样对照自己,而想到学习他们。平素骄奢的,应从读书中看到古人的恭俭节省,谦卑自持,把礼看做教化之本,把敬看做立身之基,这样决然自失,知道自己的不足而收敛贬抑自己。平素鄙吝的,应从读书中看到古人的重义轻财,少私欲,忌满盈,能周济贫人,而感到自悔自耻,积聚的财货能够合理地分散使用。平素暴悍的,要从读书中看到那些古人小心克己,懂得牙齿硬而先弊,舌头软而久存的道理,能够含垢藏疾,尊贤人容众人,而感到疲倦沮丧,不再那样横暴反而弱不胜衣。平素怯懦的,要从读书中看到古人的达生任命,强毅正直,说话必信,求福不违的原则,而能勃然奋起,不知恐惧。除此以外,种种品行都能从读书中学得进步,纵然不能达到尽善尽美,总可达到去泰去甚的目的。学习得到的长进,在任何方面都能施行而见效。这是理想的情形。

但实际上,现在不少的人,只能说,不能行,忠孝仁义各方面都没有真正做到,做具体事也不行。去断一件案子,不一定能断得合理;去管理一个千户的小县,未必能治好县里的民事;要问他造房,连楣是横的木兑是竖的也不一定知道;问他种田,他不一定知道稷和黍哪种该先种哪种该后种。只知道吟诗谈笑,讽咏辞赋,做些很悠闲的事,真正实际的国家地方军政事业,一点也没有作为能力,因此,这些读书人被不读书的武人俗吏所讥笑议论,也许就是因为这些原因吧。

梁元帝当年在会稽时,只有十二岁,便开始好学。那时候元帝又患皮肤病,手足都不能伸屈自如,在空斋里张起一葛帏防蝇,独自坐在帐内,银瓯内藏着绍兴酒,不时喝一点,来解除痛楚。随心地读史书,一天二十卷,没有老师传授,有时遇不识的字、不懂的话,只是自己反复地读,不知道厌倦。他有皇子的尊贵地位,又在好逸乐的童年时候,还能这样努力学习,何况其他希望通过读书找到自己前途的普通人呢!

别人知道一件事,你要知道一百件

清朝时期的曾国藩解悟《菜根谭》时认为:即使有好的药物,但不针对病情,还不如一般的药物有效;就算是人才,但工作不适合他的特长,就不如去用差一些的人。质地好的木梁可以撞开城门,却不可用它去堵鼠洞。不可以用强壮的水牛去捕捉老鼠,也不可以用骏马守望家门。价值千金的宝剑用来砍柴,不如斧子好用。三代用过的传世宝鼎,很是贵重,但你用它开垦荒田,它还不如木犁。面对具体的时间、具体的事情,只要你用人恰当,普通人也可以收到神奇的效果。不然,分不开宝剑、锄头的特性,什么事情都得弄糟。因此说世上不害怕没有人才,而害怕是不知道使用人才,量才而用。魏无知在评论陈平时说:"现在有个后生,很懂得孝德,但不懂得打仗胜负的谋略,您怎么用他呢?"当国家处于动乱时,用的不是掌握胜负之谋的人,即使有大德,也是不能用的。我平生喜欢用忠实可靠的人,但现在老了,才知道世上药物虽然多,也有治不了的病。

没有兵士,不值得焦虑,军费匮乏,不值得痛哭,而真正值得焦虑的是,不能够立即找到见利不争、义字当先、真挚做事的人才。这种人才也许能够得到,但由于他地位卑下,往往因此而气闷不舒、受尽委屈挫折、罢免离开直至死去。而那些暴虐贪婪又善于钻营的人却由于占据好的位置,而长享富贵,拥有受人尊重的名誉,因此健康长寿而不死。这是我最为慨叹无奈的事情。静观天下大势,这种情况难以挽回;我们所能共同勉励的,就是要尽力重用一些正人君子,培养几个好官,作为变革时事的种子力量。

天下的人才不是现成的,也没有生来就具有远见卓识的人。人才大多数都是在艰难困苦中磨炼出来的。《淮南子》说:"功劳能够在强迫威逼下创造出,功名可以在强迫威逼下立起来。"董仲舒说:"努力地做学问,所知道的知识就会广博;努力地寻求真理,道德修养会日日进步。"《中庸》里所说的"别人知道一件事,你要知道一百个,别人知道十件事,你要知道一千个"的话,就是要人多受困苦付出努力。现在的人都企盼为世所用,缺乏拯救社会的才略准备。假如真正能从古代典籍中加以对证,再向那些已经为社会作出贡献的人学习，苦苦思索为世所用的办法，并亲身去实践，努力再努力，那么就可以通达识变，才识就逐渐地培养起来了。才识能有益于社会，还用担心社会上不知道你吗？

西汉儒学家董仲舒像，图出自明·天然撰《历代古人像赞》。

不能身体力行，虽有所见亦作无用

清朝时期彭端淑解悟《菜根谭》时认为：天下的事有困难与容易之分吗？去做它，那么困难的事也变得容易了；不去做，那么容易的事也变得困难了。人们学习也有困难与容易之分吗？去学，那么困难的也变得容易了；不去学，容易学的也就变得困难了。我的天资如此迟钝，赶不上别人；我的能力这样平庸，也赶不上别人。假如天天都认真学习，一直坚持下去，毫不松懈，等到学成以后，也不知什么是迟钝和平庸了。假如我的天资聪明程度超过别人一倍，我的能力强过别人一倍，假使不去用它，那与天资迟钝、才能平庸的人就没有区别了。孔子的思想最后是由天资不高的曾参传了下来，那么愚笨平庸和聪明能干对一个人所起的作用，难道还是一成不变的吗？

蜀国靠近边界的地方有两个和尚，一贫一富，穷和尚对富和尚说："我想到南海去，你看怎样？"富和尚问道："您凭什么去？"穷和尚回答说："我就凭着一个装水的瓶和一个盛饭的钵已经足够了。"富和尚说："我好几年以来就想着雇条船顺江而下，还没有去成呢，您能行吗？"过了一年，那个穷和尚从南海的普陀山归来，介绍他的经历，那个富和尚为此面带羞涩。蜀国西部离南海的普陀山，不知有几千里路，富和尚一直不能去，而穷和尚却去了。人们确立的志向，难道还不如那个穷和尚吗？

这样看来，聪明与能干，既能够依靠又不能够依靠，自己倚仗着聪明能干而不肯学习的人，是自找失败的人。迟钝与平庸，既能够限制一个人又不能够限制一个人，自己不受这种迟钝和平庸的局限而能孜孜不倦地努力学习的人，才是力求上进的人。

不耻下问

明朝时期的吕坤认为：因学习而快乐，这样的学问是一种甜瓜。一入门就以学习为快乐。它的快乐，又逍遥又自在，是在深入刻苦学习、忧虑勤奋、警惕自励中得来的。孔子以学习为快乐而忘却忧愁，因为发奋读书而废寝忘食，颜回没有改变这种快乐状态，是因为他博约克复造成的。他们的快乐，悠然自得。无意寻找欢快，因此没有忧虑;没有放纵欲念,因而也就没有烦闷。假若感到还有可乐的地方,乃是乍有心得。若刻意模仿它的快乐,就是助长杂念私心,这样的人又有几个不猖狂嚣张的呢?

没有独处时的慎重,就算不得真正的学问;没有在大庭广众之下得到检验,就不算是真正的谨慎独处。整天唠唠叨叨,那只不过是口头禅罢了。体会认识事物要领会其中真正赏心悦目的含义,真正的读书人在取得很高的成就以后仍要发奋努力。住在山中的人不识莲,从药房里买了些干莲肉,吃过就夸奖味道很美,而后又到集市上买了些放了很久的新莲,吃了更夸味美,如果吃了从池中采来的鲜莲,那味道又是怎样呢?莲蓬一旦从池塘里采摘出来,那新鲜的滋味就会受到损失,假若卧在采莲船上挽着莲蓬剥开来吃,那它的美味又是怎样呢?现在的人们体会认识事物就好像吃那干莲肉的人一样。再拿这棵树上的胡桃打个比方。如果连皮吞下,也不可说没有吃,但是不知道这种果子应该去掉厚皮,不然吃了会麻嘴;而后就去掉硬皮,不然就会损坏牙齿;再弄掉瓤上的粗皮,不然会让舌头发涩;最后去掉薄皮里面的萌皮,否则就不可有细腻可口。经过这样加工后再用蜂蜜浸泡,放糖水煎煮,那才是尽善尽美的食物。现在人们体会认识事物,就好比连皮带壳吃胡桃一样。只有像前面所说的吃莲吃胡桃那样的正确方式去体会认识,才能精细入微,只有像前面说的那样去用功,才会达到义精仁熟。

往上升达不可能一蹴而就。什么事情都有它上达的方式。比如洒水扫屋,待人接物,起居饮食,每件事都有其精义入神的地方。每一段有每一段上达的目标,从普通百姓到君子,从君子到圣贤之人,到商汤王、周武王以至尧舜那样的人都是如此。就算是尧、舜,他们自己也有上达的目标,他们还自叹不如无怀氏、葛天氏那样淳朴自然的理想世界啊。

学琴师襄图,讲述孔子向师襄学琴之事。

学者没有长进的根本原因,只在于掩盖自己的不足。听到一句赞美的话,就是不懂也不愿意去问。对有疑问的道理,也不肯问人,怕别人讥笑自己不懂。孔夫子不以向比自己身份低的人请教为耻辱,如今的人有自己所不知的却不愿请教有能力的人。颜回以自己所能而去向没有能力的人请教,如今的人有自己所不会的却不去请教那些会的人。假如怕被人耻笑,去与那受德山棒、受临济喝,与有道的高僧相比,在达摩台上呼唱,那又如何承受得了?这样把自己的缺点掩盖起来,最终仍不免被人嘲笑,难道为了逃避别人讥笑一次的耻辱,而终身受人耻笑就不感到羞耻吗?后来的人们应该引以为戒啊。

求学要精益求精

明朝时期吕坤认为:《大学》这一部书,统于"明德"这两个字;《中庸》这一部书,统于"修道"这两个字。

学问与知识的不足,往往会变成影响一个人的障碍。好比说挖河分界,一段界上没有挖通,水就流不过去,必须把它冲开,要一点障碍都不能留。涵养只要有一分欠缺,那么就会差那一分气质。比如烧木炭,有一段木头没有烧透,便会冒烟,必须等到它烧透,不冒一丝烟才行。除了"中"字之外,再没有其他道理可讲;除了"敬"字之外,再没有其他学问可说。

经过慎重思考得来的学问,是难以和那些浮于听闻的人来说的;而那些浮于听闻的表面学问,在深思熟虑的心得学问面前,就如同用度量器来衡量轻重长短一样,一丝一毫都无法掩盖。

做学问的人只要做到心平气和,就有了几分修养的工夫;心平气和的人遇到事情就能独自担当,意志坚定,百折不回,就已经有了几分人品。做学问的关键在于明分。增长品德是自己的本分,勤于工作是自己应尽的义务和责任,如果碰上贫困或通达,那便是冥冥之中的定数。

无论什么事一鼓作气,就会觉得它有趣味,而且一天比一天浓厚,就算是难事,也会达不到成功不罢休;不管什么事一旦间断,就会感到生疏隔膜,畏惧胆怯的心理一天比一天严重,就算是容易的事,要继续做下去也感到非常困难。所以圣人的学习态度是从不间断停留,圣人的心从没有一时一刻放松。一旦停歇,想继续做下去就会非常困难,这是学者最畏惧的事。

性情急躁的人要常常让他理乱解结,性情迟缓的人要常常让他逐猎狂奔。依此类推,那么气质之性没有不可渐渐改变的。

许多人常说的"平稳"这两个字实在值得玩味。大凡天下的事情,只有达到平和才能稳妥。冒险行事有时也能成功,但终究不稳妥。所以君子常以平稳来对待各种事情。

春分与秋分在寒季和热季的中点,这段日子昼夜时光相等,最多不过七八天;夏至与冬至是夏天和冬天昼夜时间的偏界,夏至白天长黑夜短,冬至白天短黑夜长,大概有二十三天。因此,我们得知中庸之道难以把持,偏气易于占上风,自然规律都是如此。所以尧舜果断地提出折中,那只不过是以人定来胜天。

内心只有五分学问,外表只能显露出五分来,一丝一毫也不会多;内在有十分学识,外表当然就能表露出十分,丝毫也不会少。诚实的人就可以不加掩饰,因此说不诚实的人就只是空洞无物。不要蹑手蹑脚地跟在别人屁股后面走,这样才能学得到自己真正的学问。

正宗的学术流派一向主张精益求精,实事求是;旁门左道的学派脉统奇特虚幻;正宗学派治学谨慎,旁门左道空远逍遥;正宗学派的治学宗旨倡导循序渐进,旁门左道则主张另辟捷径而有所顿悟;正宗学派的造诣主张顺其自然,旁门左道的造诣则有些矫揉造作。

也许有人会问："由仁、义、礼、智引发的恻隐、羞恶、辞让、是非观念，那都是自然法则吗？"回答是："假如是圣人生发出来的就可以算是自然法则，假如是普通人生发出来的就只能是各自的气质，难免有过分或是不足的毛病。就好像那珍爱生命的念头，难道不是含有恻隐之心吗？至于用面粉来替代祭祀的牺牲品，那就不属于自然法则了。"

做学问，博闻强记比较容易，融会贯通解惑顿悟就比较难做到。若要通晓天地万物，理解领悟历史和现实之间表层与深藏的各种事理，使它们没有间隙就更加为难了。

以学养心，学实并举

南宋时期的叶适认为：《春秋》这部书，反映的是最根本的道理、圣人最终的事业。天地间最大的义理，存在于君和臣、父和子、兄与弟、夫与妻、宾与主的关系中，其中更精微的便是上和天地阴阳相交通，左右达到世间生活的最细微处。

古代的圣人，他一定要将这个义理表现出来。从个人修养说，制止那些错误的东西，促进那些美好正确的东西，也和一般人有所不同。在自己心里制止私欲，使其不表现在行动上，别人没有看见他自己治理自己的痕迹，自己也没有更多地花费自我治理的工夫，到这样的地步即使是圣人也不过如此罢了。

有我就有私心，有私心就有私欲。然而在现实生活中，知道时时刻刻用仁义礼乐的道德观念来克制自己，使自己的欲念受到限制并归顺到道德观念中来，那就是圣人之途中很平常的一种人了。

仁义礼乐克制不了自身，那么圣人所提倡的治人之道就要花费些力气了。但如果听到别人的错误自己一定为此很害怕，听到别人的长处自己一定为此高兴，因此按照自己所喜欢和所害怕的来进行修养治理，这是更差一等的。

郑燮像，图出自《清代学者像传》。郑燮字克柔，号板桥，清代书画家、文学家。

富贵使人愚蠢，贫贱催人发奋

清朝时期的郑燮解悟《菜根谭》时认为：富贵人家请塾师教育子弟，殷切希望子孙成长，但真正学有所成的，大多出于那些依附就读的贫贱之家，自己的子弟反而收获不大。

不过数年，富贵的往往变成贫贱的：有寄人篱下的，有沦为乞丐以致饿死的，也有的好歹守住了自家祖业，不失温饱，但一字不识的。当然，一百个富家子弟或许也有一两个发达有成的，但这种人写出的文章一定做不到淋漓酣畅，让人刻骨铭心，为世代所传诵。这难道不是富贵足以使人愚蠢，贫贱足以催人发奋而达于聪慧吗？

选择老师有种种难处，敬重老师是最重要的。择师不能不慎重，但一经选定，就要尊师敬师，怎么能够再去挑他的毛病呢？

有些人一旦做官，就不能自己教育自己的子弟，所聘请的老师，也只是地方上最好的，未必是海内名流。如果暗中讥笑他的不是，或当面指出他的错误，做老师的自己就不能心安，教育学生自然就不能尽心。如果子弟对老师也怀有这种藐视怠慢的心理而不努力学习，这就是最让人担心的事情了。

凭借老师的长处，来训教自家子弟的短处。如果确实不可为师，至少也要等到来年，再请别的老师；而本年内有礼节的遵奉，一定不能废弃。

不为圣贤便为禽兽，莫问收获但问耕耘

清朝时期的曾国藩解悟《菜根谭》时认为：读书的志向在于刻苦勤勉，去了解品德高尚、志趣高远的先哲们留下的学问。我的座右铭是一副对联："不为圣贤便为禽兽；莫问收获但问耕耘。"我想到朱禹说过做学问好比炖肉，必须先用猛火煮，然后用慢火温。我生平工夫全未用猛火煮过，虽略有见识，也是从悟境得来。偶尔用功，亦不过是兴趣来了而已。就好比用未开锅的汤炖肉，用慢火温着，会越煮越不熟。

我们只有增进道德、进修学业两件事靠得住。增进道德，就是孝悌仁义；进修学业就是诗文书法。这两件事齐头并进，一起增长，如同家产越来越多一样。

自古以来圣哲名儒在宇宙间光彩焕发的原因，无非是在文学、事功两个方面有成就。然而文学，人的天资禀赋占它的七分，人的努力不过占三分；事功，则是运气占它的七分，人力也不过占三分。只有尽心养性，保全天赋予我的这部分才是最现实的。

如果将肃、义、哲、谋、圣这五事尽量完备，将亲、义、序、别、信这五伦尽自己的情分，充满不想害人的心，那么就是仁足；充满不偷窃的心，那么就是义足。这些都是人可以把握得了的，可以自占七分。人生用力的地方，应当在这自占的七分方面，努力索求它；而对于仅占三分的文学、事功姑且搁置一下，慢慢地实现它。也许这样好名争胜的思想就可以稍微少一些，表面为人处世的自私行为可以逐日消除吧？

幼不定基，难成大器

一个辅国经世的人才，在于从小的教育，父母就是孩子的第一任教师，一言一行都得顺应规范，否则等孩子大起来改造他，已经太难了。所谓"幼而学，壮而行"、"玉不琢不成器，人不学不知义"、"少年不努力，老大徒伤悲"，都说明了这个道理。千里之行始于足下，一个人的学习锻炼是从年少时开始的。国家社会的未来在下一代人身上，教育学习，培养品德，锻炼意志，下一代人将来才会有所作为，成为有用之才。

孟子名轲，儒学的奠基人之一，中国古代杰出的思想家。他受业于孔子孙儿子思

门下，游说于齐、梁之间，上继孔子，兼倡仁义、仁政，主性善，尚气节，重修养，对中国古代的道德传统的形成和发展具有深刻的影响，著有《孟子》一书，传于后世。孟子之所以能够成就一番事业，成为儒家的代表人物，是和其母的教育分不开的。

贤良的孟母深谙邻里之道，为此，不惜几迁其居。一开始孟子的家居住在墓地附近，儿时的孟子还不太懂事，不知什么是该学的什么是不该学的。看到邻居们都以替人办丧事谋生，他也觉得有趣，每日里和一群小孩子在一起，嬉戏玩闹，也学着吹吹打打，打幡送丧，挖坑埋棺。孟母看在眼里，急在心里，她知道不能责怪邻里，他们就以此为生，但如果长久住在这样的环境之中，孩子能学到什么呢？长大了又能有什么作为呢？她深深地感到，这里绝非是自己想让儿子增长知识而能生活下去的合适的地方，于是就搬家住到一个集市旁边。

集市之中每天都热闹非凡，各种叫卖之声不绝于耳，小小的孟子又开始学着大人的样子玩沿街叫卖的游戏。孟母看在眼里，急在心中。她深知环境对人的影响是很大的，不能让自己的儿子从小就在这种地方成长。她叹息道："这里也不是我理想中要让孩子住的地方。"于是她又一次带着孟子搬了家。这一次搬到了一所学校旁边住了下来，孩子们则学着大人的样子，学习效法各种礼仪，孟母这才长舒了口气，觉得这次的选择才是对儿子进行教育的选择，从此在这里居住下来，而后又多加教诲，才使孟轲成才。

由近及远，由易到难

清朝时期的康熙解悟《菜根谭》时认为：凡是看书，不为书所愚弄才好。比如董仲舒所说："风不吹树枝，雨不破土块，就叫做太平盛世。"如果真的连风都没有，那么万物如何生长呢？如果不下雨，那么田亩中如何耕作播种？由此看来，这些都是不切实际的空文而已，类似这样的话都不能信以为真。

《易经》说："日日更新，就叫做大德。"求学问的人一日必须进一步，才不虚度时光。大抵世间的每一种技术和才能，一开始学的时候，困难得使人受不了，好像万万不能成功的样子，因此就放下不学，最后也就不能成功。所以初学的人贵在有坚定不移之志，又贵有勇往直前的精神，精干而有上进心，更贵有百折不回、不怕失败的决心。人如果能有坚定不移的志向，勇往直前的精神，精干而有上进心，同时百折不回，不怕失败，那么技术、才能哪有学不成的。

学作文，就像各种工匠学习手艺一样，一定是从容易学的开始，然后由易而难，逐步向前，不能性急，急于求成。《中庸》一书中说："譬如走远路的人，必须从近处启程；又好比登高的人，必须从低处起步。"人学习作文，也应以此言为法则。

自我满足是学习的大敌

明朝时期吕坤认为：做学问之人最大的敌人就是心胸狭窄、气量狭小。在认识谈论事物时，最怕狭隘冥顽、固执己见。默契的奥妙在于能够超越诗、书、礼、易、乐、春秋这六经和古今圣人，直接与天地悄然接合，又无须同天交谈半句话，只需仰望苍天，就会产生心灵感应。

帝舜像，图出自明·天然撰《历代古人像赞》。

做学问的人一旦盛气凌人，便不会再有进步。将天和地归纳为一点，就难以进一步寻找；若将这一点发于天地，那么用处就无穷无尽，这种人才能称之为大人物。假若自己把自己看做庸人，从不创新立异，好像佛门弟子那样从来不自我满足，不狂妄自大而目中无人，这样的人才能称作是以善服人。心术、学术、政术，这三种学术之间的关系不能不分辨清楚。要辨清心术的真诚和虚伪，要分清学术是正义还是邪恶，要分辨政术是王业还是霸业。总体来说，只要心术诚恳，别的就不会差。

圣人弟子做学问的要诀，只是要求不做“贼”即可。有人也许会问这是为何？回答是：“做贼是自己欺骗自己的良心，自私自利不顾别人。做学问的人若在这两方面不能彻底摆脱，那又和做贼的人有什么区别？”

彻底摆脱邪恶的习气，那才是真正的英雄。

用心领会是掌握道理的要诀，所以就必须潜心考虑。如果不这样，就只能停留在口头语言上；事实须用典故作为依据，所以必须广闻博览，否则，只是没有根据的凭空编造。

苍天与万物都是我们的，只要心灵真诚能够通达的地方，没有不能感应的。倘若遇到抵触，就是自身的修养功夫没有达到。自我修炼达到了通晓自然法则洞察万物的境界，那才是真正的学问，才是真正的功夫。若达不到这种地步，追悔自责都没有闲暇，又怎么能生出怨天尤人的心思呢？

像尧舜那样伟业有成，像孔孟那样学术有成，这是君子们一生的渴求。有人问：“像尧舜那样伟业有成，像孔孟那样学术有成，应该从什么地方着手呢？”回答是：“把天地万物融为一体，这就是孔子与孟子的学术成就；使天下万物各得其所，”这便是尧舜的功德，总体来说这是一样的观念。

假如一个人得了上吐下泻的病，就算天天大吃大喝，也无法改变憔悴的容貌；若是听了就忘，不专心学习，就算天天读书，对自己的成长也没有半点好处。

自然界是慢慢形成的，理和气原来就是这样，即使想快也难以办到。但世间的读书人都喜欢讲一个“快”字，那只不过是没有根底的学问罢了。如果每个人都去掉了私心杂念，世上就能天地清静、万物安宁了。学问充满整个天地间，它的气势宏伟壮观。依我之见，根茎应种植于泥沙等九地之下，枝梢须插入九天之上，横枝应拓展到东西南北八方之外，这才算是圆满的功夫，无量的学问。

我自己相信自己，但别人不一定相信我，所以君子应设法杜绝嫌疑。假若胸怀像青天白日一样正大光明，或是如火热水寒一样坦诚真挚，哪里还需要回避呢？所以君子在做学问时首先要懂得信任的重要，只有取得了信任，事情才好办。做学问贵在体会与认识，不去读尽古今书籍，只要读一部千字文，就能让自己终生受益。假如不去体会和认识，就算把自古以来的每一卷书都记得烂熟，也只算是博学而已。那些学识只会让人口若悬河、文风飘浮、助长盛气、增加傲慢而已。所以君子做学问贵在体会与认识。

读书是立身之本

清朝时期的张英解悟《菜根谭》时认为：圣贤认为，人心很容易变坏，而良好的品德却不容易培养起来。“危”指的是追求欲望之心，好像大堤约束水，堤围崩溃是容易的事，一旦溃决就会一发不可收拾。“微”指的是礼义伦常之心，好像帐子映灯火，似有似无。

人的心胸至灵至动，不可过分劳累，亦不可过分安逸，只有读书学习才可以保养它劳逸适中。我们常常见到风水先生用磁石养护指南针，这个道理正好说明书籍才是保养身心的最佳选择。安闲逸乐无事可做的人整天不看书，那么他的起居出入，身体心灵就没有依留安定的地方。眼睛没有安顿的时刻，一定会精神涣散、杂乱颠倒，处于逆境感到不高兴，处于顺境也会感到不高兴。别人常常令他惊慌烦恼，觉得别人的一举一动没有顺眼的。这样的人必定是一个不读书学习的人。

古人说过，扫地焚香后，清福已经具有。有福气的人，在享福的同时也读点书；没有福气的人，心中便会产生其他的念头。这些话真是讲到了最重要之处。对于那些违背自己意愿的事情，从不读书的人认为，似乎全被自己一人碰到了，感到极其难堪。这样的人由于不读书，所以他不知道古人碰到的违背自己意愿的事，比自己还多百倍，只是没能细心体验罢了。比如宋代苏东坡先生，一生吟诗作赋，在他死后，文章一刊印出来，名声震惊千古后世。而他在世之时忧虑别人说坏话，害怕别人讥笑毁谤，困苦艰难往复迁移于潮州、惠州之间，他的儿子光着脚过河，睡在牛栏边上，这是一种什么样的境况啊！又如唐代诗人白居易没有后代，宋代文学家陆游忍饥挨饿，这些都载在古书里面。他们都是名传千古的人，而所经历的事情却如此不尽如人意，如果平心静气地观察他们的经历，那么人世间所碰到的违背自己意愿的事情，就可以想得通，任何不满意的想法也会很快打消了。

一个人如果不读书，那么就会只看到自己的经历很苦，而产生无穷无尽的怨恨愤激之情，忧郁烦躁不安，为什么要弄到如此地步呢？况且富裕兴盛的事情，古人也会碰到，气盛权倾一时，转眼也都会没有了。所以读书可以增长道义之心，是保养身体的首要事情。读书时死记硬背大部头的文集，用以争长短胜负、名声利禄，那是很辛苦的。如果粗略浏览一遍，就不会弄到劳心疲神的境地，只当冷眼于自由自在之中看出古人文章里面重要而转折承接的地方就行了。

诚是为学之道

宋朝时期的吕本中认为：荥阳公曾说：“世上喜欢说‘无好人’这三个字的人，可

包拯像，图出自明·天然撰《历代古人像赞》。

以说是自己伤害自己的人。”包公做官时，百姓中有人说：“有人借给我白银百两，他死了，我去还给他儿子，他儿子却不肯接受，请求包公帮我把白银归还。”包公召见那位不肯接受白银的人，那人却推辞说：“先父未曾委托别人白银啊。”两人相互推让了好久。包公因而说：“看了这件事，说世上无好人的，也许可以稍微有点惭愧了吧。人都可以成为尧舜的，只要看这件事就知道了。”

刘器之小时在洛中侍奉司马公两年，临别时，问司马公为学之道是什么，司马公说：“根本在于至诚。”器之就仿效颜回问孔子，说：“请讲得再具体点。”司马公说：“从不随便乱说开始。”器之从此以后用此话来约束自己，不敢有失误。

李君行从虔州进京，到泗州，他的小辈请求先行一步。君行问原因，回答说：“科场近，想先到京师，注上开封籍贯以便应考。”君行不答应，说：“你是虔州人，注开封籍贯，这不是想求侍君而先欺君吗？这样做怎么行呢？宁可缓几年，也不能这样做。”

正献公小时候不曾赌博，有人问他为什么，他说：“收下别人的有伤廉洁，送给别人又败坏道义。”

荥阳公与父辈们从小官做起，坚守职责，不曾要人举荐过，把这作为小辈的戒条。仲父舜从在会稽任职，有人讥笑他不求长进，仲父的回答很好，他说勤守职事，其他不敢不谨慎，这就是求上进了。

韩魏公留守北京，曾经长期使用一个使臣，使臣要求离开他去参选做官，韩魏公不放他走。几年后，使臣抱怨韩魏公不放他走，对韩魏公说：“我去参选是为了做官，如今一直留在您这里，总是做奴仆了。”韩魏公笑着屏退众人，然后说：“你还记得某年某月某日，你偷窃官银几十两放进自己腰包的事情吗？只有我知道，别人是不知道的。我所以不放你，是怕你当官不小心，必定会丢官送命的啊。”使臣惭愧地道谢。韩魏公的宽宏大量让人如此佩服。

晚辈不能忍受指责，就不配做人；听人说秘密，不能守住而随便泄露的人，也不配做人。

读无字书，弹无弦琴

在《菜根谭》近四百则的语录中，其中不乏一些不易理解且富于人生哲理的语句，其中论及读无字书和弹无弦琴的章节，就很耐人寻味。

提到书，人们就会想到黑字印在白纸上的有字书，或是历史上的汉简竹帛。提到无字书，则难免会有人感到困惑：书还有无字的吗？真的存在无字书吗？

唐僧与孙悟空等师徒四人到达西天取经，首先得到的就是“无字真经”——无一字一句印录的白纸书——此乃《西游记》所描述的一段故事。就此故事可以看到，从狭义来看，无字书指的是不著录一字一文的白纸汇编。

而从广义的标准来看，无字书泛指的，则是独立在有字书之外的、人们所有的生机盎然的日常生活，是风声雨声读书声，也是家事国事天下事，是衣食住行，也是男女私情，是你的对空长啸，也是她的望月感怀；是日月历天，江河东流；是鸟语花香，风云变幻……总而言之，无字书所囊括的，是有字书之外的一切。洪应明所讲的“无字书”，正是在此意义上言的。

如此看来，无字书的内容，要比有字书丰富得多，无字书的变化，要比有字书微妙得多。举个例以证之，现实生活中，恋人之间的那种心有灵犀一点通的瞬间，较之文学大师对此的最为优秀的文字描写，还会更多了千种风采、万缕情丝。

因此，解读无字书，无疑要比解读有字书，更不容易。无字书的内容是无限的，是剪不断、理还乱的无尽的生活头绪，而有字书的内容则是有限的，是摘一个就是一个的饱满的既有成果。归根结底，无字书是有字书的根源与依据。

所以，读无字书也就是最根本也最彻底的，同时还是极富于禅意的。这，诚如清朝文学家张潮所言：“山水亦书也，花月亦书也。能读无字之书，方可得惊人妙语；能会难通之解，方可参最上禅机。”在这个层面上，我们可以进一步理解，禅宗何以通过不立文字、以心传心来立宗。

理解了无字书的实质及解读无字书的必要，再去认识弹无弦琴，相对而言，就容易些了。

弹无弦琴的典故，出自东晋著名诗人陶渊明的一段往事中。据史书记载，陶渊明有一把无琴弦之琴，当他心情十分平静之时，他就会摆出这把无弦琴，在上面“弹奏”、“抚弄”一番。当然，这把没有可抚弄弹拨的琴弦的琴，自然是不会演奏出任何悦耳动听的琴声的。

而这，对于不谙音律的陶渊明来讲，却已经是足够的了。因为他所追求的是弹琴的神趣，是对弹琴的一种神悟、一种意会，用他自己的诗句言，就是“但识琴中趣，何劳弦上声？”况且，如果是琴中有了弦，难免就使弹者的手受到了阻碍；因弹拨琴弦产生了琴声，难免就限制了听者的无限乐思及其想象……这些都是陶渊明在弹无弦琴时所没有受到的束缚，一如他不愿为“五斗米而折腰”般的洒脱与超越。

故在弹无弦琴这种看似是反常的行为中，所隐含的就是中国传统文化对“弦外之声”、“象外之致”之类的境界追求。未尝不可把它视为一种智力的挑战，一种反常识与反逻辑的游戏，一种等待填充的空白，且看我们能否神思飘逸，能否也有足够丰富的精神意识来把握、理解并完成它，就如在面对一张白纸时，我们要经受能否就白纸而想象出一幅接近于尽善尽美的设计图一样的测试。

读无字书，弹无弦琴，难，但并非不可为。

古人在讲“读万卷书”时，还讲到“行万里路”，就可算是读无字书的路径与方法之一。至于更详尽、更丰富也更具体的路径与方法，则隐藏在我们的学习、工作与为人处世之中，有待于每个人各自去参详了。弹无弦琴，也是如此。进而能举一反三，不拘泥于形迹而能心领神会，则可得琴与书的真趣味，得人生的真趣味，这才是最重

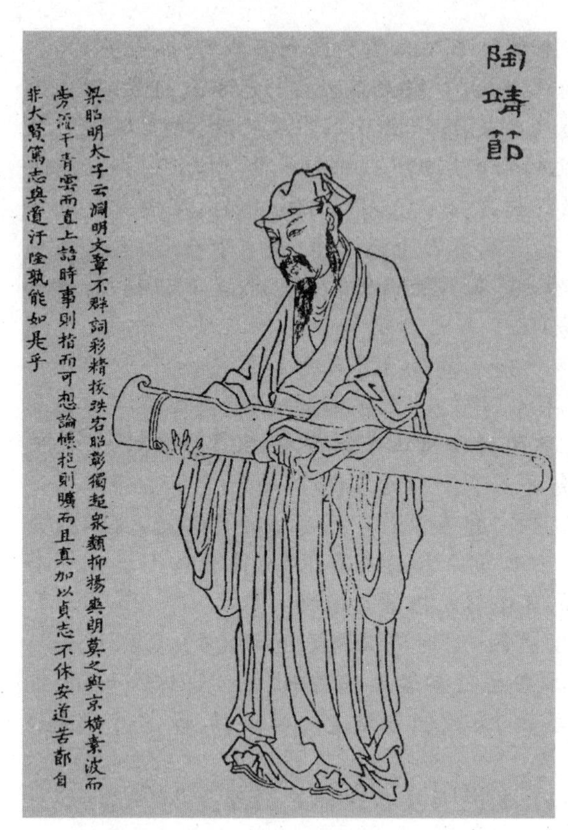

陶渊明像，图出自清·上官周绘《晚笑堂画传》。

要的。

所以，无字书、无弦琴中的一个“无”字，看似简单，事实却不然。在这个包含有哲学智慧在内的“无”字中，肯定还有许多文章可以继续做，可以引申，可以作出新阐发。

以企业管理而论，据较新的资料显示，在日、美等当今世界的发达国家中，数十年来，已经掀起了一场“人性管理”的旋风。这种人性管理较之以往旧的管理模式，更尊重企业员工的感情与工作，尽量创造一切有利于激发他们创造潜力的条件，防止或是延缓他们在智力与体力上的老化与退化，从而使管理更有人性也更有人情的意味。

美国玛丽·凯化妆品公司运用人性管理的方法来管理员工，使公司在20年间，由只有9个人的小公司发展成为拥有20万员工的跨国大公司，也使公司的美容师和推销指导员的个人年收入超过了5万美元，因而也使“人性管理”受到了世界管理界的瞩目。

而这种管理的最高境界，就是“无人管理”。所谓的“无人管理”，就是不再有直接地管理与监督企业员工的专职管理人员，而是由企业员工实行直接的“自主管理”，由他们制定管理章程，也由他们组成自己的审核小组，督促大家共同遵守章程，从而发自内心地强化自己的责任感与使命感，同心协力地把工作完成得更好。如此一来，企业员工们就觉得自己不是像牛马一样，要听从上司的训斥、指令乃至是惩罚（如扣工资、扣奖金甚至是处分及开除等）后才会完成本职工作的。就管理人员言，他们也就可以摆脱平日的琐事杂事，也不用时时面对员工，以避免发生那些不必要的矛盾与冲突，而把主要精力放在人员与任务的协调与调整上，放在最后的决策上，从而也就多少有一点“无为而治”的意味，有助于把生产搞上去，也有助于改善劳资关系。

当然，“无人管理”的施行，也须有一些前提，即员工必须有较高的文化素质与职业道德，彼此是团结的、合作的，同时还要具有较高的自觉性，管理人员与员工之间是彼此信任的，管理人员有足够的信心和措施来保证生产指标的完成，等等。显然，这些条件不会是先天就已有的，而是要靠企业的全体人员来共同创造出来的。

可见，看无字书，弹无弦琴，实行无人管理，还有……触类旁通之处，奥妙存乎一心。

有志者立长志,无志者常立志

美国一位著名心理学家认为:现代人之所以活得很累,心里很容易产生挫折感和种种焦虑,甚至不快,是因为迷失和被淹没在各种目标中的结果中。

现代人常把自己的思绪搞得一团乱,却很少有人进行必要的自我调节。在这种混乱的生活状态中,人的内心渐渐失去平衡,变得没有条理,生活的目标也跟着盲目起来。他们不知道自己所为何来,也不知道自己终将怎样。他们的想法很多,却不知从何着手。他们的思维混乱,长久下去便会产生心理疾病,从而又影响到了健康。人如果总是这样,就没有幸福可言,并会失去最主要的东西,并丢掉眼前的一些机会,变成“为明天而明天”的生活痛苦者。

有这样一个故事:有两个学生拜奕秋为师学习下棋。其中一个学生每次听课都全神贯注,一心一意地听奕秋讲解棋道;而另一个学生虽然很聪明,但上课时总是心不在焉,而且他今天想学下棋,明天又想学画画,不时地有新想法冒出来。一次上课时,有一群天鹅从他们头上飞过,那个专心的学生连头都没有抬一下,浑然不觉。而心不在焉的学生虽然看着也像是在那里听,但心里却想着拿了箭去射天鹅,而且想着有一天要做一名出色的弓箭手。若干年后,那位专心致志的学生成了一名出色的棋手,而另一位呢,却一事无成。

一般情况下,人对生活的迷失都是所要或所想得太多,而又一时达不到目标造成的。这种想法使很多人不能将精力专注于一项事业,他们总是目标多多,反而错过了许多近在眼前的景色,丢掉了一些可以马上把握的机会。人无法专注,总是做着这件事,又想着那件事,结果什么都做不好。内心的挫折感不断加大,结果只能是脚步匆匆,再也没有宁静。

一个人的精力是有限的,把精力分散在好几件事情上,不是明智的选择,而是不切实际的考虑,因为在通常状况下,这几件事情都不会做得很好。而如果每次我们专心地只做好一件事,精力便能够集中,也必定有所收益。等这件事做完后,再去做下一件事,这样我们每件事都能够做得很好了。

大凡成功人士,都能专注于一个目标。林肯专心致力于解放黑人奴隶,并因此使自己成为美国最伟大的总统。伊斯特曼致力于生产柯达相机,这为他赚进了数不清的金钱,也为全球数百万人带来了不可言喻的乐趣。

每天都花一点点时间问一下自己的内心:你真正想要的是什么?什么才是你人生中最主要的?慢慢地,你会发现,那些遥远的不切实际的东西都是你行动的累赘,而那些离你最近的事物才是你的快乐所在。把精力集中在最能让你快乐的事情上,别再胡思乱想偏离正确的人生轨道。

只要我们一次只专心地做一件事,全身心地投入并积极地希望它成功,这样我们就不会感到精疲力竭。不要让我们的思维转到别的事情、别的需要或别的想法上去,专心于我们正在做着的事。选择最重要的事先做,把其他的事放在一边。做得少一点,做得好一点,我们就会得到更多的收获。

学无始时

北齐时期的颜之推认为：人有坎坷，或者少年青年时没有机会学习，那就应当晚学补学，不可以自认失去机会而放弃。孔子说的"五十以学《易》，可以无大过矣"，魏武帝曹操和袁遗年老了更努力学习，这些人都是从小就努力学习而到老仍坚持不懈。曾子七十岁才开始学习，后来名闻天下；荀卿五十岁才到齐国游学，还成了硕儒；公孙弘四十多岁才读《春秋》，竟做了丞相；朱云也是四十岁才开始学《论语》和《易》；皇甫谧二十岁才学《孝经》和《论语》，而他们最后都成了大儒。这些人都是年少时没有学而后来学的。现在有人刚成年，就说自己老了而不学，这也太愚蠢了。年少就学，正如日出时的光芒；老了才学，则如点了灯烛在夜里行走，虽比不上日出之光，但比看不见好。

学无始时，只要肯学。学而无止，只有恒之。

明白六经的要旨，遍读百家的书籍，这样做了，即使不一定能使德行增益，能使风俗整齐，至少还是一种本事，对自己还是有用的。父兄不可能常被你依靠，乡国也不可能常保你平安，一旦流离失所，没有人保护，只好依靠自己了。谚语说"积财千万，不如薄技在身"，这"技"中容易学而有用的，没有比读书更好的了。世上人不分愚智，都希望多识些人，多见些事，而不肯读书，这好比想填饱肚子而懒得去做饭，想身体暖而不肯去裁制衣服。读书的人，从伏羲、神农时起直到现在，几千年，什么人没识过，什么事没见过，人们的成败好坏当然都已熟知，就是天地鬼神等，也没有不清清楚楚、了如指掌的。

朱云像，图出自清·顾沅《古圣贤像传略》。朱云是汉成帝时的大臣，以敢于直言进谏著称。

死，要重于泰山

洪应明编著的《菜根谭》理论认为：修身是有智慧的标志，具有同情心并好施舍于人是仁义的起点，慎重对待取予之事是守道义的表现，判断一个人是否勇敢的标准是看其如何对待耻辱，一个人修养品德的最高准则是树立名节。士人具备了这五种品德，然后可以立足于世，与君子并列齐名了。因此，祸害没有比贪欲私利更惨痛的了，悲伤没有比心灵上受到创伤更痛苦的了，行为没有比使祖先受辱更丑恶的了，侮辱没有比受宫刑更大的了。遭受过宫刑的人，是没有人愿与他们并列的。这不是一时的现象，而是从来就是如此啊！

自古以来，人们就以作宦官为耻。那些中等资质的人做事情如果与宦官相牵连，没有不灰心丧气的，更何况是慷慨的士人呢！现在朝廷即便是缺乏人才，怎么能要我这样的受到宫刑的人去推荐天下的豪杰俊士呢！我倚仗着先人遗留的事业，得以在朝廷里供职，已有一二十年了。因此，时常在想，首先，我没有贡献诚信，博得有奇才大德的盛誉，以此来取得皇帝的信任；其次，又没能为皇帝拾遗补缺，推荐贤能之士，使山林隐士得以显名；再次，对外又没能充数于行伍，攻城野战，获有斩敌将、拔敌旗的战功；最后，也没能平日积微小之分，取得高官厚禄，用来光耀宗族朋友。这四方面，我一无所成，只是苟合迁就，取悦于皇上，没有什么成绩贡献，可见我这一生也就是如此了。

做人要先立定志向

明朝时期的杨继盛认为：人需要立定志向。有的人立志要做有德的人，但后来却变成无德的人。如果开始不先立下一个坚定的志向，那么长大后没有固定的志向，就会无所不为，成为天下无德的小人，众人都会轻贱、厌恶他。你立志要做一个有德的人，则无论做官不做官，人人都会敬重你，所以做人首先要立起志向来。

心是整个人体的主要器官，如树的根，果实的蒂，不能先坏了思想。头脑里如果存在公道，那么他做出来的事必然是好事，他便是有德行的人。如果满脑子都是个人的欲望，虽然做点好事，也是有始无终，虽想伪装好人，也会被人识破。这正像树根衰了，则树就枯了；果蒂坏了，则果子就脱落了。

人们在读书的时候，看到书里面有一件好事，就想着将来一定要照着去做；看到一件坏事，则想着以后一定不能照着去做。看见一个好人，则想着以后一定要与他一样好；看见一个不好的人，则想着以后一定不能学他。这样，心地自然就光明正大，做起事来自然也不会马虎草率，这样就是天下第一等的好人了。

杨继盛像，图出自清·上官周绘《晚笑堂画传》。杨继盛，河北容城人，嘉靖二十六年（1547年）进士，官至兵部武选司，因弹劾严嵩下狱死。

勤做实事，少说大话

清朝时期的曾国藩解悟《菜根谭》时认为：勤奋劳作可以尽职。看看农民父老，一年到头勤勤恳恳地劳动，他们很少生病，我们因此认识到劳动可以锻炼身体，看看舜、禹、周公，他们一辈子都爱劳动，所以他们都能活到高寿，因此，我们可以知道劳动可以养心。基本上说，勤劳就不容易腐朽，安逸就容易学坏，一切事物都是这样。勤有五勤：一是身勤：危险遥远的路，亲身去走一趟试试；艰苦的环境，亲身去体验一番。二是眼勤：碰到一个人，一定要仔细地观察一番；接到一篇文章，一定要反复审读。三是手勤：容易被丢掉的东西要随手收拾；容易被忘掉的事要随手用笔记下来。四是嘴勤：对待同事要互相规劝；对待下属要再三指导。五是心勤：精诚所至，金石为开；认真思考积累起来的智慧连鬼神也能通晓。这五勤都做到，就不会成为不尽职的人。

崇尚节俭可以培养廉政。往年州、县的佐杂人员，在省当差，是没有薪银的。现在每月要发给数十金，而且还嫌少。这就叫做不知。要想做到廉政，首先必须知足。看看各地的难民，讨饭的人遍地，那么我们这些人能够吃饱穿暖有房住，已经是很幸运的啦，还有什么奢望呢？还敢糟蹋东西吗？不仅应当从廉政中得到利益，还应当从廉洁中获得好名声。不贪心，不好虚荣，凡事知足，人人遵守公约，那么社会风气就可以恢复到正常。

勤学好问可以增长才干。现在社会上事情繁多杂乱，但重要的不外乎四项：军事、吏事、饷事、文事。凡是从事这些事的人，在这四项当中，各项中都应该精心解决每一件事。学习军事的就要研究进攻、防守、地形、敌情等内容。学习吏事的就要研究催粮收赋，审理案件，促进农业增产等内容。学习饷事的就要研究人口负担，治理捐税，开辟财源，节制流失等内容。学习文事的就要研究奏疏、条教、公文、信函等内容。研究的方法不外乎“学”和“问”两个字。向古人学就要多看书，向今人学就要多找榜样。向当事的人“问”就会知道其中的甘苦；向旁观的人“问”就会知道其中的作用和结果。不断勤学苦练，才智会在不知不觉中自然而然地增长起来。

戒除骄傲和怠惰可以矫正社会风气。我在军队里时间长了，虽然不懂得卜卦、算命的技巧，但颇能预见打败仗的征兆。凡将士有骄傲情绪时一定会败，有怠惰情绪时一定会败。不仅将士是这样，凡是官员有骄傲情绪的，也一定会坏事，有怠惰情绪的也一定会出差错。每个人都晚起，会使全国都是夜晚。现在我与各位约定：多做实事，少说大话；需要出力的不躲避，有了功绩不自夸。如果人人都这样要求自己，那么业绩就会从此出现，风气就会从此端正，人才也会从此兴旺起来。

择师定终身

清朝时期的张履祥解悟《菜根谭》时认为：事情无论大小，必然有一定的规律。遵照规律办事不仅容易办到而且最终没有弊端；反之，虽然用了很大的气力，最终还是失败。因此，不可以不学习。然而想要学习，首先必须拜师。种田必然向老农学习；攻读《诗经》、《尚书》必须跟宿儒学习；往下至巫医百工，各有所传所授，何况为人之道，怎么能够没有地方接受教育呢？

远古的时候，人们互相交换子弟来教育；后来，人们背着书籍去从师；到了近世，人们聘请老师来教育子弟。虽然随着时代的变化而有所不同，但都是为了教育子弟。皇帝特别重视为儿子挑选老师，因为学问是国家的根本所在。下自公卿大夫以至庶民百姓，虽然地位的高低和贫富不同，但是，他们为家庭的根本是一样的。虽然有良好的资质，不教育怎么能够成才？即使资质愚钝，父母怎么能够不尽责任？中等资质的人，受到良好的教育，就会变为上等资质的人，反之，失教就会变成下等资质的人。子孙贤，子又及子、孙又及孙；子孙不肖，立刻就会家道衰败，真是可怕极了！近来师道不立，那些为子孙打算的人，哪里知道尊师之道，这比生子却不再聘请老师教育还要可怕。何不想一想，父母是将田宅金钱留给子弟算是疼爱其子，还是将道德留给子弟算是疼爱其子呢？不肖之子，遗留给他的田宅金钱转眼就属于别人了，留给他的金钱却成了他丧身的帮凶，哪里比得上将道义传给子孙可以永世不衰败呢？世上的好老师并没有减少，只要孜孜以求就能够找到，关键是要心存诚敬。司马光虽然说积阴德于冥冥之中可以庇护子孙，然而怎么比得上在自己活着的时候聘请贤师教育子弟呢？古称人生于君、亲、师，要事之如一。今天世人只知道不可生而无父，哪里知道尤其不可生而无师呢？

三十岁以前，人的心志血气尚未定型，因此即使非常贫贱，也不可轻易离开老师。要使资质好的子弟义理日进，资质差的子弟离错误邪恶日远，全身保世，必须这样。选择老师必须选那些刚毅正直、老成持重、道德水平高的人，追随终身。

广泛取法，学无常师

西汉时期的董仲舒认为：人们只懂得读有文字的书，却不懂得研究大自然这本无字的书；人们只知道弹奏普通的有弦琴，却不知道欣赏大自然无弦琴的美妙琴音。人们往往只知道运用有形迹的事物，而不懂领悟无形的神韵，这种庸俗的人又如何能理解音乐和学问的真正乐趣呢？

孔子说：“三人同行，其中必定有我可以以他为老师的人，我选取他的优点加以学习。”子贡说：“孔子无处不求学，所以不需要专门的老师教他。”

《史记·孔子世家》记载了孔子向师襄子学习弹琴；《礼记·曾子问》

孔子问礼于老子图

记载了孔子向老聃学习葬礼;《左传·昭公十七年》记载了孔子听说郯子向昭子讲过为何以鸟名作为官名的道理,就赶忙跑去向他求学。孔子的确是一个广泛取法、学无常师的人。

孔子闲居于家,喟然长叹。孙儿子思两次拜礼后问道:"您觉得子孙不好,将会有愧于祖先吗?羡慕尧舜之道,为不能与先圣同时而遗憾吗?"孔子说:"你小孩子家,哪里知道?"

所以君子没有爵位而尊贵,没有俸禄而富有,不讲话而有威信,不发怒而有威严,处于穷困而荣耀,独自居住而快乐。难道这不是最尊贵、最富有、最庄重、最威严的一切都聚集在他这里吗?所以说,尊贵的名声是不能靠结党营私来争夺,不可以靠吹牛说大话来骗取,不可以靠权势要挟来获得的,一定要专心诚意地学习,然后才能成功。争夺就会丧失,辞让却会得到,谦逊就会有所积累,说大话就会落空。所以君子致力于自身修养而待人以辞让,致力于积累德行而保持谦逊的品格。这样,尊贵的名声就会建立起来,可与日月争辉,天下群起而响应,犹如雷霆引起的反响。所以说,君子隐居而显赫,贫贱而荣耀,辞让而高人一等。《诗经》上说:"鹤在深泽里啼鸣,声音响彻云霄。"说的就是这个道理。

学问不要舍易求难

明朝时期的王阳明认为:有人说:"道的大的方面,人容易理解,所说的良知良能,愚夫愚妇也能明白。至于那些细节、条目随时变化的详细情况以及差之毫厘,谬以千里的微妙处,必须等学会了以后才能知道。如今在温清定省上谈孝,谁人不知呢?至于舜未禀告父亲而娶妻,武王未葬文王而兴师伐纣,曾子养志而曾元养口,小杖承受而大杖逃跑,割股肉治父母的病,为亲人守墓等事情,在正常与变化、过分与不及之间,必须要讨论出一个是非标准,以此作为处理事情的根据。然后人的心智才能不被蒙蔽,遇事才能没有过失。"

道的大的方面容易理解,这话是对的。只是后世的学者忽略了那容易明白的道而不去遵守,却把那难以明白的作为学问,这正是所谓"道在近而求诸远,事在易而求诸难"。孟子说:"夫道若大路然,岂难知哉?人病不由耳。"在良知、良能方面,愚夫愚妇和圣人是一样。但只是圣人能达致他的良知,而愚夫愚妇却不能。这正是二者的区别。

细节、条目的随时变化,圣人怎么会不知道呢?只是圣人不在这上面大做文章罢了。圣人所谓的学问,正是用其良知以细察心中的天理,这与后世所说的学问是不同的。你没有达致良知,却在那里慌张地担心这些小问题,这就是把难以明白的作为学问的弊病。良知良能与细节、条目随时变化的关系,就像规矩尺度与方圆长短的关系一样。细节、条目随时变化不可测定,犹如方圆长短的不可穷尽。所以,规矩确立了,方圆与否就不可遮掩,而天下的方圆也就掌握了;尺度制定了,长短与否就不可遮掩,而天下的尺度也就了然于胸了;良知能够"致"了,细节、条目的随时变化就不可遮掩,而对天下的细节、条目的随时变化也就能应付自如了。

毫厘之差产生千里之谬,不在我心良知的细微处省察,又将在何处用功?这就像不用规矩却要定天下的方圆,不用尺度却要穷尽天下的长短一样,我只能看到他乖张

《武王伐纣书》版画之伯夷、叔齐说武王图。武王伐纣，伯夷、叔齐拦马进谏，认为父死未葬、以臣伐君是不义之举。

谬误、徒劳无功的结果。在温情定省上谈孝，谁都知道，但真能致其良知的人太少了。如果说粗略地知道温情定省的礼仪，就是能够致良知，那么，凡是知道君主应当仁的人，都可以说他能致其仁的知，知道臣应当尽忠的人，都可以说他能致其忠的知了。那么天下的人谁又不是致知的人呢？由此可知，致知必须体现在行上，而不行就是不致知，这是最明白不过的了。知行合一的本体，不是更清楚了吗？

舜不禀告父亲而娶妻，难道是在舜之前已经有了不告而娶的先例作为标准，因而使舜考据了什么典籍，请教了什么人，才这样做的，还是舜根据良心的一念良知，权衡轻重后，不得已才这样做的呢？武王不葬文王而兴师伐纣，难道是在武王之前已经有了不葬而兴师的先例作为标准，因而武王考据了什么典籍，请教了什么人，才这样做的呢，还是武王根据自己的一念良知，权衡轻重后，不得已才这样做的呢？假如舜不是真心害怕没有后代，武王不是真心去救百姓，那么，舜不禀告父亲而娶妻、武王不葬文王而兴兵，就是极大的不孝和不忠。

后世的人不专心致良知，不在处理事物时细察义理，却空谈这些反常的事，把它作为处理事情的依据，以求遇事没有过失，这就离题万里了。其余几点，都可依此类推，那么古人关于致知的学问，从中都可以知道了。

持之以恒，水滴石穿

西汉时期的孔臧认为：与朋友学习，不分昼夜，孜孜不倦，乐在其中，这很好。人的进退，要看他的志向如何。要有所得，必须持之以恒，勤快则得到的东西多。

山上滴下来的水是最柔的了，但石头也能被它滴穿；蠹虫是最弱小的一种昆虫，木头却能被它蛀坏。滴水不是凿石头用的凿子，蠹虫也不是钻木头的钻子，但它们都能够以柔克刚，这难道不是持之以恒才能达到的吗？古训说：“空洞的学问不必掌握得过多，实践才是最重要的。”所以学习就是为了培养多方面的品行。

孔安国明白事理，学问渊博，超出众人，说话不带“利”字，行为不欺世盗名，行动必遵守礼法，小时候就崇尚操守，所以虽然与群臣一同侍奉皇帝，但受到尊敬优待，不供奉下贱的事，一人为皇帝掌管痰盂，朝廷里的大臣都为他感到荣耀。

《诗经》中有这样一句话：“可不念及你的祖先，继续修你的德行。”又说：“拿着斧头去找斧柄，样式不远了。”

镜子不可以自照

明朝时期的吕坤认为：与其戴珠宝佩玉器，穿锦曳罗，却饿死在室内，倒不如像乞丐一样拥有一升小米。因此，圣明的君王器重那些有实用价值的东西，而摒弃那些没有实用价值的东西。

用骐骥一样的高大良马去驾着那只能在果树下行走的小矮车，用盆里或池里的水来养蛟龙，用小廉细谨的规范来要求英雄豪杰，善于选择和提拔使用官吏的人认为这是非常好笑的事情。

大河之水千万条支流却源自于同一源头，树木千枝万叶却出自于同一个根，人有各种应酬都发于他自己的内心，身患各种病症都出自于他的某个内脏的病变。眩惑于千万，这是全天下的大迷惑呀。直接去寻找它的根源之所在，这是有智慧、聪明的人才具有的独到见解。因此，治好一种主症，其他杂症也随之消除；治理好某一种政事，其他各种事物都会兴盛。

水、镜子、灯烛、日月、眼睛，世上唯有这五种东西的普照才能称得上是五明。轻如毫厘那样的东西，斤钧是依靠它才能成为重量的根本；一合一勺那样的微量，是斛斗这样的份额赖以增多的根本；一分一寸那么短小的东西，是丈和尺分段来形成的。

人的粪便那么污秽，天灵盖那么令人可怕，人人都害怕、讨厌它。卧病在床，生命危在旦夕，片脑、苏合、玉屑、金箔这样贵重的药物，竟然被视为无用的东西，却去寻找那些被人废弃的东西，那实在是具体需要的缘故啊。在急需用人的时候还不采取灵活的变通方式，那实在是太可悲呀。长戟虽然比锥子锋利，但是戟不能当作锥子来用，老虎比狐狸要勇猛，但不能把老虎当成狐狸来看。该用小的就不需要选择大的，就好比该用大的就不要选择小的一样，二者之间都不可以相互替代。

长势茂盛的植物适合于生长在水边，如果土燥烈，天干旱，就会枯死；如果浇上碱水，它就会发黄；浇上油浆就会发病；浇上沸腾的开水就会被烫死。只有浇上井水才能够生长，但却不如浇上河水长得旺盛。虽然如此，但如果河水浸渍汪洋、泥淖经月，只有适应水的生物才能够成活，那么其他的生物就会被水浸死。由此看来，给人以恩惠那不是一件很难的事情吗？

镜子不可以自照，尺子不可以自量，秤不可以自称，这是因为物体本身有局限的缘故。圣人就能够自照、自度、自称，使自己成为一个活生生的镜子、尺子、秤，然后才去衡量他人的美丑、长短、才能够了解天下万事万物的轻重缓急之特性。

冰凌是无法烧熟的，石沙是无法蒸黏的。

火性空灵，因此把兰麝投入到火中就会发出香味，把毛骨投进火中就会发出臭味。水性空灵，所以用来烹茶就有清苦的味道，煮肉就有腥膻的气味。这全是因为没有自身气味的缘故。无自身杂味就能保持原物的气味不变，如果自身有一种气味混杂在其中，那就变成另外一种东西了。物和物相杂合，分不清谁主谁次，而一同归于杂物，好比用茶煮肉，把毛骨投入到兰麝中，那就成了混淆驳杂的东西，分不清究竟成了什么东西，哪里还顾得上谈什么道理呢？

大车上载满东西，千千万万的蚊虫又集聚在车上，飞来飞去，这并不会影响车的重量。苍松古柏和妖艳的桃李争相斗艳，士大夫们所乘的系着鸾铃的马车和攻城所用的好马所拉的战车互相争步，岂止是不可以做这样的事，这实在也是很可耻的事情。射不中目标，弓没有罪过，矢没有罪过，目标也没有罪过。字写得不好，笔没有罪过，墨没有罪过，纸也没有罪过。

经历浓艳，淡泊明志

在历史的长河中，洪应明敏锐地看到了这样一些对比鲜明的景象：

那些戴着华冠美饰的高官显贵们，常不能像那些家世寒微者那样坚持节操、为国尽忠。

那些厕身于朝廷高堂上的春风得意者，常不能像那些在山野上辛勤劳作的躬耕者那样料事如神、深明道理。

那些以藜苋之类的贱菜来充饥的贫困者，多有那清爽如冰、纯洁似玉的高洁人品；而那些惯于华衣美食的富贵者，则极易为了保持那些锦衣玉食而显出甘做奴才的软弱性格与嘴脸。

为什么会这样呢？

因为那些家世寒微的劳作者，倘处得好清贫的生活，他就能因淡泊而明志，因明志而对人对事应对得当。

因为那些高官厚禄者，倘过分地依倚富贵，就有可能在沉湎于富贵温柔乡之时，逐渐消磨了自己的斗志。在关键时刻，甚至会因保持眼前已得的那些锦衣玉食的富贵生活而丧失了自己的气节与志向。

以三国时期蜀国的名相诸葛亮为例，他那济世救民的高尚志向，他那自比于管仲、乐毅的自信，他对天下事的洞若观火、了然于胸，并不是在刘备“三顾茅庐”请他出山担任军师、宰相之职后才建树的。恰恰相反，他的志向与自信都是在他隐居隆中、过着山野村夫的生活时形成的。

那时的诸葛亮，过着结庐耕学的生活，即住在自己结砌的茅庐中，以耕耘种田为生，在学习方面也绝不松怠，生活虽清苦，他还是十分关注世事局势的变迁，不时与知心朋友一道谈古论今，逐渐形成了自己对当时政治军事格局的一套看法与应对策略。这又与他的高尚志向合在一起，使他赢得了世人的敬重，被视为卧虎藏龙式的人物。

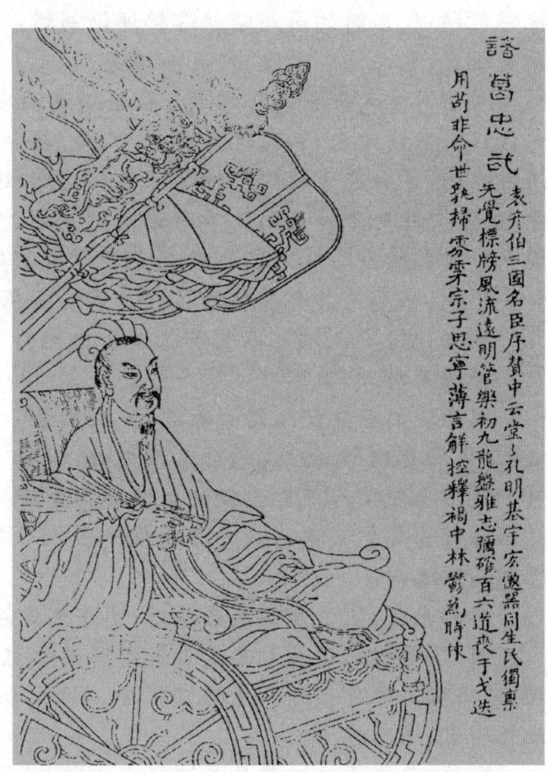

诸葛亮像，图出自清·上官周绘《晚笑堂画传》。

所以,当刘备慕名恭请他出山时,年刚二十七岁的他才能了如指掌地纵论天下的形势,提出应对的策略……

可以说,没有淡泊明志的青年诸葛亮,就不会有日后被视为中华民族智慧化身的诸葛亮。

他自己对于淡泊与明志的关系,有着深刻的体悟。所以,日后他在《诫子书》中告诫自己的儿子:"非淡泊无以明志,非宁静无以致远。"这两句也是传诵至今的名言。

与堪称淡泊明志楷模的青年诸葛亮相反,诸葛亮受命辅佐的蜀国后主刘禅,则可谓因浓艳而损志、因肥甘而丧节的典型。

刘禅不同于其父刘备,虽也经历过战乱,却多是生活在娇生惯养的环境中,既无大本事,也未建树起高远的志向。刘禅即位之后,靠诸葛亮凭着一股鞠躬尽瘁的劲头,蜀国还能出兵伐魏,刘禅还能背靠大树好乘凉,稳坐在皇位上,优哉游哉地当个甩手掌柜。

在诸葛亮"出师未捷身先死"之后,刘禅就一筹莫展了。到了魏国大军压境之时,他也就只有乖乖地投降的分了。

当他被魏兵押到洛阳时,在司马昭举行的一次宴会上,刘禅看到了蜀地的歌舞,非但没有勾起亡国之恨,还笑个不停。司马昭感到奇怪,问他:"你不想念蜀地吗?"他脱口而出的回答,竟是:"这里很好,所以我不想念蜀地。"从而留下了一项"乐不思蜀"的历史大笑柄,历史上也将他称为"扶不起的阿斗"。

确实,一个无志气、无气节乃至无人格的人,虽曾贵为国君,但谁又能够扶助得起他呢?所以,当时的司马昭就这样评说刘禅:"一个人没有心肝到了这个地步,即使诸葛亮还在,也无法辅助他,何况姜维呢?"

对于人生无深刻的体验者,不易知淡泊之难能可贵,不易知淡泊是有助于明志的。在洪应明看来,只有那些有着丰富的社会阅历、通晓人情世故而又尽尝人世的浓淡滋味者,才会认识放达无拘之可贵,才会知道淡泊有助于培植明确的志向与坚定的意志,才会拒绝那纷乱而又华而不实的生活,甘于淡泊宁静的人生,从而在天地间营造一份独特的清雅。他们胸中有看似浑噩实则是厚积薄发的智慧,而少了那些机巧和小聪明,从而将具有人格感召力的正气留在历史与天地间。

那么,说"非淡泊无以明志",是否太绝对了呢?

并不绝对。

因为淡泊确能使人清心寡欲,使人不至于过分地执著于财富、权势和名誉等身外之物,从而超越那些短浅的功名目标,建树起追求更高人生价值的志向。

淡泊也能使人不至于被过分繁杂的生活头绪所迷惑,使人得以纯洁自己的身心,从而培植出超尘脱俗的心灵与气度。当人心静气定之时,无疑有助于贯彻与实现自己的高远志向。

总的来说,淡泊是明志的基础,明志则是淡泊生活的升华。

因此,古代中国人尤其是古代的中国知识分子,都普遍地接受了"淡泊明志"的哲理,并将之具体贯彻到人生的进程中。时至今天,在中国知识分子当中,信奉并躬行此哲理者,还不在少数。

当然,要真正地过并且是过好淡泊的生活,是说来容易做来难的。

在这方面,洪应明指出有这样一种人,他们原先声称自己讨厌繁杂艳华的生活,却在见到这种生活时而喜不自禁；他们曾标榜自己喜欢淡泊的生活，却因生活在淡泊的环境中而产生了厌弃之心。

因此，洪应明认为，一个人是否真正守得住淡泊，还须经受得住声色浓艳的考验，抗得住声色犬马的诱惑，否则，操行上未必够坚定，应用上又缺乏灵活，那么，在关键时刻，即使是平日道貌岸然的上品禅师，也只会成为一个猬琐不堪的下品俗人。

要真正做到淡忘那繁杂艳华的生活，甘于那淡泊的生活，就必须淡化乃至是忘却在对人对物时所持的不喜即厌或不厌则喜的情感，就必须降低乃至是扫除在谈滋论味时所持的非淡即浓或非浓即淡的偏见，做到随顺自然，戒偏激，也戒执著。

有必要说明的是，“淡泊明志”说的淡泊，意味着的是恬淡寡欲而又自得其乐的生活，宁静、平和而又丰盈的心境，也即曹植在《蝉赋》中所言：“实淡泊而寡欲兮，独咍乐而长吟。”

从智慧的境界上言，淡泊也是切合禅的生活理想的，因为“禅对于生活表层上的种种繁杂并无兴趣。”（铃木大拙语）

所以，淡泊者的生活绝对不是苦行禁欲的生活，也不是像泥佛一般的终日打坐的枯木禅式的生活。淡泊者的淡泊生活，既体现出他们行为的高风亮节，又表现出他们生机盎然的心境、冲和虚静的趣味。这些又正是洪应明所推崇的。

而那种将偏于干枯的生活等同于淡泊的意识，则是错误的、不可取的，因为那既失去了淡泊者所应有的趣味享受，也不利于人们去做助人济人、利生利物的善行好事。

如果认为上面的趣味享受之说过于虚玄笼统，类似诸葛亮与刘阿斗的例子也难免不具大众化的色彩，那么，我们还可以依据洪应明在《菜根谭》中所论及的思想，讲一些更具体也更具大众化色彩的方面。

先说说饮茶品茗。

洪应明认为人生的清福全在那一碗清茶、那一炉熊熊旺火中。

这无疑是一种偏好之见，却又是可以理解的，其主要原因倒不是因为中国是茶的故乡，而是因为茶性品洁不污，有助人涤滤除烦、提神醒脑乃至令人神思飞扬的功效。清茶一杯，每每能使人感悟出一种清淡、雅致而又悠长的韵味。

历史上，自唐朝茶圣陆羽在其名著《茶经》中，将加葱、姜、盐和香料煮成的茶比喻为倒在沟里的废水之后，

曹植像，选自《图像三国志》。曹植，字子建，曹操第三子，以文才闻名于世。

就促使饮茶形式由煮茶改为今天依然流行的泡茶，人们已经学会珍视茶叶的那种单纯清和的真味了。

其后，茶的这种清爽、清香、清雅而又耐品味耐咀嚼的真滋味，因十分投合禅僧们那淡泊自然的胃口。于是，在禅宗公案中，有的禅师对于任何来求教者都是一句："吃茶去！"有的禅师则以"饭后三碗茶"来标榜自己的家风……终致得出了"茶禅一味"的意识，于是，品茗饮茶之时，自有禅意禅趣蕴涵其中。

历史已降，作为中华文化瑰宝之一的茶文化便传入了东瀛日本，形成了以"和、敬、清、寂"为其精髓的茶道，茶道即使饮茶者的自我修养向完善的方面发展，也有助于培植与维护和谐、宽容的人际关系……

这些，或许并不尽在洪应明的视野中，他只是依然用诗化的语言来赞美性地描绘那些隐者悟者：垫席已经被飞花落絮覆盖，他就以那锦绣的落絮作为坐垫，依然端坐林中；白雪清水正在炉中烹煮着，哦，那不是冰雪！那是仙人们所饮的玉液琼浆的精髓……

还有必要一提的是，在茶之外，祖国传统医学认为：白开水是百药之王。从现代营养学的观点来看，任何含糖饮料的价值，都不如白开水大，因为纯净的白开水具有特异的生物活性，进入人体后，容易透过细胞膜进入细胞内，能很快被胃吸收，进入血液循环，发挥出新陈代谢的功能，同时还可以调节体温、清洁人体内部环境。

再讲讲饮食及其滋味与淡泊明志的关系。

在洪应明看来，一个人要领略并领悟人生的真滋味，并非一定要在大场合或做大事业之时。即使是在平日一日三餐的饮食时间，也是一段品味体察人世滋味的好时光，此时能做到不因饭菜的浓淡而起欣厌之心，也就是心地上那一段高而又切实的修养的表现。

且先别笑这种说法，因为在读伟人们的传记时，我们会不时看到这样一个又一个情节大致相仿的故事：主人公或是思想家，或是文学家，或是科学家，当他全神贯注地思考他所面临的棘手难题时，他对自己所吃的东西竟是嚼而不知其味的，甚至在未吃或吃了正餐之后，猛然一醒，还是搞不清自己是否已经吃了东西……人们对此每每觉得不好理解，因为这正是凡人不及伟人处。想想，倘若世界只充斥着贪吃会穿的人，他们个个都只会为饭菜的浓淡略异而轻起喜怒之心，轻作喜怒之状，那么，人们就很有理由怀疑：人类社会能有今天所呈现出的繁荣发展的局面吗？

再回到滋味浓淡的问题上，如果允许选择，洪应明更愿选择淡的滋味，因为这才是原味、真味，它较浓艳的滋味，更多一份清淡而又悠长的韵味——或许，这也大概是我国南方地区尤其是两广人盛行饮早茶的风尚，爱吃白切鸡之类的单纯清淡的菜肴的缘由之一吧。人生一世，能有日常的饭菜吃，有平凡安宁的生活，不因乐极而生悲，不因得福而致祸，那么，人就算是生活在安乐的窝巢中，就能领略人生的真趣，夫复何求？这又正是符合坐行住卧、吃饭睡觉皆禅的意旨的。

而今天的科学研究还揭示，在菜肴中放盐过多（每人每天的摄盐量在 10 克以上），吃得过咸，会给我们的身体带来诸如高血压等不利后果。因此，吃盐过多是不可取的。

如此道来，那沁人心脾的茶之所以受到人们的喜爱，那悠长的淡滋味之所以值得我们回味和珍惜，未尝不是淡泊明志的外在表现。

淡泊明志者不稀罕浓艳肥甘的生活，更不会为了浓艳肥甘的生活而丧失气节。

君子之交淡如水，在君子的简单生活中，有栖恬守逸之味，味最淡，最值得回味，其存留时间，也最长。

所以，淡泊明志说，是智慧之说，至今还备受人们的推崇。

杜甫像，图出自明·天然撰《历代古人像赞》。

器量随见识而增长

清朝时期的曾国藩解悟《菜根谭》时认为：涵养深有容量的人具有高尚的品德，遇事忍耐的人做事就能成功。这其中的原因是，容量大就能谅解他人，有忍耐就会好事多磨。稍微不满意就勃然大怒；有一件小事违背自己的意愿就愤然发作；有一点优于他人的长处就向众人炫耀；听到一句赞颂的话就为之动容，这些都是没有涵养的表现，也只是小有福气的人。古人说器量随见识而增长，遇事不喜不惊，才可以成就大事业。

我读邵子的诗，领会了恬淡平静的情趣，这自然是胸怀有长进的地方。自古以来的圣贤豪杰、文人才士，他们的志向不同，但他们豁达光明磊落的胸怀却基本相同。用诗来讲，必须首先具备豁达光明的见识，而后才能有恬淡平静的情趣。例如李白、韩愈、杜牧的诗就有许多豁达之处，陶渊明、孟浩然、白香山则以清淡诗居多。杜、苏二位的诗无美不备，而杜的五言律诗最为清淡，苏的七言古诗最为豁达。邵尧夫虽然不是正宗诗人，但是豁达、清淡兼而有之。《庄子》其中的豁达足以使人的胸襟受益。由此推论，就连舜禹有天下而不与，也同样是这种襟怀。

有盖宽饶、诸葛丰的宽宏大量，同时兼有山巨源、谢安石的雅量，才能与他谈话足以让人高兴，与他沉默也足以取得谅解。否则，高峻不可攀，都足以自取祸端啊。雅量虽由于人的禀性所产生，但也依靠学力以培养。这方面没有别的办法，只有用圣贤来严格要求自己，修养深厚而不过分责备别人，那么度量胸襟就日渐宽广了。

读书要认书随我，不要认我随书

宋朝时期的陆九渊认为：今天世上浅薄的人追求声色美味，好一点的在追求富贵通达，再好一点的追求文章技艺，还有一部分人什么都不追求，却在那儿大谈学问之道，我用一句话来概括他们：私心太重。

人本性中的善良之心，虽然有时会被外物所沉溺，但从来没有全部被灭尽消亡。那些下等的愚昧和不肖的人，之所以会让自己和圣人君子的境界隔绝，主要是他们自己自暴自弃而不主动地求索。如果能回过头来去向好的方面追求，那么对的和错的，好的和坏的将会是很明白的；向好的方向走还是向坏的方向走，将不用依靠外力作用，自己就能做正确的选择。

读书要切切实实戒除慌慌忙忙的毛病，只要深入其中，仔细揣摩，就能获得美好滋味。不明白的地方可以暂且放过，切身关己的地方则要抓紧思考清楚。自己肯独立思考就会保持精神的健康，附会盲从书本只会使自己的精力白白浪费。以这些话告诉和我共同研习学问的弟子们，千万不要被某些坏书害了自己的本心。

书读百遍，其义自现

清朝时期的郑燮解悟《菜根谭》时认为：认为自己有过目成诵能力的读书人是最不能成事的。眼中草草看过，心里匆匆记过，人的心智总归有限，一篇一篇应接不暇，就像看名山秀水中娇好的颜色，一晃而过，能留给自己的东西并不多。从古至今过目成诵的人，哪一个能比得上孔子呢？孔子读《易经》读得编竹简的皮绳都断了好几次，不知道他反复阅读过几百几千遍了。深透之言，精妙之理，越探求越明晰，越揣摩越深刻，越深入研读越不知道什么地方才是止境，虽平生通晓安然行事的真义，但并不放松勤勉学习的功夫。苏东坡读书不用两遍就熟记了，但他在翰林院时读《阿房宫赋》至深夜四鼓，服侍他的老吏觉得他很辛苦，而东坡却攻读不倦。哪会因为读一遍就能记住，便就此了事呢！

明末清初思想家顾炎武像，图出自清·孔继尧绘《吴郡名贤图传赞》。

过目成诵，还会存在见什么读什么的弊病。比如像《史记》一百三十篇中，以《项羽本纪》为最好的文章，而《项羽本纪》中又以《巨鹿之战》、《鸿门宴》、《垓下之战》为最好。反复诵读，让人欣喜感动，也就是这么几段。如果一部《史记》，篇篇都读，字字都记的话，岂不是糊里糊涂的蠢汉！还有那些小说家写的文章，各种传奇滥曲及打油诗词，也要过目不忘，就像一个破烂橱柜，臭油坏酱都装在里面，那种恶浊肮脏也叫人受不了！

博学于文，行已有耻

清朝时期的顾炎武解悟《菜根谭》时认为：近来，我来往于南北之间，很受朋友们的信任，把我推崇为师长。我感到,朋友们这样做,真如向盲人问道一样。我常暗暗叹息多年来做学问的,往往大谈心性,其实却糊里糊涂,并不理解。

命与仁是孔子很少谈论的,因此,性与天道,子贡从没有在孔子那里听说过。性和命的一番道理,孔子曾在《易经》中表明过,但没有多次告诉过别人。

他回答的话是:“一个人立身行事要有羞耻之心。”他谈到自己做学问,就说:“喜欢古代的礼仪制度并勉力探求。”

我所说的圣人的大道是怎样的呢?无非有两个原则,一是说对学问要多方面学习,一是说立身行事要明羞耻之心。从自身到天下的大事,都是需要学习的;从父子君臣兄弟朋友以至于出仕退隐、礼尚往来、接受辞取给予,都是需要有羞耻之心才能正确对待的。圣人不以粗衣粗食为耻,而以天下的普通百姓未能受其恩泽为耻。所以孟子说过:“大则君臣父子,小则事物细微,无不具备于我,回头省察自身,那么这些道理都像厌恶臭味,喜欢美色一样,要自觉去实行,不能勉强。”读书人不先谈羞耻之心,那就是没有根本的人;不爱好古人的原则并广博学习,那就是研究空疏的学问;无根本之人,讲空疏之学,即使每天都向圣人学习也会离圣人的境界越来越远。

学问与做人,做人更重要

明朝时期的彭士望认为:一个人在青少年时期,要常常保持着一种春日融融、生机勃勃的状态,如植物受雨露的滋润、和风的吹拂茁壮成长,不必用人工的雕饰,自然繁荣昌盛。

现在有些青少年,往往感情不足而智巧有余,根基浅薄,专门为己,假意待人,互相效仿,各干各的。有了过失没有谁知道,碰到患难没有谁能救援,让大有作为的时机随着岁月消逝,最终成为一个孤立无援、没有作为的人。这如同本来可以生长千年的大树,只开了一次花就枯萎,实在是可惜了。

还有一些青少年,不是从师治学而是去私下讲习,表面上是持有某种所谓的学术观点,而实际上要么是幼稚流于儿戏,要么是陈旧而剽袭成法,要么是喜好虚名而互相争斗嫉妒,要么是耍小聪明而自夸奇异,要么是互不庄重而臭味相投,要么是因怨谤而成仇敌。所有这些,都足以消弭人生岁月,耗损精力。等到知道后悔时,已失去很多光阴,在错误的路上已经走得太远,而一生的时间和精力已经耗费八九成了。

为什么不在一开始的时候就抱着谦逊谨慎的态度去广交师友呢?一个人交友必须交往那些胜过自己的人,不怕听逆耳之言。应该做到常常想一想自己才力的不足,而不隐瞒自己的短处。以谦虚作为自己治学的根基,以忠厚作为待人接物的基本点,居心常存宽恕,行事务求坦诚,不凭个人爱憎好恶办事而损坏自己的德行,也不玩弄机诈而埋没自己的灵性,只求自身能进德修业,而不醉心于求取功名。这是使青少年成为有作为的人的方法。

人生苦乐全由心境来决定

清朝时期的梅文鼎解悟《菜根谭》时认为:一个人境遇的苦乐不是固定的,而是由个人的心境来决定的。

走过千里路的人，百里不过是刚走半步，走过万里路的人，千里好像还在门庭内。关着门窗满室生辉，看门外边的鞋子，害怕长途跋涉。夏天，当太阳当顶时，走路的人看到枝叶繁茂的树木，赶快走到树下休息，好像到了清凉国。重叠宽广的大厦，迎风铺着竹席，侍者交相摇扇，像吴地的牛一样喘不过气来。一棵树比不上广厦清凉，门外边不比千里更远。心境不同对环境的感受也就发生了变化，天下的事情大概也是这样。

地位高贵的人，以戴官帽为束缚，有的想隐退于林下。有钱的人以财产多为祸患，享有名利的同时取灵龟占卜吉凶。如果地位改变，相互羡慕，苦乐还有定准吗？儿童妇女的谈笑咳嗽，门外的敲门声，偶然听到就会扰乱心里的平静，这是由于和自己的关系密切。而面对号叫怒骂，鞭打击斗，一点也不动心，这是由于觉得与自己没有什么关系。所以心境被扰乱，安静变成喧闹，一经安定下来，热闹变成静寂。心中牵挂的即使很远也感到很近，心里专注一件事物，就会对别的东西视而不见。君子照平时的样子而行事，无处而不自得。

如果一定要等到日用所需种种都具备，远离尘俗，超然独立于人世之外，然后才竭尽全力去做自己想做的事，从年轻到年老，到何处去寻找这种空闲的时间和地点呢？我看古人的文章，多写于穷困潦倒无聊之极的时候，甚至还有在监狱受教、在马上读书的，他们难道有什么特别的吗？从前伯牙学成琴艺以后，他的老师把他带到一个无人居住的荒岛上，天风呼啸，海涛汹涌，呼吸之间，震荡心神，伯牙立即感悟老师在改变他的情怀。如果能凝聚精神，集中思虑，在吃饭睡觉时都只想到读书，那么即使是断简残编，无不是增进心境心绪的要道。由此引发的文章，一定光明雄浑，未来的心境，日渐变化。那么，这郡城的一席之地，就可称为“天风海涛”了。

帝喾像，图出自明·天然撰《历代古人像赞》。帝喾，传说中的五帝之一。

法制与教育是治国双轮

春秋时期的管仲认为：古代的天时与今天的天时相同，而古代的人事与今天的人事不相同，这可以表现在政事与刑法两个方面。在帝喾和帝尧的时代，昆仑山下埋藏了许多黄金，却没有人挖掘。他并非用了什么好的方法来制止人们这么做。因为那时候山上草木繁茂，供应充足，河中的水产就够人们吃的了。人们自己耕种，自给自足，多余的用来供养天子，所以天下太平。人们放牛牧马都互不相通，人民的风俗习惯也互不知道，但是有什么需求不出百里的范围都可以得到满足，所以虽设官但不需管理，天下一片太平。那时强迫犯人一只脚穿草鞋一只脚穿常履，以此羞辱他代替死罪。

而今周公的年代，断指、断足和断头积满了台阶，被处死的人们还是不服从，这并不是人们不怕死，而是极度贫困所逼的缘故。土地贵重，人口增多，生活破败贫困而且供养食物不充足。直到发展了原先不被重视的工商业，人们生活才逐渐富裕起来，这是不注重虚名而注重实际的措施。圣明的君主，观察研究农业生产的情况以及发展游乐事业，甚至整日整夜筹划。如何根据时代的变化而改变政策呢？最好的办法是发展奢侈的生活消费。

轻视粮食，看重珠玉，这样可以使国人服从管教。因此，轻视粮食而看重珠玉，提倡礼乐制度而轻视生产事业，这就是发展农业的开始。珠，是阴中阳，所以胜过火；玉，是阳中之阴，所以胜过水。它们都是变化如神的。因此，天子积累作为货币的珠玉，诸侯贮备钟磬等乐器，大夫则贮备狗与马等玩物，百姓则贮备布帛等物资。不然，有势力的将占有珠玉，有智谋而狡猾的人将操纵珠玉，可以使贵物价格降低，贱物价格昂贵，市场紊乱，如是鳏寡独身的老人也就无法生活了。

政令和教化两者都是重要的，那么哪个最为急需的呢？政令和教化相似但方法又有不同。教化，好像秋天的云朵一样高远，能激动人的悲心；又好像夏天的云朵静静的，能浸及人的身体；深邃得好像皓月的寂静，平息着人的恩怨；平易得好像流水，让人思念又令人神往。教化的开始，必须是君主能以身作则，就如同秋云在上空出现，不论贤者还是不肖者都能被感化。严肃尊敬地对待人们，挚爱地使用人们，就好像神山上筑起篱笆祭神的气氛一样。贤人虽然少，不肖者虽然多，但是教化使人变好，不肖者又怎么能没有变化呢？至于政令，则与教化稍微有所不同。它是以强力和刑罚作为特征。除去这点，政令对人们还能起到驱使的作用吗？

如何使用贫穷与富贵的人呢？人太富了，不好使用，人太穷了，就不知羞耻。水太平静了则不流动，没有源泉，水就很快枯竭；云平静则没有大雨了，没有稠雨，雨很快就会停止；政令如果只是平和而没有权威也是不行的。用人泛爱而不分亲疏，只会流于一般。但只是与左右的近臣亲密，选用不用之才，就好像以盲导盲，必然使人生怨。重其短处而放弃其长处，用人不讲原则，则是危害国家的根本。

明·张居正《帝鉴图说》之下车泣罪图，讲述大禹一次外出遇到一群犯人，于是下车哭泣，检讨自己教化不够，致使人民犯罪之事。

不称其位而主持祭礼，这是欺骗祖先。毁掉誓言违背盟约，言而无信，这会伤害信义。尊敬祖先，这是尊重的根本。守盟约是讲求德行。提倡天地尊卑的道理，是为了明示权威。不讲德行，这是人群中的败类。必须以严厉的刑法约束人们，这才是政令的根本。

成就王业必须明白天地事物的客观规律，然后才可以发展功业和名声；懂得如何利用地利，才可以使百姓富裕起来；懂得侈靡的消费，才可以团结士人。君主必须喜好亲自处理国家大事，坚强果断、仁慈与会用人。君主要祈祷丰年，使百姓没有灾疫，六畜繁殖昌盛，五谷丰收，然后，百姓的力量才可以调动起来。在附近国家的君主都没有能力的条件下，这样就可以成就王业了。

要是附近国家的君主都贤明，那怎么办呢？或者迅速改换大臣，或者迅速改革政事，肯改变就可以成就功名。拯救有弊端的时政，百姓会受到鼓舞，发展农业则人民会富裕；适应天时的变化，顺应万物的生长；像日月放出光明，像风雨起降合时宜，如天之覆，如地之载，具备了这些条件，就是为民所爱戴的君长了。百姓想变却不能适应变革，就好比木头外面包了一层皮革，叫做有皮革却不能变革，那是不会说服并取信于百姓的。

各国诸侯都保有财货，货币是表示物价的。物价是根据人们对物品的重视程度而定的。我们君主如果重视打猎，就重视老虎与豹子的皮张；君主如果重视功名利益，就重视金玉与货币；君主如果喜欢发动战争，就重视盔甲和兵器；而盔甲和兵器的来源，又首先在于田地和房屋。现在我们的君主要发动战争，就要首先办理百姓所重视的事情。

饮食与侈靡游乐是百姓的愿望，满足他们的需求和欲望，那么就可以使用他们了。如果要他们身披兽皮，头戴牛角，吃野草，喝河水，怎么能够使用他们呢？心情不愉快的人是做不好工作的，所以让他们吃最好的饮食，听最好的音乐，把蛋雕好再去煮来吃，把木柴雕刻了然后焚烧。丹砂矿产的洞口不要堵塞，使商人贩运正常运行。让富贵的人奢侈消费，让穷人劳动做事。这样百姓便将安居乐业，百姓振奋而且有饭吃。这不是百姓可以单独做到的，还需要当权者替他们积累财货。

使用臣子的方法应当是：既能赏赐又能掠夺他们，既能任命又能免去他们；既能赏赐人使他们富有，又有刑戮使他们慑服；既能赐空头爵位骄纵他们，又能收取财税来削弱他们；既采用繁杂的礼仪制度来限制他们，又经常拿精明强干的典型来表扬他们。对于精明能干的人，可以因此而委派任务；能言善辩者用他做舌辩外交之类的工作，有智谋的人用他做侦查性的工作，品性廉正的人用他做监工的工作。对于脾性顽劣且欺凌属下的人，不讲道德而轻蔑上级的人则不用他们，流放他们去外地，因为这些人都是导致国家灭亡的祸害。巩固法制而遵守传统，提倡礼节而改革风俗，注重信用而轻视虚伪，喜好柔顺而嫌弃粗暴，这些都是立国的原则。凡治理国家，先要改造百姓的习性，然后才能与他们亲近。百姓贪图安逸，就偏要叫他们劳动；百姓贪生怕死，就偏要叫他们有牺牲的精神。“劳动教育”成功了，国家才可以致富；“殉死教育”成功了，国家才可以扬威。

人之不同，在于学习努力不同

清朝时期的康有为解悟《菜根谭》时认为：学习，就是模仿。自己有不知道的就要向知道的人模仿；自己有不会做的，就要向会做的人模仿。如果自己都已知道、都已会做，而大家也都已知道、都已会做，那还学习和模仿什么。所以自己不知、不会，而要想知、想会，就必须努力学习。董仲舒先儒曾说："努力学习知识，就可博见广闻而聪明起来；努力奉行圣人之道，就可有好的道德情操，在社会上就可成就一番事业。"

人的本性，是天赋的，是自然生成的。不仅人有，禽兽有，草木也有。草药中的附子性热，大黄性凉就是如此。人之被称为人，与他的本性相差不远，

所以孔子说："性相近也。"相近就是差不多的意思。如果只依靠人的本性而不学习，那么人们都是一样。一样吃东西、一样听声音、一样看颜色、分不出小人和君子，所以只有天赋之本性而不学习，那么人与禽兽还有什么不同？都有视听运动的器官，都会对视听器官进行运用，人类和禽兽就没有什么差别了。

学习这件事，只有人能做到，是尽力所为而不是任性发展的。这一点，不仅木石做不到，草木做不到，禽兽之类的动物也做不到。鹦鹉能说话，舞马会跳舞，但是不能传授技能，也不会使技能发展，没有师友之间的相互学习，也不会有灵感的冲动。只有愚笨自安，为人类所用。犀牛、大象是很庞大的，但是人能使用它们；虎豹是凶猛的，但是人能控制它们。这就是因为人能依靠智慧而知道学习。安于本性而使人愚笨，努力学习而使人聪明。

所以学习只有人能做到，顶天立地高于万物。到京师的人，会说燕地语言；到吴越去的人，会说吴地语言；结交达官显贵的人，他的车马服饰都很华丽。这都是受外在力量影响的结果。如果一辈子不出乡里，老死于穷乡山野之中，虽然有的也很富庶，但总是朴陋可笑，原因是视野窄狭，不能向外界学习。避居乡野，尚受到如此之限制，况且与那些见识广阔，接触万类，努力向圣人学习的人相比呢？

同是社会上生存的物类，由于人能学习，所以为万物之灵，不同于其他事物；同是人类，努力学习的则不同于普通人；同是做学问的人，知道得多则胜过知道得少的人；同是博学多闻的人，而博古通今则胜过只有某方面知识的人；百业贯通的人，则胜过长于一业的人；通达古今事理，熟悉事物发展规律的人，则超过那些抱残守缺、拘泥成法、牵强附会解释事理的人。所以人之所以不同，在于努力学习的程度不同，如此而已。

循序渐进才能达到深谋远虑

明朝时期的吕坤认为：学问必须通过讲解而后才会明白，讲授又必须直观而后才能深入细致。孔子同道家的老师、学友不厌其烦无所不问，彼此间从不敷衍，这便是所说的经过辨别、探讨就更明了事理。因此，那个时候道家的学问大放光彩，好像拨开云雾见青天一样，没有丝毫遮掩。讲学之道也是如此，不能固执己见，更不能有憎恶别人坦率直言的念头。

深思熟虑，审时度势，这几个字是德业的首要任务；刻意进取，是德业的重要任

务;循序渐进是德业的成就之源;德业的最终任务归纳为四个字:深谋远虑。

心静才是观察事物规律的好方法,只有在静中潜心观察,世上各种事物运动的奥秘才能解破,仿佛见到一样。还有一个妙诀来守着它,这个妙法就是一。一是个大根本,利用这个一时还要因时变通。

有学问的人就该潜心讨论学习的方法,而不应当去满足于认识与理解。若没有理解,不管怎么说也是空谈;就算已经理解了,也不必你去宣扬。所以孔子历来只与曾参和子贡谈道,而且谈话恰到好处,对一个直言相劝,而对另一个启发而言,由此便可看出孔子诲人的巧妙之处。

读书人最担心的是熟读了古人的格言,却又照样我行我素。这样的读书方法,就算闭门苦读了十年,读烂了五车古书,又有什么作用呢?

不做书本的奴隶

明朝时期的洪应明认为:一个真正懂得读书的人,要能读到心领神会,理解书中的乐趣、精髓,才不至于只会背诵辞章文句,受语言的拘泥,不去求知求真;一个真正擅长观察事理的人,必须把全部精力都投入到事物当中,与事物结合成一体,才不至于只看到事物的表面形迹,迷惑而不明真相。

古代有个著名的吝啬鬼名叫王戎。王戎非常有钱,但吝啬无比。他女儿出嫁时,向他借了几文钱。女儿婚后每次回来,王戎都没有好脸色,直到女儿把钱还了,王戎才高兴起来。

王戎是钱财的奴隶,有些人却是知识的奴隶。他们博览群书,学富五车,论经一环一套,讲道一板一眼,可是,一到实践中,就四处碰壁,头破血流。伯乐以相马闻名于世,他根据自己切身体验,写了一本《相马经》。他儿子看过此书,乐不可支,以为自己也会相马了,于是出门寻马,结果他相回来的是一只大蛤蟆。伯乐哭笑不得,问他怎么相的。他儿子说:你的《相马经》不是说,骏马的特征是"隆颡蚨口,蹄如累鞠"吗?因此,读书不能人云亦云,只在表面上理解问题,而不能认识到问题的实质。读书就要做到知晓事理,明白之所以然。

遇事要用心思考

清朝时期的左宗棠解悟《菜根谭》时认为:读书要眼到、口到、心到。你读书不看清字的笔画偏旁,辨明句子不记清头尾,是眼没有到。喉、舌、唇、牙、齿的配合,不是清晰伶俐,而是朦胧含混,听不清楚,有的多几个字,有的少几个字,只图蒙混过关,是口没有到。圣经贤传义理深奥,初学固然不能领会,但大概的意思,是比较容易明白的。只要肯稍用心体会,每个字弄懂它的用法,每句话弄懂它的意思,每件事弄懂它的原委;虚字要弄明白它的语气,实字要探究它的意义,自然就逐渐有所领悟。一时想不明白,就请老师解说;一时尚未理解老师的解释,就要将上下文或别的章节或别的书里与其意义相近的反复推敲,一定要做到了然于心,了解于口,才可放手。关键是将心思集中在字里行间,经常反复思考推敲,这才是心到。

学业才识,不日进,则日退。必须随时认真思考,狠下工夫。事无大小,都有一定的必然之理，及物穷理，何处不是学问？古人说："心如流水，不流动就会腐臭。"张乖崖也说："人应当随事用心思。"这都是对那些无所用心的人说的。如果真能日日留心，就一日有一日的长进；事事留心，就一事有一事的长进。日积月累，还怕学业才识赶不上别人吗？有大的志向没有大的才干是不会取得成功的，而大的才干只能从学习中得来。学习不是仅停留在记诵上面，而是要探究事物的所以然，融会贯通，如亲身实践。隐居在南阳的诸葛亮一出山就做丞相，淮阴侯韩信一出道就被任命为大将，这固然是因为他们是盖世雄才，但他们的才干都是平时善于学习的结果，有远大抱负的人读书就应当如此。

克制私心　原本共体

明朝时期的王阳明认为：拔本塞源的观点如果不让天下人明白，那么，天下向圣人学习的人，就会日益感到复杂，日益感到艰难，并将会渐渐沦为禽兽夷狄，却还满以为在修习圣人的学问。不知拔本塞源，即使暂时明白我的观点，也终将是问题此起彼伏，疑问接踵而来。我就是喋喋不休甘冒一死，也丝毫不能救助天下。圣人的心，与天地万物为一体，他看待天下的人，没有内外远近的区别。凡是有血性的，都是他的兄弟儿女。圣人想让他们有安全感，并去教育他们，以实现他的万物一体的心愿。天下人的心，开始也并非与圣人不同，只是被自我的私心所离间，受到物欲的蒙蔽而被阻隔，为天下的大心变成了为自我的小心，通达的心也变成了阻塞的心。人都有自己的想法，甚至有把自己的父、子、兄弟看成仇人的。圣人为此担忧，所以推行他天地万物一体的仁心来教育天下，让每个人都能克制私心，剔除蒙蔽，借以恢复人们原本共有的心体。

明代思想家王阳明像

在街巷田野之中，从事农工商的人，都纷纷学习它，努力完善自己的德行。为什么呢？因为他们没有杂乱的见闻、纷繁的记诵、糜烂的辞章和对功利的追逐，而只让他们去孝敬父母，敬重兄长，诚实待友，以恢复他们本来所共同的心体。这些本来是人性中固有的，并不是从外面借来的，又有谁不能做到？

学校里所做的事，只是为了成就德行。人的才能各异，有的擅长礼乐，有的擅长政教，有的擅长治理水土和种植，这就需要依据他们所成就的德行，使他们在学校中进一步培养各自的才能。根据德行让他们任职，就让他们终身在这个职位上不再改变。

任用人的人，要知道让大家同心同德使天下人民安定，看他的才干是否称职，而不以地位的高低来分轻重、不以职业门类分好坏。

被任用的人，也只知同心同德，使天下的人民安定，如果自己的才能适宜，即使终生从事繁重的工作，也丝毫不会感到辛苦，从事低贱琐碎的工作也不认为卑下。此时，全天下的人高兴快乐，和睦相处，亲如一家。其中资质较差的人，就安定从事农工商的本分，工作勤奋，彼此提供生活必需品，没有好高骛远的念头。那些才能卓越的人，像皋、稷、契等，就出任职务施展自己的才华。犹如一个家庭的事务，有的经营衣食，有的互通有无，有的制造器物，大家集思合力以实现赡养父母、养育子女的心愿，深恐自己在做某一件事时有所怠慢，因而特别重视自己的职责。

所以，稷勤勉地种庄稼，不因为不明教化而感到羞耻，他把契的擅长教化，看成自己的擅长教化；皋掌握音乐，不因为不懂礼而感到可耻，他把伯夷能通晓礼，当做自己能通晓礼。他们的心纯净明亮，能够完全实现万物一体的仁。所以他们的精神流贯，志气通达，没有你我的区分和物我的差别。

比如人的一身，眼睛看、耳朵听、手拿、脚行，都是服务于一身的。眼睛不会因为听不清而感到羞耻，但在耳朵听时，眼睛一定会帮助耳朵。脚不会因为没有拿的功能而感到羞耻，而在手拿东西时，脚也一定会上前。因为人身元气充沛周流，血脉畅通，所以，即使小病和呼吸，感官也能感觉到，并有神奇的反应，其中有不言而喻之妙。圣人的学问之所以至简至易，易知易从，容易学会，容易成才，正是在于把恢复共同的心体作为根本，而并非注重知识技能方面的事情。

第四编　齐家兴业篇

家庭有真佛，日用有真道

家庭有个真佛，日用有种真道，人能诚心和气愉色[1]婉言，使父母兄弟间形骸两释，意气交流[2]，胜于调息观心万倍矣！

【注释】 ①愉色：脸上所现的快乐之色。见《礼记》：“有和气者必有愉色，有愉色者必有婉言。”

②意气交流：彼此的意识与信息能够相互影响。

【译文】 每个家庭都有自己为人处世的标准，大家都遵守着这种原则，这样家庭成员才能和颜悦色，以诚相待。父母兄弟之间才能相互理解，融洽相处。只要能够遵循所信奉的标准，其结果是往往要胜过调养身心千倍万倍！

【解评】 家庭是人类生活最主要的活动场所，家人是我们在这个世界上关系最亲密的人。俗话说：“家和万事兴”，家庭和睦从一定意义上说具有决定性，中国注重传统的家庭伦理，“家之不行，国难得安”，“齐家、治国、平天下”，古人将家庭的治理看作最基本的修养，具备了这样的修养才有可能为国家作贡献。只有拥有一个和睦稳定的家庭，我们才能全身心地投入工作，家庭也是我们避风的港湾，当我们在工作中遭到挫败，在人际交往中受到伤害，家庭的温暖足以让我们得到更好的安慰，重新鼓起勇气投入生活。

重德则业固，心善则子盛

德者事业之基，未有基不固而栋宇[1]坚久者；心者后嗣[2]之本，未有本不立而枝叶茂荣者。

【注释】 ①栋宇：指房屋。宇，屋檐。

②后嗣：后世，后代，指子孙。

【译文】 事业的基础是品德，就好像如果基础不牢固楼房就很难能够长时间坚固，良心是子孙繁荣的根本，就如同枝繁叶茂的树木，它的根系自然也发达。

【解评】 建立功业就好比搭建房屋，建筑需打牢地基，房屋才造得坚固，才能经得起风吹雨打。同样，功业也需基础牢靠才能经久不衰，功业的基础，就是人的品德。一个品德高尚的人不会为了牟取利益而投机倒把营私舞弊，自然能够持久兴旺。若是昧着良心敛取钱财，终有一天会遭到自己带来的恶果，所以留给后代财富不如留给

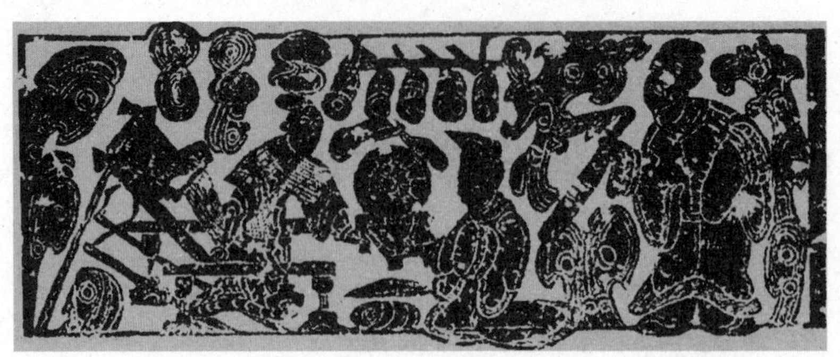

砖画孟母断机教子图。孟子小时候，他的母亲非常注重对他的教育。孟子幼时贪玩，孟母把织了一半的布剪断，用以说明学习如果半途而废就会前功尽弃的道理。

后代品德良心，钱财总有一天会被用尽，而高尚的品德却是取之不尽的宝藏。子孙后代若能习得先辈的品德，自己亦能建功立业、繁荣兴盛。

根固则叶荣，长后才成器

子弟者：大人之胚胎[①]；秀才者，宰相之基础。此时若火力不到，陶铸[②]不纯，他日涉世立朝，终难成个令器。

【注释】 ①胚胎：在母体内初期发育的动物体，泛指事物的萌芽。

②陶铸：烧制陶器和铸造金属，后来引申为造就和培养的意思。

【译文】 幼儿是成为大人物的第一步；考取秀才，是做宰相的必由之路。如果这个时候不下足工夫，就好比炼铁烧陶时火候欠缺而会出现次品。以后在社会上无论是什么人物，终究成不了有用之才。

【解评】 良好的开端是成功的一半，孩子的头脑就如同一座宝藏，愈早挖掘就能收获愈多，如果长时间不去开动它，也许宝藏已经变成了普通的石头，所以孩子幼时的教育十分重要。有一个故事说一个妇女去请教一位学者，什么时候开始教育她的孩子才合适，学者问她孩子多大，妇女回答说已经一岁了。学者说："夫人，你已经晚了一年了。"教育的起步要早，并且要严格要求。俗话说："严师出高徒。"只有严格的要求，才能规范孩子的行为。因为小孩没有完全具备分辨善恶的能力，不严格地规范，他就可能沾染不良习气，造成最后的恶果。

德泽易享，福祉难受

问祖宗[①]之德泽[②]，吾身所享者是，当念其积累之难，问子孙之福祉，吾身所贻者是，要思其倾覆之易。

【注释】 ①祖宗：指一个家族的上辈，通常是较早的。有时也泛指民族的祖先。

②德泽：恩德，恩惠。

【译文】 如果说祖宗留下的恩惠，可以说我现在享用的一切都是，应当多想想当时创业要积累财富的艰难；如果想知道子孙今后是否幸福，就要取决于我们留给他们的多少,不过还要想到这些遗产都会很容易被用尽的。

【解评】 俗话说"可怜天下父母心。"父母总是苦了自己也会满足孩子的愿望,现在很多家庭都是独生子女,有些父母真是有求必应。事实上,父母为孩子完全代办生活中的琐事,物质上没有节制地供给,只能使孩子养成强烈的依赖性,形成个性上的缺陷,在这一方面,林则徐可以做现代父母的榜样。有人劝他为子孙后代多留些金银财富,他说:"子孙若如我,留钱做什么?贤而多财,则损其志;子孙若如我,留钱做什么?愚而多财,益增其过。"留给子女家财万贯,终有被用完的一天;不如教给后代生活的智慧与做人的道理,这才是他们受用一生的遗产。

林则徐像

责人宜宽,犹如春风解冻

家人有过,不宜暴怒,不宜轻弃。此事难言,借他事隐讽[①]之。今日不悟,俟[②]来日再警之。如春风解冻,如和气消冰,才是家庭的型范。

【注释】 ①隐讽:借用暗示性的语言或其他事物来劝人改正过错。
②俟:等待。

【译文】 家人犯了过错,要以和气的语气与他交谈,也不能嫌弃他。在某事上不能说服,可以借别的事进行规劝。一时无法说通,可以过些时候再慢慢开导。总之要像春风驱寒,像融化坚冰那样,这才是解决家事的正确办法。

【解评】 人一生中会遇到很多挫折,而家是我们永远的避风港,无论旁人怎样的误解伤害我们,只要得到家人的支持,我们就能坚持下去。不要因为家庭中的琐事而伤害了最关心我们的人。家人有错误,我们应当给予更多的劝慰、更多的关怀而不是责怪。与家人在一起的时间超过我们与任何人相处的时间,劝诫家人最好的方式是耐心与温和的。俗话说:"家和万事兴。"家人的凝聚力是最重要的,不能因为一点小的过失伤害家庭中的成员,这是长时间难以弥补的。

树人终生计，交友要谨慎

教弟子[1]如养闺女[2]，最要严出入、谨[3]交游。若一接近匪人，是清净田中下一不净种子，便终年难植嘉禾矣！

【注释】 ①弟子：门人、学生。

②闺女：没有结婚的女子。

③谨：严禁，防止。

【译文】 教导学生好比是管教女儿，一定要严格地教导他们，谨慎地选择所交朋友。如果和坏人结交朋友，就好像良田中种下一粒坏种子，到头来长出的也是坏庄稼。

【解评】 “一年之计，莫如树谷；十年之计，莫如树木；终身之计，莫如树人。”教育是关乎终生的大事，犹如植树，要扶直幼苗，不让它歪斜；要修剪枝丫，不使其杂乱。教育孩童，不仅要让他们学习各种知识，理解做人的道理，更要重视环境的影响。因为孩时的心灵非常单纯，还不能准确地分辨妍媸美丑，孩童在最初的学习中模仿能力很强，他们身边的人与事物往往是他们最直接的模仿对象，古人云：“与善人交，如入芝兰之室，久而不闻其香；与恶人交，如入鲍鱼之肆，久而不闻其臭。”要提防尚不能判断世事的孩子不要交到坏朋友，不然则会影响其一生的走向。

从容处父兄，勿以优游待朋友

处父兄骨肉之变，宜从容[1]不宜激烈；遇朋友交游之失，宜剀切不宜优游[2]。

【注释】 ①从容：悠闲舒缓，不慌不忙。

②剀切：指直截了当。优游：模棱两可，犹豫不决。

【译文】 当父兄骨肉之间发生争吵时，应当心平气和地加以解决，不要言辞激烈以伤和气；当自己的朋友和坏人结交时，要恳切地告诉他利害，而不能当做不知道，让朋友与之继续交往。

【解评】 良药苦口对病有好处，忠言逆耳利于行。真正的朋友是针砭药石，能够毫不留情地指出你的错误，把你从歧途上拉回正道；而句句甜言蜜语的人是毒药鸩酒，他们或是为了讨好你或是为了麻痹你，最终只会让你深深中毒。朋友犯了错误，我们也当正面指出，无须顾及是否会伤及感情，真正的友谊定能经受这样的考验，亲人之间的龃龉多出于误解，毕竟“血浓于水”，所以处理亲人之间的问题宜抽丝剥茧徐徐解开，粗暴的方式只会伤害彼此的感情，使问题更严重，对家庭和睦没有什么好处。

眷眷亲情，天性伦常

父慈子孝，兄友弟恭，纵做到极处，俱是合当如此，着不得一毫感激的念头。如施者任德[①]，受者怀恩，便是路人，便成市道[②]矣。

杨修像，图出自《图像三国志》。

【注释】 ①任德：指以有恩德而自居。

②市道：指商人的利润之道。

【译文】 父母对子女的慈爱，子女对父母的孝敬；哥哥对弟弟友善，弟弟必然对他尊重。在家人之间即使拿出最大的爱心，也是理所当然的，彼此之间用不着存在感激的念头。如果给予者自认为是恩人，而接受者也会记住对方的好处，那就等于把骨肉当成了路人，把真挚的骨肉之情变成了市井交易。

【解评】 家人是与我们血脉相连的人，家人之间的感情是无须理由亦不求结果的，这就是亲情。亲情是这个世界上最伟大的力量，三国时曹操杀了杨修，觉得有点对不起杨修的父亲杨彪，就送了很多礼物给他。后来曹操去看望杨彪，见到杨彪后大吃一惊，问道："您怎么瘦成这样？"杨彪说："我很惭愧不能像金日磾那样有先见之明，但我还是像老牛疼爱小牛犊子一样，对杨修有着父子之情啊！"舐犊之情是动物所共有的，更何况为万物之灵长的人类？亲人之间的关爱是出自本能，如果把这种爱加上了利益的砝码，在付出的同时还考虑能否得到回报，那就是亵渎了这世上最神圣的感情。

【解悟】

富奢不足，贫俭有余

勤以修心，俭以养德，君子之行，淡泊明志，宁静致远，方为人生至乐。富贵奢侈，挥金如土，则使人慵懒自毁，而贫寒却能使人奋争，创造美好前程。富而奢侈，不如穷而俭廉；聪明累人，不如笨鸟先飞，脚踏实地地生活。

庾冰，字季坚，颍川鄢陵（今河南鄢陵）人。其父庾琛，西晋任建威将军，后过江任东晋会稽（今浙江绍兴）太守。其姊为东晋明帝司马绍的皇后。他与弟庾翼在明帝、成帝时，都是以国舅的身份掌握朝政，拥有兵权。

庾冰上书给康帝，说："他因承家宠，冠冕当时。其实自己是志无殊操，远不如他人，今皇家多难，期望国器，降及我身，我在朝中俯仰任事，至今已有十五年之久，对上没有襄赞的计策,对下没能缉熙政务,而陛下对我宠爱有加,我万分感谢你的宏恩。现在北方强敌未灭,其侵略之心未可量;国内百姓贫困而未安;群才之用也未可尽。陛下你必须要多听下情,要纳谏、兼听,然后揽其大当,以总国纲,还要躬俭节用。如果能做到这些将没有什么办不到的事。”

次年九月康帝死,其子司马聃即位,是为穆帝。时帝仅2岁,便由其母康献褚太后摄政,准备征召庾冰回朝辅政,庾冰固辞不受,因病发而死。

庾冰为官清廉为政谨慎,以勤俭节约为荣。他的中子庾袭常常借贷公家财物,一次贷绢十四,庾冰发现,便怒斥,甚至加以鞭打,然后自己用款买绢还给公家。临终前,他对人说:我将要死了,只恨报国之志未能施展,这是命该如此!我死之后,殓以时服,不要任何公家之物随葬。及死,家人遵嘱,不为绢质的丧衣。家中无妾和配妾的佣女。室内无私自积累的财富。人们都称颂他的廉洁。

居官公廉,治家勤俭

古代做官求要公正廉明,对清官来讲,首先是不贪,然后是无私,不贪则廉,无私则公。不论为官或治家,必须以身作则,奉公守法,避免上行下效。持家同样如此。为人应心气平和,保持勤俭节约的传统美德。很多东西从道理上讲人们很清楚,但行动起来确实很难,如果人们都能克服这些私欲,就可以多存些公德。

范仲淹像,图出自《吴郡名贤图传赞》。

北宋文人范仲淹,一生为官清正廉洁,勤劳奉公,生活节俭。他受其父范墉为官清廉从不奢侈享乐的影响很深,“少有大节,于富贵贫贱毁誉欢戚不一动其心,而慨然有志于天下。”从小就立下远大志向,不论贫贱富贵都丝毫动摇不了他的志向。

范仲淹早年在醴泉寺求学时,家境贫寒,每天以吃粥度日。晚上,他下点米煮成一盆稀粥,到第二天早晨便凝固成块,然后再将粥划成四块,早晚各吃两块,没有钱买菜,他便把少许菜叶菜根用盐水腌渍,切碎了就粥吃。后来,被一位南京留守的儿子看到后,便从做留守的父亲那里拿来一些饭菜,送给范仲淹。过了几天,这位留守的儿子看到送来的饭菜已经变质了,还放在一边一点没动,很不高兴,问他为什么不吃。范仲淹诚恳答谢道:“我并非不感激令尊的厚意,只因我平时吃稀饭已成习惯,并不觉得苦。现在如果贪图这些佳肴，以后还怎么能再吃苦。”

后来，范仲淹显贵了，仍然注重节俭，“非宾客不食重肉（两份肉），妻子衣食，仅能自充。”家人在他的教导下，也衣着朴素，他对家人说：“吾贫贱时，无以为生，还得供养父母。吾之夫人亲自添薪做饭。当今吾已为官，享受厚禄，但吾常忧恨者，汝辈不知节俭，贪享富贵。”他的子孙都认真聆听他说的话。

儿子范纯仁娶亲的时候，范仲淹主张一切从简。当他听说新媳妇将饰以锦罗帷幔时，心中很不高兴，立即传训纯仁：“罗绮非帷幔之物，吾家素清俭，安能以罗绮为幔坏吾家法，若将帷幔带入家门，吾将当众焚之于庭。”最后，范纯仁的媳妇听从了劝告，朴素简洁地成了亲。

责毋太严，教毋过高

儒家思想可以作为处理人际关系的一种思想，儒家在人际关系上最讲究“恕”的观念，“恕”就是宽恕、原谅。在现实中，有的人责备别人的过失唯恐不全，抓住别人的缺点，便当把柄，处理起来不讲方法不讲效果而图一时之快。不考虑实际效果，这是责人时所不足取的。

汉武帝的大将军卫青出兵定襄，部将苏健、赵信两军共三千多骑兵，单独与匈奴单于的部队遭遇，激战一日，几乎全军覆灭。赵信投降了单于，苏健只身回到卫青军中。卫青帐下的议郎周霸说：“自从大将军出兵以来，就没有斩过部将，今天苏健丢了部队一个人逃回，应该将他斩首，以显示将军的威严。”军中有个叫安的长史说：“不能这样做！苏健以几千兵力抵抗数万敌军，奋力苦战一天，士卒都不敢有二心，全军战死。现在他自己死里逃生，反而被斩，这是告诉后来的人，谁要是战败了，就不要再回来，不如投降的好。所以不能斩他。”卫青说：“我卫青将真心诚意对待他，让他待罪留在军中，我不怕会因此没有威望。周霸劝我以斩部将的行为来显示威严，太不符合我的意愿。再说，虽然大将军出使在外可以斩部将，但以我的尊严和宠幸，也不敢在京城之外，擅自诛杀部将。将他送到皇上那里去吧，让皇上来决定如何裁决。以此形成做大臣的不

汉武帝时名将卫青像，图出自清·顾沅辑《古圣贤像传略》。

敢专权独断的风气，这也很好。”于是将苏健囚禁起来送到皇上那里，汉武帝果然赦免了他的罪，没有诛杀他。

君子爱财，取之有道

财富要自己去创造，靠自己的劳动、知识、智慧挣来的钱，花起来心里舒坦，才能享受金钱带来的真正快乐。

不义之财来得容易，但是会让你晚上夜不能寐，提心吊胆，惶惶不可终日。

君子爱财，取之有道。这里所说的“道”是途径、方法的意思。勤劳致富，靠的是辛劳的汗水，值得称道。科技致富，靠的是智力的开发，令人仰慕；立功致富（如奥运会金牌得主获得重奖），靠的是顽强的拼搏，可喜可贺。阿·扬格说过：“发财有术，能叫沙子变金子。”我们每个人有不同的爱好、专业和特长，在我们致富的过程中就应该有不同的“道”。如果没有创造力，只是人云亦云，跟着别人行动，是不利于整个社会发展的。当然，这个“道”也不能超出法律和道德所允许的范围。只有通过合乎法律和道德的劳动，不论是体力劳动还是脑力劳动，我们才能获得财富。其实，金钱本没有好坏，关键要看你的取财之道。

柳宗元的《鞭贾》有这样一个故事，有一个出售马鞭的商人，其所出售的鞭质量并不好，但装饰却颇为华丽，值四五千的货竟要价四五万。一次，一个糊涂的富家子弟花五万买了一根鞭子，向人炫耀。可当马不听使唤时，他挥鞭使劲抽打，鞭杆一下子断裂开来，才知道美丽的外表里面却是腐朽了的木头，根本不是鞭商所吹嘘的用南山的木料制成。去找鞭商理论，鞭商又以货物出门，概不负责为由，拒绝退赔。买主便在市上向众人大肆宣传此事，使鞭商丢尽脸面，从此再也不能在市上做买卖。

这位商人自以为得意，发了不义之财，但是没有想到正是这笔财砸了他的饭碗。

清代乾隆年间，南昌城，有一点心店主李沙赓，以货真价实赢得顾客满门，但其赚钱后，便掺假使假，对顾客也怠慢起来，生意一天不如一天。

一日，书画名家郑板桥来店进餐，李沙赓惊喜万分，恭请郑板桥题写店名。

郑板桥挥毫题写“李沙赓点心店”。墨宝苍劲有力，引来了不少人观看，但还是没人进餐。原来是“心”字少写了“一点”，李沙赓再三请求补上“一点”。但是，郑板桥却说：“没有错啊，你以前生意兴隆，是因为‘心’有了这‘一点’，而现在生意冷淡，正是因为‘心’少了‘一点’。”李沙赓这才明白经营人心的重要。

从此以后，李沙赓决定痛改前非，以真心待人，重新赢得了人心，生意又红火起来。

“人为财死，鸟为食亡”，这句话一半是正确的，动物无信仰，无操守，为食而亡，不计厉害。人则不同，唯财是贪，唯色是好，此种人动物性没有脱尽。君子爱财，取之有道，不义之财不取，那样的人，才会脱离动物的低级性。

取得人心，堂堂正正地赚钱，不要想着欺骗顾客，坑害顾客，只要你赚钱的路子不正，你就会最终失去金钱。

所以，不论是做官，还是经商都不可发不义之财，通过正当渠道挣钱，堂堂正正的赚钱才能创造财富，创造成功的人生。

和气致祥,喜气多瑞

朋友之间相处要和气待人,需要用“和气”来化解彼此之间的矛盾。每个人都是不同的,对于性格、见解、习惯等方面的相异,要以和为重,若“急风暴雨、迅雷闪电”会影响朋友之间的关系,甚至导致友谊破裂,反目成仇;而若和气面对彼此的不同,进而欣赏对方的优点,则对方也会对你加以赞美。这样的话,你们的关系会相处得更好。

天底下有能耐的好人本来就很少,应该想着同心协力为社会多作贡献。不能因为各自的思想方法不同,性格上的差异,甚至微不足道的小过节而互相诋毁,互相仇视,互相看不起。古人说:“二虎相争,必有一伤。”这样做下去,大家都不好过,抬头不见低头见,得饶人处且饶人吧!

宋朝的王安石和司马光二人非常投缘,两人在公元 1019 年与 1021 年相继出生,年轻时,都曾在同一机构担任完全一样的职务。两人互相倾慕,司马光仰慕王安石绝世的文才,王安石尊重司马光谦虚的人品,在同僚们中间,他们俩的友谊简直成了典范。

做官好像就是与人的本性相违背,王安石和司马光的官愈做愈大,心胸却慢慢地变得狭窄起来。相互唱和、互相赞美的两位老朋友却因此竟反目成仇。倒不是因为解不开的深仇大恨,人们都不相信,他们是因为互不相让而结怨。两位智者名人,成了两只好斗的公鸡,雄赳赳地傲视对方。有一回,洛阳国色天香的牡丹花开,包拯邀集全体僚属饮酒赏花。席中包拯敬酒,官员们个个善饮,自然毫不推让,只有王安石和司马光酒量极差,待酒杯举到司马光面前时,司马光眉头一皱,仰着脖子把酒喝了,轮到王安石,王安石执意不喝,全场哗然,酒兴顿扫。司马光大有上当受骗,被人小看的感觉,于是喋喋不休地骂起王安石来。一个满脑子知识智慧的人,一旦动怒,开了骂戒,比一个泼妇更可怕。王安石以牙还牙,祖宗八代地痛骂司马光。自此两人结怨更深,王安石得了一个“拗相公”的称号,而司马光也没给人留下好印象,他忠厚宽容的形象大打折扣,以至于苏轼都骂他,给他取了个绰号叫“司马牛”。

司马光像,图出自明·天然撰《历代古人像赞》。

到了晚年,王安石和司马光对他们早年的行为感到后悔,大概是人到老年,与世无争,心境平和,世事洞明,可以消除一切拗性与牛脾气。王安石曾对侄子说,以前交的许多朋友,都得罪了,其实司马光这个人是个忠厚长者。司马光也称赞王安石,夸他文章好,品德高,功劳大于过错,仿佛是又有一种约定似的,两人在同一年的五个月之内相继归天,天国是美丽的,“拗相公”和“司马牛”尽可以在那里和和气气地做朋友,吟诗唱和了,什么政治斗争、利益冲突、性格相违,对他们来说已经变得毫无意义了。

治家方略大经纶

关于家庭的治理与风范,依据洪应明所提出的思想,带给我们以下的认识与启示:

唯有治家者能消融自己性情上的偏私偏颇的意识,对待家庭中的每一个成员都不偏不倚,那么,这样才能保持家庭内部的平衡。也唯有治家者有理有方地消除某些家庭成员之间所有的过节与距离,才能保持家庭内部的和睦。

当然,这两者都是不容易实现的,唯其难,治家可称为经纶学问,很不简单,也很重要,因为能把家庭的内部事务处理好,那么,家庭成员就会人人心情舒畅,就可获得精神与情感上的愉悦与满足,能保持心境的平静——比打坐调息、顺气观心的效果还好。这是其中之一。

在处理家庭事务的策略上,还需要坚持一些原则,如“家丑不可外扬”就是一条,面对家庭某个成员所犯下的小过失,不宜令其沸沸扬扬,不宜将他的过失与痛苦放到社会上展览,也不宜对他置之不理,而应注意帮助矫正他,在方法上,既可正面开导,也可从旁敲击,启发他,力争经过一段时间,他觉悟后,能悔过自新,这就好似和暖的春风化解了冬日残留的冰雪,家风得以维护,家庭对于荣誉和尊严的要求也得以实现。这样就可以称之为家庭的典范。这是其二。

即便是在父子兄弟婆媳等家庭成员之间发生冲突时,也应贯彻“宜从容,不宜激烈”的原则,即当事人宜从家庭的稳定与幸福的大前提出发,防止矛盾的进一步激化,采取一切可能的措施来缓和以至解决家庭内部的矛盾和纠纷,力求彼此理解,互谅互让。迫不得已,发生矛盾的家庭成员因分歧的扩大而不得不断交分离,如夫妻离婚,

清·孝经图之一

也应有“君子绝交,不出恶语”的风度,注意自我克制,不用恶语向对方做人身攻击,避免矛盾的加深。此为其三。

在和睦的家庭中,老人怜爱晚辈、子女孝敬父母、兄弟保持手足之情,都是合情合理的,不必产生那种处处感激的念头。如果家庭成员彼此之间的互相帮忙,帮者施恩要报,被帮者则要感恩戴德,那么,这就沾染上市侩交易的庸俗意味了,还可能隐含着日后发生矛盾的因素。此为其四。

从生物学的角度看,家庭是血脉的交融与基因链条延续的环节;从社会学的角度看,家庭是血缘关系的交融与延续。正常的家庭是既有前人祖宗,后有子孙传人。有德行的前人会遗福给后代,一如前人种树,后人纳凉。所以,要问祖宗留下的德泽与家业,就在后人现身所享用的,身在福中,后人要念念不忘前人创业积累的艰难;要问我们子孙的福祉,就看我们在身后留下了什么,留下什么,我们还要考虑到它们是否易于倾覆。创业难,守业更难,要走出“富不过三代”之类的怪圈,仅留下物质财富,是远远不够的。此为其五。

将这些认识来反观现实,还能看到其中的合理之处。曾有作者写道,人到中年后才发现,现实与青少年的胡思乱想不一样,自己要处理好的关系,不外是三类:一是在家庭圈子里,处理好与亲人的关系;二是在工作圈子里,处理好与上下级与同事的关系;三是在社交圈子里,处理好与朋友的关系。三者处理好了,一定会相处得很和睦。

确实,家庭内部事务与关系处理好了,对于家庭各成员更好地投身于正常的工作、学习中,享受到家庭内部的天伦之乐,是不可缺少的。

从由近及远、由己及人的原则出发,中国传统文化习惯将齐家与治国平天下相提并论,一是力图将它们统一起来,治国治家有方有略,相得益彰,此乃上策者之所为,而亡国而又败家者,则是最不可取的;二则是治家的方法、策略技巧对于治国者言,也有借鉴的意义,虽然治家是小道,治国是大道,但两者并不是截然分开的。

下面的这个故事,就表达了类似的认识。

东汉时,有一名叫陈蕃的忠臣,他十五岁时,从不洒扫自己所住居室,以至庭院房间内脏乱不堪。

他父亲的朋友见后,就问他:“孩子,你为什么不清扫庭院以迎接宾客呢?”

陈蕃答道:“大丈夫处世,当以扫除天下为已任,怎么能局促于一室一房呢?”

大人们见他人小却立志高远,十分惊异。当时就有人用反问来进一步引导他:“你连自己的居室都不清扫,如何能扫除天下呢?”

一席话,终使陈蕃懂得了这两者并不是互相排斥的,懂得了成大事者必自小事做起的道理,这对于他日后的成长,确实大有裨益。

当然,治国者毕竟是少数,大多数人更关注的是如何将治家与搞好本职工作、处理好家庭成员之间的关系与处理好家庭之外的各种人际关系协调统一起来。

治家唯俭则用足

北宋时,张知白当了宰相之后,全家的生活水平仍然很低下。很多人不理解,一些人甚至认为他是假扮俭朴来骗取声誉。

因此,就有人劝他改变那些不合乎宰相职位的寒酸生活水准。

张知白却说:“以我今天的俸禄水准来衡量,我全家即使是要锦衣玉食,很容易做到了。但我害怕这样的人之常情:由俭入奢易,由奢入俭难。试问,我今天如此多的收入,怎可能经常保持下去?难道我个人可以长生不死吗?如果到了那么一天,情形不同于今日,而我家的男女老少却早已过惯了奢侈的生活,无论如何,是不能立即回复去适应勤俭度日的日子的,那样,必有灾祸降临。哪里比得上不论我在位与不在位、活着或死了,总是保持在同一生活水准为好呢?”

张知白是清醒的。因此,在治家中,他就能一直贯彻节俭的原则,而不论自己官居何职和收入的增多。因为他懂得,只要节俭,那就可以保持家庭的各项日用开支得到满足和保障。他根据历史事例与个人经验,懂得了“由俭入奢易,由奢入俭难”的道理。

早在《尚书》中就有“克俭于家”之说。《老子》则把“俭”视为个人所拥有的三宝之一。因此,《菜根谭》的“俭,美德也”之类的治家须俭的认识,就是既有理论源头又有历史佐证的认识。

按照更细致的分类认识,家庭生活的日常费用可大致分为以下的四类:

一则是家庭成员的生存费用,其用途在于维持和延续家庭所有成员的生命,基本目的在于保证各人的温饱,故主要开销在吃穿住行的方面。

二则是家庭成员的发展费用,其目的在于保证并促进各人的智力、体质等方面获得尽可能全面的发展,主要用在家庭成员的智力开发、接受教育和体育运动等方面。

三则是家庭成员的享受费用,这属较高层次的消费开支,主要落实在交朋结友、文化娱乐、旅游及美容健身等方面。

四则是应付突发事件的应急费用,这主要通过积蓄体现出来,以帮助家庭中的任何成员从天灾人祸中摆脱出来。

正因为家庭的各种不同的费用,有着不同的性质、层次和先后顺序,了解了它们的区别与联系,我们就易于依据节俭的原则,量入为出,统筹安排,各方兼顾。

第一,必须保证满足家庭所有成员的生存费用。然后,是尽量保证满足家庭所有成员的发展费用,从而有益于各人在各方面的发展。在此基础上,再依据总费用的多寡,考虑家庭成员的享受费用,同时,要注意留有部分的机动应急费用,使家庭在面对随时可能发生的各种突发性事件时,才不会因费用的拮据而发愁。

显然,在家庭费用的开支上贯彻节俭的原则,正反映出治家者治家有方,有长远的考虑。古人在这方面,有“常将有日思无日,莫到无时想有时”的经验之谈,虽然给人感觉过于谨慎,但确是至理不易之言。

节俭是一种反浪费、戒奢侈的行为习惯。治家者能坚持节俭的原则,就不会有不切实际的大手大脚的铺张浪费。家庭有了这么一种好的气氛与环境,那么,对于每一个家庭成员尤其是小孩能培养出并形成勤俭的人生观,会起到积极的作用。

以现在的独生子女为例,他们在这方面的表现,并不令人舒心:吃包仅吃馅,吃蛋仅吃蛋黄,穿衣仅穿新衣,新玩具玩了两天就扔……因此,让他们真正懂得盘中餐“粒粒皆辛苦”的道理,让节俭的原则成为他们日后人生行为意识的一部分,大人们的言传身教,是十分重要的,尤其是身教更为重要。否则,家庭或其他成员因失俭而趋于奢侈,接踵而来的必是相应的一系列不良后果,小者入不敷出,为了满足口腹之欲而缺漏了精神的食粮,常陷入经常拮据的境地;大者则是胃口越来越大,利欲熏心之时,就难免铤而走险，干出贪、骗、盗、抢之类的罪恶勾当来。

所以，在治家中强调俭的原则，并不是小题大做，更不会没有现实价值与意义。

我们应该分辨清楚的是节俭并不是某些人所认为的寒酸，也不是要求我们去过苦行僧式的禁欲生活。节俭是治家者用最少的费用来获取最大效益的艺术。

所以，依据《菜根谭》的相应认识，可以明确地说，吝啬并不是节俭，节俭者所持的是适度的理财用财观，不是该用处不用，而是力求把钱财用得恰到好处、恰合其度。

吝啬者的观念是荒谬的守财观。

《儒林外史》所描写的严监生，在临死之时，虽已说不出话来，还久久地举着两个手指，因为此时的他，唯一不满之处是家里的灯点着两根灯草，惟有在家人挑灭了一根灯草之后，他才安然瞑目。法国作家巴尔扎克所塑造的守财奴的典型形象——欧也妮·葛朗台，则为节省嫁妆，千方百计地阻挠女儿的出嫁……

此类故事所反映出的，正是守财奴的那种惜财甚于惜命的丑陋心理，反映出了他们人格的低下与行为的卑鄙，他们用钱财筑起了自己人生的樊篱，不是钱财为他们所转，而是他们为钱财所转。这样，他们怎么会获得人生的幸福？

节俭不是吝啬。日常居家生活中，成熟的消费观推崇的是节俭，告别的是吝啬。这在中国传统治家的意识中，一直是成立的，不独《菜根谭》是如此提及的，如在《颜氏家训》中，也是提“俭而不吝”的原则，如此，不仅显得较为全面，也更合乎人情事理。

还有一点需要注意的是，俭主要是针对物质生活来说的。在精神生活上，在学问的探寻方面，古今中外的成就大事业、大学问者都是不俭更不吝的。清朝著名诗人、思想家龚自珍的《已亥杂诗》中有言：“俭腹高谭我用忧”，所表达的就是这种认识。这里所说的“俭腹”，意指腹中空虚，喻知识贫乏，“高谭”即是“高谈”，指空而无实、大而无当的坐而论道，全句意指，精神生活的单调贫乏和纯粹务虚的清淡之风，正是最值人生忧虑之处。治家要俭，又明确避免与鄙弃“俭腹”，反映了中国知识分子在物质生活上的清贫，他们宁愿俭朴些、清淡些，却绝不愿放弃在知识海洋中的奋发追求，千百年来，这两者一直是相辅相成的。

家庭是社会细胞的一员，作为社会的一个相对的独立体，能在家庭治理中真正贯彻实现节俭的原则，不仅是有利于人民的安居乐业，也会有利于社会的稳定和国家的发展。因为中国作为发展中国家，今后一段时期内的消费水平，是有一定限度的。不论是在食物消费、能源消耗、住房水平，或是交通运输、娱乐设施等方面上，均是如此。因此，节俭可以帮助我们抑制那些不切实际的高消费倾向。

从更高的思想境界来言，节俭尚能纳入无私助人的人生观中，如将自己节俭下来的钱财无偿地援助灾区人民、帮助素昧平生的落难者，这里，节俭能与让别人活得更好的美好愿望结合在一起，闪耀着人性与道德的光芒，因此，就更值得发扬光大。

孝是万事的纲纪

战国时期的吕不韦认为：统治天下，治理国家，都要寻求根本然后才去处理事务。所谓根本，不是耕耘种植之类，而是致力于人，而致力于人，不是使原本贫穷的富有，原本少的多，而是要致力于他的根本。致力于根本就没有比孝行更重要的了。人君孝顺,那名声光彩荣耀,可以让臣下信服而听从,天下都称誉。人臣孝顺,就会忠心侍奉君主,做官清廉,面对危难而死节。士人民众孝顺,就会勤勉耕种,保国攻战都坚定,不会败走。孝是三皇五帝的根本要务,万事的纲纪。

只有掌握孝行这种统治策略才可以使许多善事出现、许多邪恶都摒除、天下人都跟从,所以,凡是涉及人的事都会先考虑比较熟悉亲近的人,然后才考虑较陌生疏远的人,会先考虑亲人而后才考虑他人。而今,有人在这个问题上,行孝敬于自己的亲人并推及到别人的亲人,所以并不敢对他人和疏远者怠慢,就是厚慎孝道了,就是先王所用来治理天下的。所以爱自己的亲人,就不敢对他人厌恶,敬自己的亲人,就不敢轻慢他人。爱和敬全都用在侍奉亲人上,荣耀却施与百姓身上,达于四海之内,这就是天子孝行。

曾子说:"身体是父母赠给的,用父母所赠给的身体,敢不畏惧吗?居处之地不庄重,不孝。对君王不忠,不孝。做官不敬业,不孝。交友不忠诚厚道,不孝。临阵不勇敢,不孝。五行不顺利,殃及亲人,敢不畏惧吗?"

曾子又说:"先王所用来治理天下的有五种办法:崇尚德行,崇尚尊贵的人,崇尚老人,尊敬年长的人,爱护幼小的人。这五种办法,就是先王用来安定天下的办法。所谓崇尚德行,是因为德行近似于圣贤。所谓崇尚尊贵的人,是因为尊贵的人近似于君主。所谓崇尚老人,是因为他近似于自己父母,所谓尊敬年长的人,是因为他近似于自己的兄长。所谓爱护幼小的人,是因为他近似于自己的弟弟。"

孝顺是民人初始的教育,行孝道就是养亲。养亲可以做到,做到恭敬难;恭敬行于自身,不给父母留恶名,就叫能孝敬到头了。仁义的就仁义在这上面,礼貌的就礼貌在这上面,合宜的道德行为也应在这上面,讲信用也应在这方面讲信用,强大就强大在这上面,便产生了快乐,而刑辟就是从违逆它而发生的。

清·孝经图之二

国有国法，家有家规

明朝时期的吕坤认为：如果对妻子女儿不加以礼教约束，将会影响家庭的和睦。灾难接连不断乃至家破人亡，这都是因为缺少礼教而引起的。

家长是一家之主。最好的家长受人敬慕与尊重；较好的家长让人感到严肃和畏惧，所以称为严君；稍差的家长受人轻视，被人欺凌；最差的家长只会让人仇恨。家长受人轻视与怠慢，家庭就没有不混乱的；家长受人欺侮，家庭就不可能不衰败；家长遭人仇恨，家庭不可能不衰亡。因治家创业经营生计也不算是小事了，现在的人都把谋生之道作为当务之急，却忽视了怎样整治家业。

应该经常教导子女们小心谨慎，诚恳老实，行动要有所畏惧，言语要有所警觉，不然等到成家立业了，也不知该怎么做。假如让他们为所欲为，随心所欲，那将会毁了他们，这是愚笨的家长所应当知道的。

如果不留情面地把人责备到了哑口无言、面红耳赤、汗流浃背的时候，还依然不休，不肯罢手，那这样做未免太浅薄、狭隘、狠毒了。因此，正人君子在指责他人时，不会全部指责别人的过失，而是用委婉含蓄的方法，让人留给自己反省的余地，让他本人感到内疚，使他重新做人，这样做就是用善意去教导帮助别人。

弯曲的木料无法用绳墨去挺直，坚固的磐石很难捶敲，对待顽固不化的人要用适当的方法。

恩义与礼节应该从人的感情深处自发产生，这是勉强也得不到的。而礼节却体现在言行举止上，还能够要求别人做到。然而恩义却是从内心深处生成的，强迫别人做到反而丢失了。所以，恩义浅薄可用结交的手段来让它加深；恩义离散可以密切往来使其牢固。假如一味责备就会使怨恨更深。以往那些父子、兄弟、夫妻之间，让血肉亲情变为仇敌，原因就在于过分的指责。

宋儒说过，宗法明则家道正。不只是家道，天下是整治还是混乱，都必须明宗法。宇宙之内没有一物不统属或不相统摄的，人用身体统领四肢，由四肢统领五指。树木以根来统领树干，以树干来统领树枝，以树枝来统领树叶。各种谷物以茎统领穗，以穗统领禾尊，以禾尊来统领粒。这都是因为同根一脉，连属成体的缘故，此种操一举万的方式，也是整治天下的重要道理。天子统领六卿，六卿统领九牧，九牧统领郡邑，郡邑统领乡正，乡正统领宗子。凡事都依照一定的次序来办理，恩泽按照次序下达，教化依序宣传，法则依序绳督，这样就上不劳苦、下不纷乱，从而影响政治法则的实施。

宗法制度废除后，人们各为其身，家各为其政，相互间像飘絮飞沙，不相牵连，所以上者劳苦却没有要领可把握，下者似一盘散沙毫无脉络相连，奸盗易于发生却难以察觉，教化易被阻挡而难以下达。因此，宗法立而百善兴，废除宗法一切事都开始散乱。

或许会有人问“宗子贫贱体弱，年幼又没有品行，如何能统率一宗呢？”回答说：“古时的宗法制，与古代的分封土地爵位、在封地之上建立邦国是一样的，世代以嫡长子为宗子，嫡长子若没有才能，全宗都要受影响。假如豪强视宗子如猪鼠，欺凌孤弱，谁会出来制止呢？

“因此，有了宗子还应该立家长，宗子以世代的长子长孙担任，家长由在全族中德高望重，大家敬佩又能帮助宗子的人出任。委以他们权力且又能让其相互纠正对方的过错，这两人，全宗人都要听他们的统领，那么官府交给的任务就容易完成，朝纲法纪则容易遵守实行。”

古人珍重朋友，劝人为善的方法，是不要求他具备我所没有的，也不强求他不具有我所具备的。

母亲崇高善良，而我自身并非完人，孝顺的儿女要懂得这个道理；臣子犯罪按理当杀，上天与君主永远是对的，忠臣也应该懂得这个道理。

在士大夫以上的有祠堂，有正寝，有客位。祠堂里又有斋房，有神库，四代的祖先神位供奉在里面，先人的遗物珍藏在里面，子孙后代参拜的位置设在里面，用来祭祀的各种木尊鼎器物陈列在里面，堂上堂下的乐器都放置在内，主人的进出、上下、举行各式祭祀活动都挺方便。正寝则用来祭祀已故的父母，在他们的诞辰之日在此举行吉礼；举行葬礼时，则将灵柩停放在正寝内，灵柩前摆放好食案、香几、衣冠，还设有子孙后代们朝夕哭奠的位置，灵柩旁还摆有床帐等卧具以及亲属所穿的五种丧服，男女的哭位分设，堂外还设有前来吊奠客人的休息场所和祭器摆放的地方。客位就是把即将举行丧礼的灵柩停放在里面；男女的冠礼、婚礼与宴飨来宾都在这里举行。祠堂、正寝、客位这三处地方，都有两阶，分有位次。居室宁愿简陋，但举行冠婚丧祭四种典礼的处所绝不能简陋。近来看到一些有名望的公卿，以为家中这些地方简陋狭窄能证明自身品德清廉高尚，这是非常令人敬佩仰慕的，但有的人爱礼节更胜过爱名声，因此，只要自己的能力勉强能够做到的话，一定将这些行礼的处所修得高大宽敞些。

百善孝为先

南宋时期的袁采认为：在幼儿时期，对于父母的爱戴和依恋是极为深切的。而父母对于处在婴孩时代的儿女，爱护怜惜之情也很深厚，抚养培育几乎到了无所不至其极的地步。大概由于父母和孩子相连的气血刚刚分离，相去还不算遥远，并且婴孩的声音笑貌本身便能取悦于人，得到人的疼爱的缘故吧！这也是造物者特意安排的自然而然的道理，使人类，使这个世界能生生不止，繁衍不息。即使是飞禽走兽、微小生物等也是这个道理，当它们的子女刚刚脱离母体的时候，哺乳喂养极其关心。如果有意外的伤害降临到它们孩子身上之时，它们就会奋不顾身，挺身而出去保护孩子。然而，当孩子渐渐地长大之后，名分稍稍严格起来，感情也日渐疏远起来。此时父母极力要求尽自己最大的努力做到慈祥，子女们也力求做到至孝。飞禽走兽之类渐渐长大之后，母与子不相识认，这是人之所以与飞禽走兽不相同的地方。但是，父母在孩子幼小之际，对他们的爱念抚育之情，简直不可以用言语表达得尽。子女们即使终其一生承颜致养，孝顺父母，极尽孝道，也不能报答父母从小爱念抚育的恩情，况对有些人来说，根本不能尽孝道。凡是不能尽孝道的人，请他注意一下人类是怎样抚育婴孩的，其中的情爱的分量有多重，最终就会自己醒悟。正如天地孕育万物的至理，这种至理涉及人类的又是那样广大，但是人类该如何去报答天地呢？有的对着空中焚香跪拜，有的请道士做道场以祭祀先人，认为这样就能报答天地至爱，其实是不可能报

清·孝经图之三

答其万分之一的。更何况那些对天地有埋怨责怪的人,都是由于不进行反思所造成的错啊!

人们的孝行,如果根源于真诚笃信的情感,即使有某些繁文缛节没有做到,也可以感动天地鬼神。曾经看到世上的人很多侍奉父母双亲不真诚笃信,却以声音笑貌假装非常恭敬,他们的行为不被天地鬼神所诛杀就算是幸事了,更不会期望世代子孙都能做到至孝,从而使家族昌盛兴隆。人们如果真能明白这个道理,那么从此以后,待人接物,侍奉双亲,切不可不真诚,有见识的君子们,试着将真诚的行为与不真诚的行为相比较,看怎样更久远一些,是不是真诚的行为这种做法的效果更好一些呢?

兄弟以孝义而共同居住生活在一起,这本来应该是一件好事。然而,其中有一人早早去世,叔伯与侄儿之间的情感逐渐疏远,各怀心事,他们之间的志向也未必是一致的。作为长者,欺瞒晚辈,作为晚辈,违背轻慢长者。看到那些因为孝义而居住在一起的家庭,一旦发生争论,互相忌恨的程度比陌生的路人更为严重。原来的好事就变得不那么美了。所以,兄弟应当分家另过的要早做出决定。兄弟之间有感情,即使是分家另过,也不妨碍孝义。否则,因为照顾孝义的虚名而居住在一起,一旦发生争吵,孝义又何存呢。

兄弟子侄,即使分开另过,但居住在一个院子里。在这种情况下,处理每一件共同的事时,大家都应各自尽心。不能让小孩子、佣人等去扰乱大家的生活。即使是非常细微之事,也可能成为引起大争论的端倪。况且,大家的院子,一个人总是很勤快地去洒扫,而另一些人则反之勤于洒扫的渐渐开始心理不平衡,表示愤愤然。有时不勤于洒扫的又纵容小孩子或佣人把院子搞得乱七八糟,还不容许他人去禁止。这样愤怒之极,自然会引来争吵。

居住在一起,对于有些品质恶劣总是以无理取闹来扰乱他人的人,如果是一次两次,尚可与他争辩。如果他已经到了一无是处的地步,并且早晚总这样无理取闹,和他相处一定很难了。

治家的关键在于家长的修养

明朝时期吕坤认为：天下最有情的，男女应居第一位。圣王不愿裁割和违背这种情感，其实也不能裁割违背它，因此用不能停顿的情感来让他们交往，用不可违背的礼节来约束他们，用不能赦免的法律来纠正他们，即使男女之情任其发展，也能相安无事而长久。圣人也不是到此打住了，因此五伦之中，父子君臣、兄弟朋友这四伦，使其情感忠实而更加忠实，深厚而更加深厚，只怕情意淡薄了。只有男女这一伦是圣人最用尽苦心的地方，因此男女有别先从夫妇间开始，本来夫妇之间是没有别的，而又教育他们要有别，更何况那些应该有别的男女，不应该让他们相互混杂，圣人的用意深远，是因为它关系到生死之路，是大乱与否的首要问题，一定要慎重。

关爱自己的孩子，老想着要用心去爱，却不知道自己所做的一切就是爱。这种爱宛若口渴了要喝水，肚子饿了要吃饭一样自然，是勉强做不出来的，孩子从亲生母亲那里得到爱，说是应该得到，宛如习惯成自然一样，好像夏日要穿葛衣，冬日要穿裘皮衣服一样，没有想到过要赞美母亲的功劳，至于继母疼爱丈夫前妻的孩子，要么做出想让人赞美的脸色，或是夸耀于别人。先母所生的孩子得到继母的慈爱，内心就会感动，自然就会发出颂歌了。

在一个家庭之中，长辈如果值得尊重，那这个家就会治理得好。如果长辈不值得敬重，那怎么能治理好家呢？治理好家庭最关键的是家长要加强自身的修养。

做子女的孝顺父母，应该把关心体贴父母的心思放在首位；关照父母的身体放在第二位；最差的是光照顾父母的身体而不去体谅他们的心思；比这更差的是光讲空话而不用实际行动去做。

孝顺的子女侍候父母，礼貌周到得如同仆人，感情柔和婉转如同小孩。

李肃观孟仁读书图。古人认为家长的修养决定了孩子的品行。因此，东汉学者孟仁师从李肃读书时，他的母亲给他做了一个又厚又大的被子，因为孟仁不善交际，孟母希望孟仁能与贫穷人家的孩子同盖大被以增加他们的交往。

子女和父母一起进餐时，只要作陪而不要去劝；向父母进言，只要讲明道理而不要劝谏；侍奉双亲时，态度要和蔼而不要严肃。父母有病时，即使忧伤也不能流露悲哀；自己生病时，要顺其自然而不动声色。

服侍患病的父母，如果自己因忧伤而不想进食，倒不如振作起来多吃些饭，否则弄坏了身体反而不能侍奉生病的亲人，那将是最大的不幸和不孝。办丧事期间，如果因悲哀而使身体垮掉而办不了丧事，倒不如节哀顺变将丧事办完，否则会因自己身体垮掉无法支撑处理好丧事，那样才会是最大的不孝。

在朝廷上，国家法律完备臣民有法可守，这叫朝常。公卿大夫、朝廷百官各有法规可依可循，这叫官常。一户之内，父子兄弟、长幼尊卑各有条理，不变不乱，这叫家常。饮食和起居，动静语默，选择其中正道而行不偏邪，这称作身常。依照常道去做就会有所治理，违犯了常道就会造成混乱。得过且过，草率行事、在暗中胡乱行走都是会造成失败的。

雨水滋润过多，就会给万物带来灾害；恩爱宠信超过礼节，就会给臣妾招致灾祸；情爱超过了道义的范围，将会贻害子孙后代。

可怜天下父母心

南宋时期的袁采认为：出于同母之子，父母亲大多喜欢年龄小的那个，对稍大的却相反，这个道理几乎没有人能够清清楚楚地懂得。有人曾经私下里一个人仔细思考其中的原因，大概对人来说，一二岁时，举止行动自然而然惹人喜爱，即使外人看了，也会产生怜爱之心，更别说是父母了，长至三四岁到五六岁，放纵地大声哭叫，在很多方面乖违恶劣，不听父母的话，有时破坏器物，常常触动一些危险的东西，凡是他的言语行动人们都很厌恶。又多淘气顽皮的痴性，不听训斥规劝，虽然是父母也仍然深深地厌恶他。当大孩子正处于使人讨厌的时候，小孩子却恰恰是惹人喜爱之时。父母把连同厚爱大孩子的心一同都移到了小孩子的身上，那么憎爱之情感从此便分得明明白白，于是一直延续下来。当最小的孩子也让父母感到厌恶时，在下已没有可以移爱的孩子了，父母之爱自然也没有转移的地方，因此就会自始至终一直喜爱他，其中的大体趋势就是这个样子。作为人子，应当懂得父母的那份爱止泊在何处，大孩子应当稍稍让着小孩子，小孩子也应当自己控制自己。做父母的，又应当自觉地体悟其中的道理，稍稍使自己执拗的爱心回转一下，不能纵任自己的情感而做事。如果那样，就会使大孩子心存怨恨，而小孩子放纵自己的各种欲望，从而可能会导致家庭破败的。

有一种普遍现象，人有了孩子之后，大多在孩子处在婴孩之时由于过分溺爱而忽略了孩子的坏毛病。放纵他们提出的各种要求，也放纵他们的各种各样的行为，他们无缘无故叫喊胡闹，不知道加以制止，却以此怪怨看护孩子的人。孩子欺侮了其他小孩，大人不懂得管教约束自己的孩子，却怪罪被欺侮的孩子。有的父母即便是承认孩子的所作所为是不对的，但又说孩子还小不懂事不要责备。日积月累，养成了孩子的恶习，这就是父母过于溺爱孩子造成的过错。等到孩子渐渐长大，父母的溺爱之心渐渐淡化，孩子犯了点小错，便会使父母感到极其厌恶进而大发雷霆，挑拣孩子小小的过错认为是很大的错误。如若遇到亲朋故旧，极尽装饰之能事，设立机巧之辞，历历

清·孝经图之四

陈数孩子的过失，并坚决地把大不孝之名加在孩子的身上。但是孩子着实没有其他的罪过，这是父母妄加憎恶的过错。极端的爱憎感情大多首先来自于母亲，父亲如果不懂得这个道理，仍然听信孩子母亲的话，认为她说的是不能改变、牢不可破的真理，那么也会犯同样的错误。父亲应该详细了解并观察孩子的言行，当孩子小的时候一定要严格地要求他，长大后也不应减少对他的要求。父母亲对于长子来说，感情并不怎么深厚，而祖父母却大多喜欢长孙。这其中的道理仍然不能深刻地明白，这是喜欢幼子而将爱移于长孙的原因吗？

对于子孙，虽然有的办事经常违背自己的意愿，但也不要过于憎恨。有时候，你所喜欢、疼爱的子孙长大了未必就孝顺你，或者年纪不大就夭折了。这样，你晚年所依靠的与能够为你料理身后事的，往往是你不喜欢的子孙。对待其他亲戚也同样是这个道理。

大凡人之子，性格品行相去不会遥远。一旦有了后母，就开始不被父亲所喜爱，父亲没有续娶正室，有宠妾的也是这样。这固然是由于父亲过于宠爱自己的后妻或妾氏所造成的，做子女的要能顺承父亲的意思，时间长了，父亲明白了其中的道理之后，父子关系就会走向和谐。大凡为人妇，性格品行相去并不太遥远，然而，有小姑子的媳妇往往得不到公婆的喜爱。这当然是由于公婆偏爱小姑子造成的，但是做媳妇的一定要顺从公婆的意思。那么公婆在经过长时间之后，就会理解媳妇对他们的尊敬而省悟过来。或者父亲与公婆自始至终不能明白过来，做儿子和媳妇的除了无可奈何和更加尊敬之外，也只能听之任之了。父母看到几个孩子中独有一个生活得很贫穷。往往就会多挂念他，常常对他贴补，在分配衣服饮食之时，对他有所偏爱。孩子中富裕的有时给他们东西，他们会转而把这些东西给了贫子。这是父母均一之心使之然也。但是富裕的孩子们对父母的此种做法抱以怨恨。这实在是不仔细思考啊，假若是你自己很贫穷，父母怎么不会把多余的爱加在你身上？

一个人如果有好几个孩子，要平等地供给他们饮食、衣服，长幼尊卑的名分，不能不严谨;好坏事非之事,不能不分别。孩子小的时候让他看到这种平均如一的做法,那么长大后就不会有相互争夺财物的祸患;小的时候严格要求他们要严谨,长大之后就没有违背怠慢长辈之患;小的时候教给孩子是非好坏如何分辨,长大后就没有必要担心他们会作恶。现在的人们对待孩子,喜欢的,给予关心也多,不喜欢的,给予的爱怜很少。开始就没有平均如一的观念,就很难保证日后他们不相互争夺,小辈冒犯长辈,长辈凌侮小辈,开始不加以训斥,怎么能保证日后孩子们不违背怠慢长辈呢?品行端庄贤达的孩子被厌弃,不肖子却被疼爱,也保证不了日后孩子们不做坏事。

一个人不管有几个儿子,对每一个都无限厚爱,但往往对自己的兄弟却不是如此,他的儿子们往往由于父亲的态度,也对伯父、叔父不加礼遇。殊不知自己的兄弟就是自己父亲的几个儿子,自己的几个儿子在日后也会成为兄弟。我和亲身同胞兄弟不和睦,那么我的几个儿子则争相仿效,怎样做才能阻止他们彼此乖违不和呢?儿子们对伯父、叔父不加以礼遇,那么不孝顺父亲是他们日后逐渐要干的事。所以想要使我的几个儿子和睦相处,必须以我和自己的兄弟和睦相处的例子给他们看。如果想要使我的儿子们日后能孝顺我,就必须首先让他们做到善待叔父、伯父们。

教子是人生要事

宋朝时期程颐认为:人生最大的快乐,就是读书;最重要的事,莫过于教育子女。

父与子之间,不可沉溺于小爱,从小就要用威严去约束他,用礼去要求他,那么长大以后,就没有不贤的悔恨了。

教导孩子有五个方面:引导他的性情;开导他的志向;培养他的才能;鼓励他的气势;纠正他的过错。五者偏废一者都不行。

培养子弟如同培养芝兰一样;聚积学问以培植他,又聚积善事以滋润他。

人家的子弟,只可以使他见德,不可以使他见利。

富贵的人教子,须要重道德;贫穷的人教子,须是坚守节操,不做非礼的事。

欧母教子读书图。欧阳修是北宋著名文字家,他小时候家里很穷,母亲郑氏亲自教他,经常拿芦荻做笔,在地上写字,教他读书。欧阳修日后成为唐宋八大家之一,很大程度上得益于母亲对他的教育。

子弟的贤与不贤，在于人的主观努力；而他们将来的富贵贫贱，在于客观条件。世人不考虑主观方面而忧虑客观方面，那就错了。

读书人的所作所为，不混同于世俗，一是要在当时坚持高尚的气节，二是要为后世留下榜样。

读书人家务必抓紧对子弟进行教育，不要使他们失去读书的趣味。

孟子认为懒惰是不肖的一种表现，做子孙的只知道游玩，而不知道学习，是应该觉得非常惭愧的。

教子之方

北宋时期的颜之推认为：聪明的人不教育也会成才，愚笨的人即便是受到了教育也没有什么作用。唯有智力中等的人，不经过教育就不能获得知识。古时候，圣王有胎教的方法：王后怀孕三个月，就到另外的宫室里居住，眼睛不看不正当的事物，耳朵不乱听不合礼乐的声音。不论声音和饮食，都要用礼来进行调节。把这种胎教之法写在书上，藏在金属制的柜子里，作为警戒。孩子生下来后，等他知道啼笑，负责教育的官员就用孝、仁、礼、义来指导他学习。平民百姓即使不能这样，也应抚育婴孩，当他能辨别人的容貌，知道人的表情，就要加以教育。允许他做的事情才让他去做，不允许他做事情就不要让他去做。等他稍微长大了些就尽量不打骂。如父母威严而有爱，那么子女就敬畏而生孝了。有的父母，对子女不加教育，一味溺爱，还不以为然。不论饮食言行，都放纵包庇他。应当告诫他的时候却反而奖励他；应当批评他的时候反而赞扬他。到他懂事的时候，还用这种办法，等子女养成傲慢的习惯之后，才来制止他，即使用棍子、鞭子把他打个半死也没有威力。你的火气越大，他的怨气益增，等到长大成人，必然道德败坏。孔子说："自幼形成的习惯，就像天性一样；长时间养成不易改变的生活方式，也会习久成性。"俗话说："教育子女。要从小时候做起。"这句话就说得非常有道理。

刘表像，图出自《图像三国志》。刘表教子无方，以致两个儿子庸碌无能，无法守住他创下的基业。

不善于教育子女的人，并非想故

意使他去作恶，只是不肯打骂，骂了怕伤子女的面子，打了又怕伤子女的皮肉。就比如说疾病吧，哪有不用汤药、针灸就能治好病的道理。那些严格教育子女而不肯放松的人，谁愿意苛刻虐待自己的亲生骨肉？这些都是不得已的。

齐武成帝的儿子琅琊王高俨，是太子高纬的同胞弟弟，胡皇后所生。他自幼聪明，武成帝和胡皇后都很爱他，衣服、饮食都与太子相同。武成帝经常当着他的面说："这是个聪明的娃娃，将来必定会有成就。"到太子高纬登基的时候，他出入别的宫殿，享受礼仪等级的待遇与诸王不一样。胡皇后还嫌不够，经常提起这件事。十岁左右，就骄横放纵，没有礼节。不论用具、服装、赏玩嗜好的物品，都要与皇帝的相类似，他经常到南殿朝见天子，见管理皇帝伙食的典御进新冰，钩盾令献李子给后主，他想要一份，但得不到，就破口大骂道："皇上已有，怎么我就没有。"不知本分界限，大概都像这样。有见识的人多把他比作春秋时的共叔段和州吁。后因他对宰相不满，就假传皇帝的命令将他杀死，又怕有救兵来，就率领着部下的军士，防守殿门。他没有反心，受了一场劳累，因此而亡。

父母对子女，很少能一律平等对待的，从古到今，这种弊病太多了。其实德行好、才智过人的自然值得喜爱，即使钝拙愚笨的也应当怜悯。你所偏爱的人，虽主观上最想厚待他，其实是害了他。共叔段之死，其实是他母亲造成的；赵王如意的被害，是他父亲造成的。刘表宗族的覆灭，袁绍兵败，失掉地盘，都应以此为戒。

齐朝一个有地位有声望的读书人曾经说："我有一个儿子，年纪已十七岁了，读过一些书，并教他学鲜卑语和弹琵琶，想在他稍为通晓这些知识后，就送他去服侍大官，肯定会受到宠爱，这也是很重要的一件事情。"这个人教育儿子，假若他靠这种职业，将来当上卿相，是不为人倡导的。

望子成龙，但要因材施教

清朝时期林则徐解悟《菜根谭》时认为：必须要遵守的五件事：一是要勤奋读书，尊敬老师；二是要孝顺母亲，很好地侍奉于她；三是兄弟间要友爱；四是对亲戚要和睦；五是要爱惜时间。农民是四民之首，是世界第一高贵之人。我在江东的时候，就嘱你母亲购买北郭的空地，建筑别馆，并买周围种植粮食的田地四十亩，自己雇工耕种，就是为了你和拱儿作将来务农的准备。你如今已是个秀才，从此丢掉诗文，经常住在别馆里，跟随农民学习耕种，天亮起床，终日勤劳而不知疲倦，那就是擅长于种庄稼的好子弟。至于拱儿，年纪仅十三岁，还没有功名，也不到学种庄稼的年纪，应该督促他勤勤恳恳地用功读书。姚师是侯官地区的名师，在他门下的弟子，中举人、进士的，很难屈指数清，他所改的拱儿的作业，能将不通的语句，改动几个字，就成为警句。这样的高手，不要说在侯官的文人中，都推他为名师，只怕在全中国也很难找到第二个。拱儿既然得到这样的名师，如不发奋苦读，就太不长进了。前个月寄来的五篇作业，文理还通，只是文字太枯涩了，这是因为书读得不多造成的。你应该督促他爱惜时间，除朗读作文外，剩余的时间必须看看历史书。你每看一种，须从头至尾仔细看完，然后再换另一种。最忌讳乱看，过目就忘，不能应用。看时要准备好笔记本，遇有心得体会，随手摘录出来，如果有不易理解或有疑问的地方，也要摘录出来，请姚师讲解，这样就会学到得更多。

父子兄弟也要讲究相处艺术

南宋时期的袁采认为:在人与人的相处之中,最亲的莫过于父子和兄弟。然而,父子与兄弟也有相处不融洽、不和睦的,或者因为父亲对孩子求全责备,要求太过苛刻,或者因为相互争夺家产财物。有的父子之间、兄弟之间并没有求全责备、争夺财产,却很不和睦,周围的人看见他们不和,有的便从这种不和中分辨是非,最后还是不能说服他们。大概人的性情,有的宽容缓和,有的偏颇急躁,有的刚戾粗暴,有的柔弱儒雅,有的严肃庄重,有的轻靡浮薄,有的克制检点,有的放肆纵情,有的喜欢娴雅恬静,有的喜欢纷纷扰扰,有的人识见短浅,有的人识见广博,因人而异,各不相同。

父亲如果一定要强迫自己的子女顺从于自己的脾性,而子女的脾性未必是那个样子,兄长如果一定要强迫自己的弟弟合于自己的性格,而弟弟的性格也未必如此。他们的性格不可能做到相合,那么他们的言语与行动也不可能相合。这就是父与子,兄与弟不和睦的最根本的原因。如果都遇到一件事情的时候,一方认为是正确的;一方认为是错误的,一方认为应当先做;一方认为应当后做,一方以为应该急;一方以为应该缓,观点不同竟然是这个样子。如果彼此都想要对方和自己的性格、脾气、观点相同,必然会导致争吵与论辩,争吵、论辩不分胜负,以至于三番五次,甚至于十次八次,那么不和就会由此产生,有的竟到了终其一生失去和睦的地步。如果大家都能领悟到这个道理,做父亲和兄长的对子女和弟弟通情达理,并且不苛责子女与弟弟与自己相同;做子女和弟弟的,恭敬地追随着父兄,却并不期望父兄只听取自己的意见,那么在处理事情的时候,必定相互和谐,自然不会争吵论辩。

孔子说:"对待父母,屡次婉言劝谏,看到自己的意见不被采纳,还必须恭恭敬敬,不违背父母,仍然在做事的时候无怨无悔。"这就是圣人教给人们和家的最重要的方法,这是值得我们思考的。

在社会生活中,父与子之间,有的彼此不思虑自己的职责却责备对方,从而导致父子不和。如果父与子各人都能反思一下自己,那么就会相安无事。做父亲的应该这样说:"我现在做孩子的父亲,曾经也是别人的子女。大凡我原来奉侍父母的原则是每事求尽善尽美,那么做子女的就会有所见闻,不等做父亲的去教导他们。他们就会明白怎样去对待父母了。倘若我过去侍奉父母未能尽善尽美,却去责备孩子不能做到这些,难道不是有愧于自己的良心吗?"做儿子的应该这样说:"我今天作为别人的儿子,日后肯定会成为他人的父亲。今日我的父亲这样尽心尽力地抚养培育我,并且为我付出许多心血,可以称得上是厚爱了。日后我对待自己的子女,只有做到与我父亲待我的程度一样,才可以无愧于自己的良心。如果做不到这些,不仅仅有负于子女,更无颜面去见父亲。"

世上的人善于做儿子的,也很善于当别人的父亲,不能够孝顺其父母双亲的,也常常想虐待其子女。这其中的道理就是,贤达的人能够自己反省自己,那么就会做事稳当少出差错。不贤达的人不能够反省自己,做儿子多怨恨,做父亲多暴戾。过于慈祥的父亲容易造就败家子,儿子的孝顺有时却并不被父亲所觉察。大概依平常人之性情来说,碰到强大的事物就会回避,遇到较弱的事物就会大肆放纵。父亲严肃,儿子知道自己该畏惧什么,那么就不敢胡作非为;父亲宽缓,儿子对一切事物都持轻视态度,因而放纵自己的行为。对于儿子的不肖,父亲多宽容;对于儿子的谨慎诚实,为父的有时责备不已。只有贤达充满智慧的人才不会这样。

兄长疼爱弟弟,弟弟却不敬重兄长,弟弟尊敬兄长,兄长却并不爱惜弟弟;丈夫正派,妻子却不和顺,妻子和顺而丈夫不正派的,也是由于一方强大了,另一方就很弱小;一方弱小,另一方就会强大,这是由逐渐积累而形成的。做父亲的,如果能将他人的不肖子与自己的儿子作比较;做儿子的,如果能将他人不贤达的父亲与自己的父亲相比,那么父亲就会慈祥和顺,儿子就会愈加孝顺;儿子孝顺,父亲就会更加慈爱,这样就避免了偏颇的隐患。至于兄弟、夫妇之间,如果也各自都能以他人的缺点与自己亲人的优点去比较,就不会怕自己的亲人对自己不友爱、不恭敬、不正派、不和顺。

从古到今的人伦关系,贤达和不肖相杂。有的父子不能够都做到贤达,有的兄弟不能够都做到美好,有的丈夫随便放荡,有的妻子悍厉粗暴,很少有谁家能免此患。即使圣贤之人也无可奈何。正如身上生有创伤和脓疽疮痛,虽然甚为可恶,却不能够除去,只应该以宽怀之心来对待。如果能知道这样一个道理,那么对待此事就会非常坦然。古人所说的父子、兄弟、夫妇之间难以言说的就是这些。

兄弟不和睦导致家庭破坏的原因,有的是因为父母对孩子们的偏爱造成的。衣服饮食,言语行动必然表现出对于所偏爱的人极为丰厚、和颜悦色,而对于所憎恶的人极为寡薄冷淡。被厚爱的孩子日益变得意气骄横,被憎恶的孩子心中日益不能平衡,积累久长之后,逐渐结成深仇。所谓的爱,正是害了他们,倘若父母把自己的爱平均地分给每一个孩子,兄弟可以自相和睦,这种两全齐美的做法,就非常得好。

儿子对于父亲,弟弟对于兄长,就好比军队里的小兵对于将帅,官府中的小吏对于官长,奴仆婢女对于雇主一样,不可以相互对待如朋友,每件事都想争论出是非对错。如果父亲、兄长的言论行动失误明显得几乎不可掩饰,儿子、弟弟仅仅止于和颜悦色地多次规劝。如果父兄把歪曲之理加在子弟身上,子弟也应该顺从地承受,却不能当面争辩。同时,做父兄的也要反省自己。

亲生骨肉之间的不和睦,往往都是因为一些细小琐碎的事,却最终导致了终身失和。终身失和的原因恐怕是失和之后,彼此各怀气愤,谁也不肯先提出和解,谁也不肯认输。人与人朝夕相处在一起,不可能没有相互失礼之处,倘若其中的一人能够先主动讲和,与对方平心静气地把话说开,那么彼此的关系就会自然地和好如初,得到更好的恢复。

兴旺发达处于鼎盛时期的家庭,长幼之间相处多和谐美满,所希望得到的都能满足,自然就没有值得争论的东西。破败落拓之家,妻子儿女未曾有过失误,但是一家之长每每多责骂之声,连衣服食物都不能供给,遇事处理不妥,积累的怨愤无处发泄,只能在妻子儿女面前倾泻。妻子儿女如果能理解家长的这种不快与尴尬处境,最好的方法是顺从他,从而使他重新树立起自信心。

人们所说的家庭能经常和睦的原因,在于能够忍耐,然而徒知忍耐而不明白如何去忍耐,其中的失误会更多。大概忍耐中有的具有隐藏蓄积的意思在内。别人冒犯了我,我埋藏隐蔽而不显露,这种做法仅适用于一两次罢了。积蓄得越多,发泄之时,越像洪流决口,不可穷尽。不如将愤意随时发泄,随时调解,不应该记恨在心。并且自己安慰自己,不妨对自己说:他这样做是没有经过深思熟虑的;他这样做是愚昧无知的表现;他这样做是失误所导致的;他这样做是目光短浅、见识短小造成的;他这样做对我来说能有多大的利害关系呢？不使这种干扰进入我的心中，即使每天冒犯我数十次之多，也不至于在言语表情上表现出任何的愤怒之色，这样才能看出忍耐的功效是多么巨大啊，这样的人才是善于忍耐的人。

养子谨交游

在封建社会中，官宦人家的未出嫁女子，一般就生活在自己的闺房中，男女授受不亲，与外界隔绝。即使是出嫁后，也是男治外女治内，男女有别。女性被囚禁在家庭这一狭小天地中，极大地限制了其生活的空间。

洪应明在这方面的认识，当然也不可能超越时代所提供的视野。

即使如此，他在培养子弟时，须“谨交游”，防止他们的思想、情感和行为受到不良污染的认识，如今重温，感觉真好，有的地方还有很好的借鉴意义。

在中国历史上无数关于家教的故事与逸事中，“孟母三迁”就是这方面的典范。

故事所讲的是，孟轲三岁死了父亲之后，母亲仉氏就担负起了教养他的任务。

他们母子原先住在一所公墓附近，年幼的孟轲好奇心强，经常见到送葬队伍中有哭哭啼啼的死者家属和吹吹打打的吹鼓手，他也就一会儿学哭啼，一会儿又再学吹打，还模仿将泥沙堆成假坟堆，以此为乐。

孟母三迁择里图。讲述孟母在孟子三岁时，为使孟子受到好的环境熏陶，三迁择邻之事。

孟母认为小孩生活在这种环境里，沉湎在这种游戏中，对他的身心发展会造成不良的影响，很快就将家搬进了城镇里。

在城镇里，孟轲目睹了那种王婆卖瓜式的商人，在集市里自吹自夸地卖东西赚钱，他也学着模仿。在他回家读书时，西邻的打铁声、东邻杀猪时的号叫声，又极大地分散了他的注意力。

孟母觉得这样的环境也不利于孟轲专心向学。所以，她再次搬家，搬到了学堂附近。

这样，孟轲就能经常看到老师以书诗礼仪来教导学生，耳濡目染，他也就与新结识的小伙伴们在游戏中，引入了学习礼节和读书的内容。

在这种良好的生活环境里，他们母子两人也就安心地住了下来。正因为有慈母的严教勤督，孟轲自此后，专心向学，日后终于成为一个知书达理者，成了孔子之后的儒家学派最负盛名的思想家、政治家和教育家，后世将他与孔子并列，尊称为“亚圣”。

人在幼儿少年和青年时期，具有很大的可塑性。他们是通过模仿而迈出人生的第一步的，此时，他们具有很强的好奇心，易于接受别人或明或隐，或有意或无意的暗示，因此，周围的人和环境，对他们都可能产生出程度不等的，或正面或负面的影响，“近朱者赤，近墨者黑”就是这个意思。

养子不教，乃父母之过，这种过失有时还是不可弥补的。所以，父母要教育好子女，就要从严要求，宁严毋宽，古人对此有语：“子弟童稚之年，父母师父严者，异日多贤；宽者，多至不肖。”所以，父母对于子女所生活的环境，对于子女常接触的人，对于子女所交的朋友，要充分关注，予以正确的引导，防止产生疏忽，以免子女受到不良的影响。

父母作为孩子人生的第一老师，就更应事事处处以身作则，不论是在对待家庭事务或是社会公务上，父母都应该注意到自己的一言一行对孩子所可能产生的潜移默化的影响。倘若父母仅是撇孩子到一边去做作业，自己却吆三喝四地打麻将；或是仅在口头上要求孩子奋发上进，自己却在家中聚众赌博；或是仅要求孩子要文明礼貌，自己平日却少不了粗言恶语，等等，如此上梁不正，那么，对孩子的教育就难以获得积极的效果。所以，父母在教育子女时，应先正己，在子女前起到表率的作用，这也是应有的题中之意。

应该注意的是我们所认可的“严出入，谨交游”，并不是历史上的那种中门不迈、大门不出的被动规限，而且这也正是我们不提倡的。

持家以早起为本

清朝时期的曾国藩解悟《菜根谭》时认为：如果一个家族有兄弟子侄。应当敬守八个字：“考、宝、早、扫、书、蔬、鱼、猪。”又当谨记祖父的三不信：“不信地仙，不信医药，不信僧王。”我日记中也讲到“八本”：“读书以训话为本，作诗文以声调为本，侍奉长辈以让其欢心为本，养生以戒怒为本，立身以诚信为本，持家以早起为本，做官以廉正为本，行军以不扰民为本。”这八本都是我在生活中的亲身体会，弟应当教育众子侄谨记笃行。不管治世乱世，家贫家富，只要能遵守祖父的八字和我的八本之说，就可以成为受人尊重的上等家族。

士大夫之家有的很快衰败，往往还不如乡里耕读人家家运持久。造成衰败的原因，大约不出以下四个方面：没有礼仪之家衰败；兄弟相互欺诈之家衰败；妇女淫荡秽乱之家衰败；子弟骄傲轻侮别人之家衰败。个人衰败的原因也有四方面：骄傲自满、轻侮别人的人衰败；昏暗懒惰、偏信下人的人衰败；贪婪而且苛刻的人衰败；反复无信的人衰败。

天下凡是官宦家族，往往至多一代人便享用殆尽，其子孙后代便开始骄逸懒散，继而放荡不羁，最终走向堕落，最多延续两代。巨商富贵的家族，勤俭的能延续三四代；农耕读书的家族，谨慎朴实的能延续五六代；孝敬长辈、与人友善的家族，则能延续十代八代。我今生依赖祖宗积德，顺利得志，唯恐我一人享用殆尽，因此教育各位弟弟和儿辈，共同立志发奋成为耕读、孝悌、与人友善的家族，而不要成为仕宦家族。各位弟弟应用功多读书，切不可时刻为了达到科名仕宦的目的胡思乱想。如果不能识透这层道理，即使在科举考试中名列前茅，取得显赫的仕宦官位，也终究算不上先辈的贤德孝顺的后代，算不上我家的功臣。若能识透这层道理，那我就异常地钦佩。澄弟常以我升官得志，便说我是孝子贤孙，殊不知这并非贤德孝顺。如果以升官得志为贤德孝顺，那么李林甫、卢怀慎之流，何尝不是一人之下、万人之上，显赫一时的人物，岂不可以说得上是孝子贤孙了吗？我深知自己学浅才疏，误得高位，于是事事留心，现在我虽在仕途宦海之中，却打算弃官上岸，假如到了弃官回家的时候，我本身可以不追求任何名利，妻子可以在家劳动，可以对得起祖父兄弟，对得起家族乡党，仅此足矣。

慈母养逆子，严宅出孝奴

春秋时期的墨子认为：石头地再大也称不上富饶；木偶和陶俑就算再多也称不上是强大。石头地不是不大；陶俑数量不是不多，是因为石头地不能出产粮食，木人不能用来抗击敌人。而今商人和手工业者不耕田却有饭吃，这样，有土地却得不到开垦，就和石头一样了。文人和侠客没有战功却能得到显贵的地位和荣誉，那么百姓就不会听从使唤，这就与木偶没有什么区别了。只知道把石头地和陶俑看做祸害却不知道文人和侠客就像不能开垦的土地和不听使唤的木偶一样是祸害，那是不知道事物之间类似的道理。

所以国力相当的君主虽然高兴我们有义气，我们却无法让他们进贡使他们称臣；关内侯虽然反对我们的行为，我们一定可以使他们拿着礼物来朝拜，所以力量大就有人来朝拜。力量小要向别人朝拜。英明的君主最懂得积聚力量。严厉的家里没有凶悍的婢仆、而仁慈的母亲却有败家的子女。我因此知道威严的权势可以阻止暴行，而厚道的德行却不能制止祸乱。

英明的君主治国，不依赖别人为自己做好事，而是要别人不可以做坏事。依靠别人为自己做好事，国境内找不到十个这样的人；让人们不去做坏事，就可以使一国的人整齐一致。治理国家的人要不致力于德治而致力于法治。只用自然长直的木头做箭杆，一百世也不会有箭；依靠自然长得圆的木头做轮子，一千世也不会有车轮。自然长得直的木头，自然长得圆的木头，一百世也难找到一棵，可是为什么世上的人都可以有车乘、可以有箭射鸟呢？那是因为使用了隐栝这种工具。即使有不依靠隐栝的矫正就自然变得直的箭竹、自然圆的木头，技术好的木匠也不重视它。为什么呢？乘车的不是一个人，射箭也不是一支箭。不依靠奖赏的鼓励、刑罚的管制而自身行为善，英明的君主不会重视他。为什么呢？国家的法律不可以丢弃，而所统治的也不止一个人。所以有策略的君主，不追随偶然做出的善行，而要推行多数一定做得到的措施。

现在有人对别人说："我能使你变聪明而且长寿。"在世人听来一定是谎言。智慧是天生的，长寿是命里注定的。天生的和命里注定的是向别人学不到的。用人做不到的来取悦别人，这就是世人把它称作谎言的原因。对人说好听却不能实现的话那是奉承别人，奉承也是一种欺骗。用仁义教导别人，就好像使你智慧和长寿的说法一样，实行法制的君主是不会接受的。所以称赞毛啬、西施的美貌，我们也不可能变美；而使用胭脂粉黛，就会比原来更美。谈论先王的仁义，对治国没有好处；明确自己的法律制度，坚决实行赏罚制度，这就是国家的胭脂粉黛，所以英明的君主急切需要有助治国的法律制度，而延缓颂扬先王的仁义，因此不讲儒家学派的仁义。

有亲不一定有情

南宋时期的袁采认为：父亲的兄弟被称为伯父、叔父；父亲兄弟的妻子被称作伯母、叔母、叔父、叔母死后，侄儿为他们服丧略低于父母一等，说明伯父（叔父）、伯母（叔父，对侄儿的抚养教育也基本接近于父母。把兄弟的孩子称作犹子，也是因为他们侍奉孝顺伯父、伯母像儿子一样，接受儿子的孝道。所以从小失去父母，若有伯父、叔父，伯母、叔母，那么就不至于无人抚养；老了之后没有子孙的，倘若有侄子在，那么也不至于无人赡养。这是当初贤圣之王制定礼法的本意。但是，现在有的人就不一样，只爱惜自己的孩子，而不顾惜兄弟的孩子。有的甚至因为他没了父母，就想兼并夺取他的财物，千方百计扰乱迫害侄儿，又有什么理由要求侄儿对他尽孝呢？也难怪有些侄子把伯父、伯母、叔父、叔母看做仇人。

兄弟子侄生活在一起，产生不和睦的原因，本来就不是因为有什么大的争论和意见分歧。大概是由于其中的一两个人私心太重，缺乏公允，总是把私利放在首位，即便是蝇头小利，也一定要自己单独摄取，或者有时大家一起分配，他自己一定要比别人多拿一点儿才心理平衡。这样一来，其他的人心中自然愤愤不平，于是会引起争端，甚至于倾家荡产。这就是贪小便宜的结局。假如人们都知道这个道理，各能持有一颗公允之心，该私人出钱的就从私人那里支取，该公家出钱的就从大家的财物中支取。每个人都相互公平分配，就不会有争论。

兄弟子侄生活在一起，年长的依靠他们年长的优势欺凌年少之人。独自专横地使用大家的财物，自求温暖饱足，不顾虑他人，因而长期养成自私的习性。家中账目的收入和支出不让年少之人有清楚地了解，年少的到了饥寒的地步，必然引发争端。有时，年长之人处理家庭事务极为公正，年少之人却不去顺从，暗中干一些鸡鸣狗盗的坏事，这样一来，家庭很自然就不可能和睦了。如果年长之人能够在总体上把握家庭的大方向，年少之人分担着干一些细小烦琐的家务，年长之人一定要为年少之人打算，年少之人一定得遵从长者的分配，各人都能尽量持有一份公允之心，自然而然就没有了争论和意见分歧。

兄弟子侄贫富厚薄的实际状况各有不同，富裕的人不仅怀有一颗自己顾自己的“独善”之心，且非常骄横傲慢，贫穷的人不想着自己勉励自己，从而自力更生，还喜欢妒忌，这样不和睦就会产生。如果富人不时地给穷亲戚分一点儿多余的东西，且不求回报。贫穷的人懂得贫富乃命中注定，也不期望别人一定会给他分一些财物，那么就不会有争执了。

家和万事兴

明朝时期的吕坤认为：作为晚辈长辈如有议论，要恭敬听从，不要与之争论，若有询问，要慢慢地回答，不要仓促地说尽。

表面上夸奖他做得好来讨他的欢心，内心却想让他不断变坏来使自己快意，这是结交朋友之道的大害。青天白日之下，有如此鬼怪的习惯，真是可悲啊！

古人说君门远隔万里，这是说情感上的距离。不只是君门如此父子不同心，同处一屋也会远隔万里；兄弟间离情，同在一户也远隔万里；夫妻反目，同在一榻也远隔万里。如果情相连志相通，即使相隔万里也好比同门、共室、并肩、如卧一榻。诸如此类，有的人出生在同一时代而互不相知，有的人相隔千百世而心神相通，就是这样的道理。可见离合是指两心是否相通，而不专指亲身相遇。只要亲身相遇又两心相通，这就是世间的至交相逢，君臣中的尧和舜，父子中的周文王与周公，师徒中的孔子与颜渊，就是至遇中的典型例子。

"隔"是人们交流感情的最大隐患。所以君臣、父子、夫妇、朋友、上下级之间的交往，一定不要有隔，反之只会出现怨愤背叛。

仁义恩爱的家庭里，父子间相处愉快，夫妻间和睦恩爱，兄弟友爱，僮仆间欢欣快乐，全家的气氛融洽和睦。重义的家庭里，父子间严谨庄重，夫妻间恭敬严肃，兄弟间恭敬慎重，僮仆间小心谨慎，全家的气氛恐惧慎重。仁者以恩惠取胜，处事该平和的就平和；义者以严肃取胜，处事冷漠而少恩惠。因此，圣人处理家事，以仁为主，以义为辅，使人之常情融洽和谐，却又不曾违背礼义。让它井然有序，严加防备的，则是男女之分，即使是圣人，在家人中间也不敢忘记这一点。

父在居母丧，母在居父丧，要以顺应生者的意愿为重。因此，孝子不因为死去的人而使在生的人而忧愁，不因为小节而伤大体，不因固守常理而废权变，不因贪图声名而损害内实，不为保全自我而伤害亲友。对孝子来说，最宝贵的孝心就是按亲人的心意去做。

世上不可以一日没有君王，因此伯夷、叔齐批评商汤、周武王是为了阐明为臣的道理。明臣之道是天下的大防，不然就会有乱臣贼子，君王就难以持政。天下不可以一日无民，因此孔子、孟子以为商汤、周武王的做法是正确的，这是为了阐明做君王的道理。君王之道如果不明就会出现暴君乱主，老百姓日子会更艰难。

清·孝经图之五

加官晋禄受人恩宠,圣人并不认为这是什么引以为荣的事,圣人也并不以为这会影响自己的地位。朝廷重视它是以此来鼓励我,然而我轻视它是为了表现自己的清高。这和君王的意思是相违背的,这样做只能削弱君王而鼓舞天下的权势。因此,圣人虽然没有以得到爵禄恩宠为荣,而君王却要以给予他爵禄恩宠来使他们荣誉满身,以此来表现帝王的权威,来显示天下君王权力的重要,这就是为臣之道了。

为人之子和气欢愉婉顺的容色要发自内心深处,只有接受长时间的教养才表现得出来,虽然父母脸色冰冷如铁,或如雷霆震怒,仍保持满腔的温和,一脸的春风,父母自然会回心转意,自然不会无故发怒。那么谗言又如何能听得进?隔阂又如何能产生?其次,不如恭敬小心到了极点,因此像舜王的父亲瞽瞍那样不辨善恶的人也顺从称是。温顺和善让人觉得可爱,可以消除融化父母的怒气;敬慎待人让人感觉到可怜,能激发出父母的怜悯。所以说积累诚意就能使人感动,就是养和致敬的意思。因此感化亲人的功夫,只有和气最巧妙、最深刻、最迅速,要达到这点也最难,只有具备纯真性格和真正孝心的人才能做到敬慎。如今为人子的,用冷漠浅薄的脸色、懒惰散漫的身手、傲慢不驯的性格来对待父母,待到引得父母动怒,不仅不采取措施挽回,反而以狂放自傲的姿态加剧父母的愤怒,这样的人就放在孝悌之外而不必多加评论了。即使有往常平和温顺的孩子,碰上父母不高兴也表现出不高兴的神态,或者产生疑虑而迁怒别人,或不想迁怒别人而又不避嫌疑,或者不会避嫌而使嫌疑越大,渐渐地积怨成仇,导致与家人不和。这并非因父母不慈爱而造成。失去势力的臣子和失去宠爱的孩子应以此为戒。这是加强修养仁义之心应当遵循的妙道。

孝子服侍父母,最好是能揣测父母的心愿,其次是能继承父母的志愿,再者是能恭敬地听从父母之命。只会恭听,那么父母没有言明的志愿就无法继承;只继承父母的志向,那么父母没有明确表达的意愿就无法预见。如果能揣度到父母的心愿,那将是最让父母高兴的方法。服侍父母,就是为了让父母感到欢喜,只要是为了让父母欢喜,勤奋努力追求的并非其他事情,只是想了解父母的心愿。

宠爱不是爱

北齐时期的颜之推认为:有些父母,对子女不加教育而一味溺爱,常常不以为然。不论饮食言行,放纵他们的欲望,该告诫的不告诫该斥责的不斥责。等到孩子长到知事识理的年龄时,以为应该这样。直到骄横傲慢已经成了习惯,再来制止,也就很难了。愤怒渐渐增长而怨恨也会随之增加,待到长大成人,终究还是道德败坏。三岁看大七岁看老;长期形成的习惯,好像本来就应如此。

父子之间要严肃,不可过于亲昵;疼爱骨肉,不可过于简慢。过于亲昵就会产生怠慢而得不到尊重;简慢就不能做到父慈子孝。儿子为父母搔痒抑痛,收拾床铺,就是使其不至于怠慢的教育方法。有人问道:“陈亢听到君子疏远他的子女时感到高兴,怎么解释呢?”回答说:“是的,这是因为君子不亲自教其子。”《诗经》里有讽刺的词句,《礼记》中有避嫌的告诫,《尚书》中记有荒谬违礼之事,《春秋》中有对不正当行为的讥讽。

世人对子女的爱,也很少能做到平均。古往今来,这方面的弊病太多了。子女贤德聪明的固然应该赏识爱护,就是钝拙愚笨也应当怜惜。偏爱娇宠子女的人,主观上是想厚爱他，其实是害了他。比如共叔段之死，实际上就是他母亲造成的；赵王如意的被害，实际上也是他父亲造成的。

少年当抑其躁心，老成当振其惰气

青春期的人，是成长的大好时机，血气方刚，情绪易冲动、易变，在为人处世方面，时有不周全之处，所以，他们虽有精神振奋、行为迅速敏达的一方面，也有因奋迅而可能转化成轻率鲁莽的一面。

因此，洪应明对青少年，有一语重心长的劝诫：学会抑制自己的浮躁之心、暴躁之情和急躁之气，并具体指出潜心学问乃是一种极好的抑躁法。

春秋战国时的张良出生于韩国的相国之家，年轻时，亲眼目睹了秦国灭韩国的一幕，受到了极大的刺激。他因此变卖家产，决心报家国之仇，而当他把复仇的矛头对准秦始皇，并铤而走险地采取了埋伏谋刺的这种简单而又受偶然性支配的复仇之法时，已不难看到他的急躁与不够成熟的一面。

当这种孤注一掷的行刺失败后，他躲藏到了下邳（位于江苏）。一天，当他走到一座桥上时，见到一个高龄老人有意无意地将一只脚上的鞋掉到了桥下，却吆三喝四地要张良到桥下将鞋捡起来。

西汉开国功臣张良，图出自清·顾沅辑《古圣贤像传略》。

当张良出于敬老之念，强忍怒火地将鞋子捡上来时，那老人却不谢不接，而要张良跪着给他穿上鞋，然后就大摇大摆地走远。

张良心中一动，猛觉他的不凡，立即随后跟上，要拜他为师。那老人也不多言，只约他在五天后的清晨，依然到此桥上会面。

第五天凌晨，当张良匆匆赶到桥上时，老人却已经先到了。老人因此而严厉地训斥了张良，因为按道理，应该是年轻的张良等着老人。老人因此约他五天后再会面。

到了那天的鸡鸣时分，张良就往桥上赶，却依然是迟了一步，老人已经先到了。

老人第三次约他五天后再来。这次，张良更不敢怠慢了，在半夜时分就来到了桥上，静静地等待着老人的到来。不久，老人到了，他称赞了张良一句，就拿出写在竹简上的《太公兵法》赠送给了张良，然后，也不留姓名，就飘然远去。

此后，张良勤奋钻研《太公兵法》，书中那种以柔制刚、弱能胜强的观点，对他产生了转折性的影响，再加上原有或逐渐培植起的敬老尊老、守时守信等观念，他原有的那些浮心躁思得到了抑制，思想情感趋于成熟，而这正是他日后能成功地成为刘邦的主要谋士所必需的心理与思想素质。所以，在日后楚汉双方空前激烈的你死我活的大相争中，他提出与筹划的一项项对策与谋略，分寸恰当，时机准确，不仅在理论上是无懈可击的，而且已经被历史雄辩地证明是英明正确的。

想想，隐名埋姓地躲藏在下邳的张良，在偶遇黄石老人及其后两人的约会时，如果不能抑制自己的心头火与躁心，耐得住黄石老人的种种刁难与考验，那么，历史上就不可能出现运筹帷幄、决胜于千里之外的张良，而只会成为一个因失败而不为世人所知的无名刺客——因为连“张良”之名，也只是他的化名而已。当然，这只是一项假设。

而就在历史事实与历史假设的这种比较中，可以清楚地看到，一个人因某种行为的挫折或精神的苦闷而急躁，只会走入见识、情感和行为的死胡同，因为躁心容不得学识，也不可能萌生智慧，只会自己耽误自己，正如明朝吕得胜所言：“性躁气粗，一生不济。”(《小儿语》)一个人，唯有克服了急躁的情绪，戒绝鲁莽的言行，才可能真正平实地参与社会现实生活。

在这方面，学问知识，是足以开启人的心智、陶冶人的性情、打消躁气的一把钥匙。《太公兵法》之于张良，就是一项显例。

老成者，是指那些具有较多的社会阅历而练达世事者。虽说世间也偶有少年老成者，但建立在阅历基础上的见识决定了老成者多为中老年人。老成者的为人处世，大多稳健持重，只是当这种特点被过分强化时，某些老成者就可能在对某些事情的处理上，偏向于消极保守、畏缩不前，显得老气横秋，以至丧失机会，留下遗憾。

《三国志通俗演义》版画之死诸葛吓走生仲达图。

因此，洪应明对于老成者，有一项积极通达的劝告：应当振奋精神，去除惰性惰气。

三国时期，司马懿也算得上是一个英才，他老成持重，用兵十分谨慎，以至被诸葛亮利用，数次错失了用兵的良机，后悔莫及，在历代妇孺皆知的“空城计”中，就是如此。

那时，因马谡失守街亭，司马懿得以亲率二十万魏军进攻诸葛亮坐镇的西县。

当时的西县城中，仅有蜀军五千和一班文官，远不足以抗衡强大而又斗志高昂的魏军。危急关头，诸葛亮果敢地命令全军隐蔽，偃旗息鼓，大开四个城门，在每一个城门口仅派几个老弱残兵洒扫街道。

司马懿闻报后，亲临城下观看，见状大惊，认为诸葛亮必在城里城外埋伏了重兵，当即命令全军火速退兵。诸葛亮率领的少数蜀军，因此得以躲过了灭顶之灾。

无独有偶，当诸葛亮率军第六次伐魏时，为了引诱司马懿出战，他派使者屡下战书，甚至送上一套妇女的衣装来羞辱司马懿，而司马懿就是坚持屯兵坚守、不出击。

原来，司马懿从种种迹象判断诸葛亮将不久于人世，所以，他计划趁蜀军撤退时才出兵追杀。

不久，果然就见蜀军拔营而去，司马懿大喜，率领大军追赶，即将追上之际，猛听一阵鼓响，只见蜀军的后队变为前队，直向魏军冲来。

这种情景，使司马懿对自己的判断产生了怀疑，怀疑诸葛亮是否真的死了？怀疑蜀军的退却是否只是一诱敌之计？稍一犹豫，魏军的官兵已经开始逃跑，兵败如山倒，拦也拦不住，以致自我践踏，死伤数千人，蜀军也因此得以安然撤退。

诸葛亮这次是否真的布下了诱敌之计呢？

不是的，蜀军的确是因诸葛亮病死而撤退。只不过，蜀军的将领们严格按诸葛亮临死前订下的计策行事，实者虚之，利用司马懿多疑寡断的弱点，用诸葛亮的智慧与蜀军的威势吓退了魏军，成功避免了被动挨打的局面，这也就是当时老百姓称为“死诸葛吓走活司马”的一幕。

从司马懿的例子中，能看出惰性惰气所导致的失落，因为那是发生在战场上，机不可失，时不再来，容不得丝毫的含糊犹豫和退缩。

事实上，不只是在战场上，就是在和平的环境中，惰性惰气都会销蚀人的志气，妨碍你我他的进取，妨碍人们走向成功。

所以，对于老成，人们应取其思想情感成熟的一面，而不是应因老成而失朝气，不应因见识多、阅历广而顾虑多，以免庸人自扰、畏缩不前乃至错失良机，使自己的思想不受诸如“人到中年万事休”、“人过四十日过午”、“四十未娶，不宜再娶；四十未仕，不应再仕；四十未富，不必求富”等习惯说法及古训的左右。

其实，只要克服惰性，认真劳作，任何年龄者都可能取得成功。且不论齐白石在绘画上的“衰年变法”、毕加索在九十高龄时还从事绘画与雕刻等等艺坛逸事，就以涉及多学科的诺贝尔奖获得者言，据资料显示，在1987—1989年三届诺贝尔奖各科获奖者中，他们的平均年龄是：物理学奖60岁，化学奖55.7岁，医学奖61.6岁，经济学奖73.7岁，文学奖65.7岁。有关的研究也表明，除了诗人，其他行业的天才们，多是在中年以后才功成名就的。这充分表明中老年人依然拥有一个工作与创造的黄金时代，问题在于自我抓紧，以免失之交臂。

真的，生命极为短促，我们必须珍惜自己的生命，切莫让惰性惰气来缩短这已经够短促的生命进程了。

老成者克服惰性的方法有多种，归结起来主要是：把握现时，从事有意义的工作。

具体落实下来，或可包括这几方面：

一是重新检视与重建自己的人生目标，剔除那华而不实、幻而不真的成分。

二是在立意已定之后，马上开始行动，避免出现明日复明日，万事成蹉跎的局面，而且在这方面，不妨尝试一些新的冒险，走新的路，在全新的天地与行为中寻到新的体验、新的发现和新的机遇，须知由此而致的求知欲、创造欲的勃兴，正是撞击惰性的直接结果。

三则是在人情练达之余，应力戒圆滑玲珑，以免磨去自己的棱角、认同于庸碌。

四则是注意身体保健，开展适量的体育运动，因为健心必须先健身，身体是精神的基础，是事业的本钱，适量的体育活动能够通过激发潜在体能来振奋人们的精神，从而大大有助于克服人们的惰性惰气。

五则如洪应明所说，在自己产生懒怠思想并欲荒废事业时，不妨利用积极的比较法（不同于诸如"人比人，气死人"之类的消极比较法），想想那些在事业上远远超出自己的那些人，力求向他们看齐，就会产生振奋的精神，从而落实到相应的行动中，等等。

从《菜根谭》所论及的少年当抑其躁心、老成当振其惰气的寥寥数语，做了以上的引申认识后，可以更明确地看到，那种视《菜根谭》之类的古籍为引导人们消极处世的书籍的看法，实属不全面的认识。因为洪应明同样有要求老成懈惰者振奋精神、积极进取的思想意识，尤其当这种意识与青少年应抑制自己骄躁心性的劝告，统一在一起时，他的认识就显得辩证全面了。

良药利身，良书利心，再看孙锵对《菜根谭》功效的肯定评价——"急功近名者服之，可当清凉散；委靡不振者服之，可当益智膏。"

由此可知，以老成者的智慧来抑制青少年的狂躁之心，以青少年的勃勃朝气来振奋老成者的惰气，是最明智的做法。

媒人之言不可信

南宋时期的袁采认为：古云："心思缜密的人讨厌媒人。"这是因为媒人大都言而无信，满嘴谎词。在女方家里说男方如何富裕；在男方家里说女方如何貌美，其实男方并不富裕，女方也不是天仙。随着时间的推移，媒人说大话、谎话更是平常事：在女方家里，媒人会说男方不要求嫁妆多么丰厚，相反，会出一些钱作为女方嫁女之资。在男方家里，媒人则说女方准备了多么丰富的嫁妆，并且虚编一个数字来欺骗男方。倘若轻信了媒人的话，让双方结婚，就会因被欺骗而恼怒在心，以至于夫妻反目成仇，因此而离婚。一般来说，婚嫁固然少不了媒人，可媒人的话决不可全信。鉴于此种情况，作为双方父母，一开始就要谨慎小心，察访清楚。

家中男孩要聘媳妇，女孩要订女婿，做父母的得考虑一下自家的子女条件，如果自家儿子愚笨平庸，却娶了一个美貌女子为妻，不但夫妻会不和，还有可能发生其他意料不到的事情。如果自家女儿又丑又笨还爱争风吃醋，却嫁了一个好女婿，万一夫妻不和，就很容易会被人家抛弃，大凡男女结婚后，因为不般配而导致双方不能和睦相处的，都是做父母的事先没有考虑周全的过错。

作为父母决不要从小就为孩子订下婚事。大抵女方订亲，是要找一位可以托付终身的男人；男方订亲，是要找一位可以相依相伴的女子。如果现在看着他们还相匹配，就为他们订下亲事，将来一定会后悔的。因为家族的富贵兴衰变化无常。孩子的贤良与否，也得等到长大后才能看出。如果早早议定了婚事，而两家情况依然稳定，孩子均好，当然很好。可是万一以前富裕而现在穷了，或者以前有权有势而现在没了，或者所议定的女婿游手好闲，或者议定的媳妇性格怪僻，不知检点。那么依照以前所定的婚姻行事，则不保要破家毁业，不依婚约则又负不守信义的恶名，并由此引发官司诉讼。对此，作为父母，应当警惕！

嫁女时置办嫁妆，应量力而行，不能打肿脸充胖子。可如果确实家道殷实，也不可把她视为外人而不分财产给她。现在这个社会原本就有儿子不能依靠却依靠女儿家的说法，甚至有死后埋葬祭祀都要由女儿操办的，怎么能说生女儿是泼出去的水呢？一般来说，女儿家的心肠最让人爱惜。如果娘家富而婆家穷，就想法从娘家得些财物接济婆家。如果婆家富而娘家穷，就想法从婆家得些财物接济娘家。作为父母亲和丈夫的，对此都应持怜惜的态度而宽容她，等到自己的儿女长大成婚后，如果儿子家里富而女儿家贫，就会想法从儿子家拿一些钱物接济女儿家。如果女儿家富而儿子家穷，又会想法从女儿家得些钱物接济儿子，作为儿女的，对此都应该宽容对待，但是，如果把贫家的财物往富家拿，就不对了。

不可轻听背后之言

南宋时期的袁采认为：一般来说，如若有子弟或者妇女喜欢搬弄是非的话，那么她们所叫的公爹、公婆、伯父、叔父、妯娌之属都是因嫁给丈夫的缘由而来，虽然竭力地显示其亲近在称呼之上，却并非天然的血亲，没有血缘关系。所以能够很轻易地割舍恩义，随随便便就结下仇怨。除非其丈夫有远见卓识，否则就会在不知不觉中被牵着鼻子走，玩弄于股掌之上，一家之中的变故也将要发生了。于是有些亲兄弟亲子侄隔屋而居，连墙为邻，却到老死不相往来；有些人没有子嗣却不肯过继其兄弟的儿子为后；又有自己有许多儿子而不愿给一个与他兄弟的；有不体恤他兄弟家境窘迫，在奉养双亲时坚持一切用度绝对平摊，否则宁愿舍弃父母恩义而不负赡养之责的；有不体恤他兄弟经济拮据，在归葬父母时一定要均摊费用，不然宁可停棺于厅而不让父母入土为安的。诸如此类不胜枚举。

不过也有这样的人，知道妇道之人不可能用言语道理说服他们，因而在外与兄弟们交往时，常私下里救济些财物，使兄弟度过急困，或私下里施送些东西，使他们得到帮助。兄弟间相互爱护不失和睦而相安无事，却又不让自己的妻子知道。这样一来，那位较困难的兄弟，虽然内心怨恨兄弟之妻，却因为敬重爱戴自己的兄弟，到了该分家分财物的时候，也不敢借口自己贫困而去图谋他兄弟的财产了。内里原由，怕是那位见识高远之人不听信妻子的挑拨离间之辞，而能够预先厚待自己的兄弟，从而赢得了兄弟的敬重之心吧。

妇女中往往是那些奴婢和妾爱说闲话。奴婢和妾一般都愚笨没有修养，见识又很少，喜欢用背后说别人坏话的方式来讨主母的欢心。如果主母有见识，能够做到不听信闲言碎语，那么奴婢和妾以后也就不敢再在主母的耳边说别人的坏话了；如果主母听信这些话，并因此而宠爱善进谗言的婢妾，那么这些婢妾日后必定还会嘀嘀咕咕，说个不停。终于使主母与别人结了仇怨，那些婢妾才感到扬扬得意。有的佣人也是这样的。如果主人听信这些谗言，那么就会与本族、亲戚、朋友都闹出矛盾来，那些善良正直的仆人和佃农不会说谗言反而会因为主人听信谗言而大有可能受到惩罚。

兄弟如手足，关系也得处

清朝时期的车万育在解悟《菜根谭》时认为：人世间最难得的是兄弟之情。一定要保留兄弟间同根生的缘分，而不要伤害情感。玉昆金友，是美慕兄弟都谦和贤能；兄弟能够和谐相处，称为花瓣与花蒂交相辉映；兄弟一起流芳百世，称为棠棣竞秀。兄弟在患难时互相照顾，就好像飞鸟在平地上向同类呼救；兄弟分开，就如同正在飞行的断翅的雁。元芳季方兄弟都具有高贵的品德，他们的儿子争论谁的父亲优秀，互不相让，结果问到元芳季方的父亲那里，太丘说："元芳难做兄，季方难做弟，二人不分高下。"宋郊、宋祁两兄弟都中了状元，当时的人称他们为大宋小宋。荀氏八兄弟，个个都有才干，得到了八龙的美誉；河东的薛攸与从兄元敬、族兄德音三兄弟，有过三凤的美名。周公出师东征，平定叛乱，大义灭亲，杀死管叔、蔡叔以明正典刑；汉朝王莽末年，赵孝的弟弟赵礼被贼人捉住，准备杀掉他煮了吃，赵孝自缚前往，愿意替弟去死，兄弟的深情感动了贼人，于是得以幸免。煮豆燃萁，指兄弟之间互相残害；斗粟尺布，讥笑兄弟之间互不相容。兄弟阋墙，是说兄弟内部不和；天生羽翼，是指兄弟之间互敬互助。汉朝姜肱与弟弟仲海、季江三人生性友爱，虽然各自娶妻，却不忍分开睡觉，于是做了一张大被一起睡觉；宋太祖因为弟弟病了而为他烧艾治病，弟弟觉得疼痛，于是宋太祖自灼艾叶，想要替弟弟分担痛苦。田氏三兄弟想分祖上的财产，连庭前的荆树也愤愤不平地枯萎；伯夷和叔齐是商末孤竹君的两个儿子，孤竹君死后，兄弟两人

袁谭、袁尚争冀州图，出自《三国志通俗演义》。此图描绘了袁绍死后，其子袁谭、袁尚为争冀州互相残杀之事。

互让帝位，后来周灭了商，他们不齿于吃周粟，一起到首阳山采蕨薇充饥，后都饿死山中。虽然说在安宁的日子里，兄弟亲如朋友；其实现在的人，朋友有的并不如兄弟。

《诗经》中"此令兄弟，绰绰有余"一句是称颂兄弟关系亲密。孔子用"怡怡"来训诫兄弟要和睦相处。羯末封胡四兄弟都是有才学的人；陆机陆云名声享誉洛邑；季心季布的名气在关中随处可认听闻。兄弟四人中，系绶的刘孝标独标一格；白眉的马季常是五兄弟中最杰出的。文采华丽要算苏轼、苏辙兄弟；才气名望要数秦景晖、秦景通兄弟。许武为了成就弟弟的孝廉美名，自己选择了肥田美宅，让人讥笑，薛包与弟弟分财产，选择了荒顿的田庐以求得心安。一家桐木是说韩子华兄弟二人都做宰相，家庭荣耀；千里龙驹是称赞北朝的卢恩道少年英俊，当时没有人比得上。上留田这个地方的人，父母死后，兄长不抚恤孤弟，是不能与廉让江这个慈爱的地方媲美。闭门挝、唾面受是说兄弟之间要互相忍让。兄弟互相推让田地，这是百姓明白韩延寿教化而被感化的结果。兄弟洒泪停战是因为苏琼厚言相劝。孔文仲三兄弟名扬天下，推为鼎位。张知蹇五兄弟是通晓经书的贡生。尊敬兄长应该向司马温公学习，对兄长谦让、恭顺应该以杨延寿为师。

对叔辈则称呼诸父亚父；犹子、比儿，都是对侄儿辈的称呼。阿大中郎，是道韫对叔父谢安的雅称；杨昱赞美侄儿说"吾家龙文"。乌衣诸郎君，是江东人对王、谢两大族的称呼；吾家千里驹，是苻坚称赞侄儿苻朗的话。竹林是对叔侄的称呼，兰玉是赞美别人子侄的词语。晋朝邓伯道遇上赵石勒叛乱，他用箩筐挑着儿子和侄儿逃难，为了保住弟弟的后代，他抛弃了儿子，留下了侄儿，可悲的是邓伯道，没有了继承人。柳公绰官居要职，把叔父当做自己的父亲一样奉养。卢迈没有儿子，认为侄儿跟儿子一样，可以处理自己的身后事；张范遇到强盗，儿子与侄儿都被劫持，他情愿舍弃儿子去换取侄儿的小命。

杨贵妃像

谢密年幼时就能明事理，他的叔父说他是能成佳器的人。刘孺七岁就能写出好文章，他的叔父刘慎逢人就夸赞："这个孩子是我们家的明珠。"陈恭公做亳州判官时，一次他过生日，亲戚朋友大多献给他寿星图；他的侄儿陈世修却献给他一幅范蠡游五湖图。李约与他的叔父一起相依坐在大石上，盛赞招隐寺的景色迷人。陆纳的侄儿用精饭款待谢安，陆纳说这败坏了他家的朴素之风，其实这并不损害他家的朴素遗风,杨愔年幼时,举动与众不同,深得叔父杨昱青睐,他的叔父专门建了一间房子让他独居,每餐用铜盘盛上美味让他一人享用,这是与其他侄儿完全不同的待遇。谢安石在东山建了一座别墅,每次带他的侄儿出去玩都要挥霍百金。阮仲容住在北道,甘愿过着清贫的生活。王浑预测侄儿王彭祖将来长大后可以做都督。必破吾门,这是宗炳对侄儿宗悫前途预料的话。愚笨的侄儿只适宜去葱肆卖葱,聪明贤能的侄儿就能够归还祖传的金刀。

因为皇帝女儿的婚礼由公侯主持,所以皇帝的女儿叫公主;皇帝女婿不是坐在中间车驾,与皇帝同行时,只能坐侍从的马车,所以称为驸马。郡主、县君都是对皇室同宗女子的称呼;仪宾、国宾都是同宗女婿的称呼。旧时把关系好的两家人称为通家,关系好的亲戚叫懿戚。晋朝卫玠与岳父乐于助人,岳父的品质洁白无瑕,女婿的资质如美玉般温润,冰清玉润是指丈人、女婿都有好的声望;泰山、泰水是称呼岳父岳母。新招的女婿叫娇客;高贵的女婿称为乘龙。入赘女方居住的男子叫馆甥;贤德的女婿叫快婿。东床是女婿的别称,做女婿应当尽半个儿子的义务。唐玄宗册立杨贵妃后,有歌谣称赞杨玉环能像男子一样光耀门楣。外甥又称为宅相,是说晋朝魏舒期报答母亲娘家的养育之恩。彼此共同叙说旧的亲戚关系,说原来有瓜葛之亲;自己谦称自己是低贱的亲戚,便说愧在远亲的末尾。大乔、小乔是称呼姨夫,连襟、联袂都是姨夫的称号。蒹葭依附在玉树上,是自己谦称借了亲戚的光辉;茑萝附在乔松上,庆幸自己有了依附的地方。

卢纶、李益是内兄弟,苏轼、程德孺是表兄弟。王茂弘早年做官显赫,用拂尘招呼他妻子的侄子何充共坐。唐朝杨汝士带领妻子崔氏去东川任职时,曾经用青绿色的旗子在前面引路。庾彦达拿自己一年的薪俸供养姐姐,不独自享受荣华富贵。黄直卿果然很重情义,曾经邀请亲戚正月初十那天聚会增进感情。潘岳能够促进亲戚间的友谊,每次听他内弟阮瞻弹琴都会不觉疲倦。文中子操持内弟的丧事时不饮酒食,表示哀悼。元行冲的表弟韦述很有才学,于是被称为外家的宝贝。晋朝的阮仵容和他姑姑的使女私通,后来他母亲离世,居丧期间,他姑姑带着使女要远行,他不顾居丧,借了一头驴去追赶姑姑,追回使女;晋朝的温峤,他姑姑有个女儿未出嫁,姑姑托温峤给表妹做媒,温峤自己想娶表妹为妻,于是以镜为聘礼,到了结婚那天,新娘子手拔纱扇,半遮住面害羞地说:“我早就怀疑新郎就是你这个老奴。”嫡长子的媳妇与庶子的媳妇是不能并排行走的;古代一个男子可以娶八个妾,年龄大的叫姒,年幼的叫娣,她们共同服侍一个男人,所以叫同出。汉朝吕禄不理军务,他姑姑就把家中的珠宝扔掉,以此刺激他,对他说:“不要为别人守军营了。”晋献公的妹妹伯姬嫁到了秦国,一次伯姬回到晋国,献公的臣子史苏为献公占了一卦,卦上写道:“不吉、归妹、寇张之弧,侄从其姑。”根据这个卦,献公把伯姬的侄女也嫁到了秦国。聂政有一个贤能的姐姐,屈原的姐姐也很好。不要因为萧氏家贫而嫌弃她,而不与她做亲戚,应该学习钟氏与郝氏两妯娌的做法,不因为自己出身富贵而欺侮人,也不因为暂时的贫穷而自惭形秽。

贫而无谄,富而无骄

孔子的弟子中最有钱的要数子贡了,年纪轻轻便在商界崭露头角,而且子贡在政治、外交等方面都表现出非凡的才能，属于那种干什么都能轻易取得成功的人。

有一次，子贡问孔子："贫而无谄，富而无骄，何如？"意思是，人在穷困落魄之时，依然不失其志，不谄媚，不低头。发财了，也不骄横跋扈，得意忘形。怎么样？言语间似乎就是在赞美自己，似乎以为自己的修养做到这个地步已经不错了，心想一定可以得到老师的夸奖，给他个九十或一百分。没想到孔子轻描淡写地说："可也。未若贫而乐，富而好礼也。"意思是你所说的那样，不过是刚及格而已。一个人仅仅做到了贫而不谄不算什么，真的贤者，应是安贫乐道之人。做到富而不骄并不难，难能可贵的是富而好礼，虚心求进，从而不断完善自我的修养。

孔子不愧为圣人，一语点中要害。子贡心服口服，感慨道："《诗经》上说，'如切如磋，如琢如磨'君子的自我修养，就好像加工玉器一样，需要反反复复地切磋和打磨啊！"孔子点点头："子贡啊，现在可以和你谈论《诗经》了，告诉你这一点，你就领悟了另一点。"

能做到穷而不失其志，的确不是件容易的事。孔子周游列国期间，曾在陈国断绝了粮食，跟随的许多弟子都饿得倒下了。性情刚烈急躁的子路满脸怨气地抱怨道："老师你天天君子君子的，现在同学们都要饿死了！君子也有穷成这个样子的时候吗？"孔子从容地答道："君子固穷，小人穷斯滥矣。"君子在穷困的时候依然能安守节操，坚定信仰，小人一穷就乱来了！也就是说，不是什么样的人都有资格穷的，受不了穷就算不得君子。

孔子的弟子子贡像，图出自明·吕维祺编《圣贤像赞》。

《论语》曰："饭蔬食，喝白水，曲肱而枕之，乐亦在其中矣。不义而得富与贵，于我如浮云。"吃粗粮，喝白水，弯着胳膊当枕头，乐亦在其中。孔子为了实现他的政治理想，一生忙碌奔波，但他的思想里，随处闪现着乐观主义精神。正是这种精神，体现了"不为五斗米折腰"的宝贵气节。

然而，现实是沉重的，贫而乐，谈何容易？有人会说这是阿Q精神。那么换句话讲，虽然我们暂时无法改变当前的境遇，却可以调整自己的心情。可以贫困，但不可以再潦倒，人穷志不穷。

生死由命，富贵在天。谁都有几起几落，不要丧失对未来的信念，一切都可以从头来过。

在当今社会，有了钱就不知道自己是谁的人不少。

大约七八年前，珠海的某家夜总会，一个不知名的暴发户宣布，今晚在座各位的单我全买了。这时一个书生气十足的年轻人招手叫服务员，买单！服务员告诉他，刚才那位先生已经说了他买单。年轻人说："我不管他是谁，我只要买我自己的单。"暴发户听后愤怒了："你小子怎么这么不识抬举？"年轻人反问："你有多少钱？"暴发户说他在北京、上海有多少多少家电器行，身家一两千万。年轻人听罢，对身边的随从说，统计一下这位老板的所有资产，明天我全数收购！暴发户傻眼了。后来别人告诉他，原来这位先生就是全国大名鼎鼎的某集团总裁。

改革开放二十多年来，浮浮沉沉的人和事实在太多了。如上可通天下可入地，信奉"最后一锄头理论"的牟其中，"老子就是法律"的大丘庄禹作敏……当初风风光光招摇过市的时候，怎会想到，自己也有身陷囹圄的一天？

孟子这样说："贫贱不能移，富贵不能淫，威武不能屈。"然而又有多少人能真正做到宠辱不惊？

以平常心待人

南宋时期的袁采认为：人们经常碰到这样的情形：有人在贫困的时候，没有得到乡里人的照顾，等到他荣耀显达以后，就把乡里人视做仇人。其实乡里人当初不接济他，他感到怨恨。可是他没有想到现在他不厚待乡里人，乡里人他日难道就不记恨他吗？对那些平时鄙薄他的人，不与他深交也就罢了，大可不必怨恨他。对那些平时和他不相识的乡里人，如果我能周济帮助这些人，也应该这样做。

在乡里居住，或是寄居在外，都不可以轻易接受人家的恩惠。在没有发达的时候，受了人家的恩惠，常常要记在心里，每次见到施恩于自己的人，心里都很敬重。而那人因为觉得有恩于这个人，而经常表现在神色上。等到这个人荣耀显达以后，要想报答所有有恩于他的人，恐怕也很难做到，但是不报答人家的恩情又过意不去。因此，即使是一顿饭，一丝绢，也不能轻易接受。前辈看见有人做官时广求知己，告诫他说："受别人的恩惠多，就很难在朝廷中立住脚。"这句话值得我们深思。住在乡里面，实在没办法，才能和别人争论，争论不能解决，才能和别人打官司。如果对方认了错就算了，不必耗费财物去勾结官吏，严惩对方，从而求得一时的痛快。至于和人打官司争夺财产，本来就是没理而夺理。遇到贪官污吏也可以使自己得到满足，但是，这样做难道就不愧于神明吗？对方不服判决，还要上诉，这样所耗费的钱财，比所要争夺的东西要贵得多。遇到贤明的官吏也不一定能把无理讲成有理，一般来说，打官司的人都各有长短，各自扬长避短，官吏不能明察，就会牵牵连连，无法判决。如果碰到的是贪赃枉法的官吏，不按实情判决，不理智的人很有可能破产。

做事成功的三大因素

清朝时期的曾国藩在解悟《菜根谭》时认为：做人和立志应当有极其宽宏的度量，应当有精通事业，对内振兴民族，对外领先于世界，开创伟大业绩的雄心壮志。只有这样，才无愧于父母的生养恩情，不愧为世界上高尚的人。那么，做事成功的秘诀是什么？一要有大志，即要有忧患意识。值得忧虑的究竟是什么呢？这就是以自己不

周公旦像，图出自清·顾沅辑《古圣贤像传略》。

如舜帝、不如周公而忧虑，以自己不专修德行、不精通学业而忧虑。要忧虑社会腐败势力的顽固不化，忧虑外敌侵扰国家，忧虑坏人当道而优秀人才被排斥埋没，忧虑自己未能给平民百姓以恩惠帮助，这就叫做忧国忧民，怜悯贫弱。与此相反，比如那一己的成败，一家的温饱，现实生活中的荣辱得失、名誉地位，等等，真正有事业心的人是顾不上为这些事而忧虑费神的。

二要我们要做到明德行、做新人、办好事。如果读书不能落实到自己身上，认为以上三项与自己毫不相干，那么，读书还有什么用处？尽管能写文章、作诗篇，卖弄自己的文采，充其量是一个识字的放牧仔，怎么能够说得上是什么深明大理的有用人才呢？现在，国家依据考试中文章的优劣选用人才，认为这些人既然能够按照贤明领导者的意图立论做文章，也就必然懂得有益于人类社会的道理，做有益于人类社会的事情，身居官位而不脱离平民百姓，兢兢业业地遵循常规办事。如果以为深明德行，造福子民是分外的事，那么，虽然能写文章、作诗词，却丝毫不懂得修养自己、治理社会，国家用这样的人做官，就如同用放牧仔做官。

三要有恒心，当年苏武出使西域，历尽千辛万苦。但苏武不气馁，克服困难，坚韧不拔，终于19年后完成出使任务，回到京城。由此可见，年龄无论大小，事情无论难易，只要持之以恒，就能成功，这如种树养家禽一样，天天看着它却感觉不到它在长大。但是，日积月累，定会有质的变化。

忠孝是治家之宝

清朝时期的车万育在解悟《菜根谭》时认为：五常是指君臣、父子、兄弟、夫妇、朋友五种关系。九族是高祖、曾祖、祖父、父亲、己、儿子、孙子、曾孙、玄孙等九代亲属。鼻祖是最先得到姓氏的祖先，离高祖很远的孙，叫耳孙。父亲创造事业，儿子能够继承父亲的事业，叫做肯构肯堂；父亲与儿子都贤能，就说有这样的父亲，一定有这样的儿子。祖父长过父亲一辈，所以叫王父；父亲治家严谨，所以称为严君。父母亲都健在，叫做椿萱并茂；子孙飞黄腾达，叫做兰桂腾芳。

乔木挺且直，好像父亲的威仪；梓木低矮而且下垂，好像儿子的卑屈样。不扮傻扮痴，不装聋作哑，就做不好阿家阿翁；能够得到父母的欢心，顺从父母的心意，才可以做好儿子。掩盖父亲的过失，叫做干蛊；抚育别人的儿子，叫做螟蛉。生子当如孙仲谋，这是曹操羡慕孙权的话；朱温赞叹李勖生子须知李亚子。菽水承欢，是说贫困人家赡养父母的欢乐。教育子女道德规范，这是父亲对子女的严格要求。绍箕裘，是说儿子能继承父亲的事业；恢先绪，意思是儿子把父亲留下的家业治理得井井有条，重振家族的声誉。具庆下，是说父母都健在；重庆下，是说祖父母都健在。燕翼贻谋，是称赞祖辈能给后代留下计谋，使他们富足。能够继承祖先的事业，是指能够效法贤德先人的子孙。鹿趾呈祥，是称赞人家有个好儿子。称赞官宦人家有才干、贤德的儿子，叫凤毛济美。

谋杀父亲，篡夺皇位，隋朝杨广的天性何存。杀掉自己的儿子，向君王献媚，齐国易牙的人心何在。给孙子分佳肴，以取得眼前的快乐，这是指王羲之逗孙子玩，从中得到乐趣；郭子仪有八个儿子七个女婿，孙数十人，每次孙子们向他问安时，他不能全部分辨清楚，只好以点头回答。和丸教子是赞仲郢母亲很贤惠；老莱子七十三岁时还穿着彩色的服装做游戏，以博取父母的欢心。毛义高兴地捧着檄文应召，是因为他的母亲健在，为了使母亲高兴才这样做；伯俞泣杖，是因为他感到自己的母亲年老了。慈祥的母亲盼望儿子从远方回来，常倚在家门口，站在里巷去等待；漂流在外的人思念亲人时，都会登上高山遥望远处的家乡。疼爱人没有等级和差别，对兄长的儿子和邻人的儿子一样；你我的情分相同，我的父亲就是你的父亲。长子主管祭祀的神器，能干的儿子可以操持家业。儿子可以光耀祖宗叫充闾，儿子的能力超过父亲叫跨灶。宁馨英畏是羡慕人家子弟，国器掌珠都是称赞人家儿子。子孙满堂令人爱慕，好像孟斯那样蛰居；值得羡慕的是后代的昌盛，如同瓜瓞那样大大小小，连绵不断。

汉朝韦玄成父子两人都因精通经学而位至宰相，于是有人道："遗子黄金笼，不如教子一经。"韦玄成很高兴有这样贤明的父兄。因擅长书法而出名，王羲之正是这样的好弟子。北齐王敬则的母亲曾对人讲："敬则应得鸣鼓角。"后来敬则封侯，出入有

毛义奉檄慰亲图。讲述东汉毛义以孝行著称，他不愿为官，但当接到官府任命时，为宽慰老母而喜形于色，等到老母辞世便立即辞官之事。

鼓乐迎送，这是母亲能预见儿子的荣耀；唐朝大诗人杜甫曾送他的儿子宗武一首诗，其中“莫带紫罗囊”是父亲规劝儿子不要懒惰，不要贪图安逸。宋之向的父亲有“富文辞，且工书，有力绝人”三绝，宋之向与他的弟弟们各擅长其中的一绝，所以说宋之向与他的弟弟们把他父亲的事业发扬光大了；狄仁杰的孙子狄兼漠刚强正直，很有祖父的遗风，这就是孙在后，祖在先，交相辉映。罗母焚烧裘衣，陵母伏剑自杀，她们都是贤惠的母亲；活鲤杀鸡，讲的是姜诗与茅荣孝顺母亲的故事。苏东坡《答马忠王》诗中“灵运子孙多是凤”句是对谢灵运家的赞叹，这并不是曲意迎合私好；王僧虔的后代半为龙凤，这本来就不是自夸的词语。马璘，是马援的孙子，曾经读马援的自传文章，对其中的“大丈夫死于边疆，以马革裹尸”句感慨万千，自勉说“令吾祖勋业坠地下乎”，于是发奋学艺，成为一代名将，这是子孙贤能；祁奚举荐自己的儿子祁午继承他的官职，没有因祁午是自己儿子而放弃举荐贤能之人，这都是因为儿子像他一样有才能。

战国时越国左师触龙很怜爱自己的小儿子舒祺，还曾在赵太后面前为小儿子请求清贵权重的官职；唐朝宰相萧倣看见曾孙学着传呼高官显贵出入时的声音，赞叹道：“我不因自己做了宰相而感到高兴，幸运的是在我的有生之年，能看见曾孙出世。”王霸曾经因为自己的儿子不如别人而面带愧色；张苍梧是张凭的祖父，他曾说他不如张凭的父亲。”张凭的父亲不理解，张苍梧说：“你有个好儿子。”张凭的父亲说：“你怎么可以对着儿子戏弄父亲呢？”李峤的儿子因不迎合皇上的心意，而使李峤留下被人讥笑的话柄，甘罗因受到吕不韦的赞美而令人羡慕不已。公才公望，是祝贺人家的云孙、仍孙能继承祖上的才干和名望；从祖父辈向下推算，恩义各不相同，不能说子孙与自己无关，只是天地暂且留我在这里的！杜氏家族遗留下来的“忠孝吾家之宝，经史吾家之田”的祖训依然存在，薛家仍在传颂“盘石精神”。唐朝的员半千善于词辩，他的孙子员淑九岁时就精于词辩，词辩是讲究渊源的，性格可以遗传，东汉的杨奇与他的祖父杨震一样，性格刚烈，顽强不屈。

考取功名易，苦志励行难

明朝时期的张居正在感悟人生，教导儿子时说：你从小就聪明灵活，学作文总是懂点窍门。我曾经把你看成小千里马。有熟人同事见了都赞叹：“你的几个儿子中，这个是最先闻名的。”但从万历元年那次科举考试后，我忽然发现你沾染上一种狂气，自不量力而好古的东西，骄傲自满，喜爱自我表现，这就像燕国人想学赵国邯郸人走路，不但没学好，连自己原来的走法都忘记了，只得爬着回去。万历四年春，我本不打算让你参加考试，是你的哥哥都来劝我，说不应挫伤你的锐气，我不得已才听了他们的话，可是你还是令我失望。技艺本来就不好，还能怪谁。但我私下却感到是一种幸运，认为这是老天爷或者想让你多积累些知识，然后一下发举起来。又想你一定会警戒再败的耻辱，而虚心地按规矩法度办事，可是一年内你的文章就像想阻住水而水越往下流一样。难道是你的资质不聪明吗？但没有小时聪明，长大反而糊涂的人。难道是你不努力吗？而我听说你一天到晚关着门，手不离开书本。是别人捏造的吗？要不然必定是好高骛远，涉及的方面很多，搞得精疲力竭，正所谓想到楚国去却向北走。如此想要努力向上，太困难了。

只有具备绝顶才能才可以做到求前贤的遗迹又符合当世的法度。从明代以来，这样的人也不多见。我以前少年就中秀才，获得很大名气，就胡乱说什么屈原、宋玉、班固、司马迁等人，全然不是什么不寻常的人。小小的一个进士，轻易就可得到。于是就放弃八股文，钻入古典文学中去了，过了三年，新的东西还没学成，旧的却已荒废了。现在回忆起当时的所作所为，真令人发笑，也是耻辱。嘉靖二十三年我没考上，然后总结教训，充分估计了自己的力量，又重操旧业，刻苦学习，用尽全身气力，考中进士。然而，这仅仅是考中一个进士罢了，还不能在文场中从容执笔，夺得锦标。如今你的才能，没有胜过我，又不俯身去探求我成功的经验，而重蹈我失败的覆辙，这是大错。

司马迁像，图出自明·天然撰《历代古人像赞》。

我家以读书而做官，一生苦其心志，修炼自己的行为，才得以把榜样留给后人，自以为不敢落后于古代门第高、世代做官、德高望重的人家，希望你等继承祖先遗志，并且发扬光大，与历史上的名臣伊尹、巫咸为同一类人，名垂青史。岂能只以科举夺得第一为满足，来光大我张家门庭？我的确对你寄予厚望；急切希望你成功，没想到你居然自轻自贱，甘充驽马。如今你既然想叫我不管你，我也不对你多加责备。但你应该深思一下，不要自暴自弃。假使是你才能低下，不能勉强。你明明有能力去做而不去做，这就错了。自己不对，还能推诿于命运吗？实在太糊涂了！像写字这件事，我唠叨你好几年了，可你依然潦草，还出了差错，一点改变都没有，这也是你的命运造成的吗？微不足道的一点小技艺，难道一定得经过长时间才能学会吗？我点到为止，你自己须深思！张居正教导儿子的话语，对现代人或许有些启迪。

世事变化无常势，人生甜苦两参半

南宋时期的袁采认为：现在世人往往看到眼前的家业稍有些兴旺，就以为这一辈子的生活都可以安定了，不知道转眼间就家破人亡的事情实在是太多了，须知世事变幻莫测，这是自然规律。三十年河东，三十年河西，三穷三富活到老。不要说多久以前的事，就说乡里十年前、二十年前的情况与现在比一比，就会发现成败兴衰是没有定式的。有的人没有远见，见到别人兴旺发达或者有一些顺心如意的事就心里嫉妒，见到别人家业衰败或有些不顺心就讥讽嘲笑人家。同家族或同乡的人，最容易浸染这种毛病。如果懂得凡事没有固定不变的道理，那么，为自己的未来考虑还来不及，就根本没有时间去嫉妒和讥讽别人。

相应地讲，老年享受富贵的人，必当是年轻时吃尽了苦头；历尽了艰辛。从没有从小就享受安逸富贵直到老年，年少时就科举及第或早早被皇帝委任了官职的，在中年时必定会仕途坎坷不平，不能顺心遂意，只是到了晚年才得以荣贵显达。如果是早年得意，官运亨通，那么其家中生活又一定窘迫拮据，家业微薄，常常为吃穿发愁，为儿女的婚姻事担忧。如果年纪轻轻就达官显贵，没品尝生活的艰辛苦难，又继承了父祖的丰厚家业，这样的人一般不会长寿。造物主安排人的命运时大多如此。生活中间或有一些自小到老始终享受荣华富贵的，这是有大福分的人，不过像这样的人太少。

人生三乐，一贪就错

清朝时期的张英解悟《菜根谭》时认为：高贵、富裕、多子孙是人生最快乐的三件事。这三个方面，能够妥善处理就是幸福，不能够妥善处理就会成为累赘，被这种累赘所拖牵去求得所谓的幸福而成功，那是不多见的。

为什么呢？第一，身居高位的人，同时也会遭人责备，是忌恨嫉妒的根源，生气怨恨的地方，利害得失的关卡，忧郁烦恼的场所，辛劳苦楚聚集的中心，诽谤讥讽的对象，攻击诬陷的对手。古代那些聪明的人，对这些往往望而却步，何况有荣必有辱，有得必有失，有进取就必定有退却，有亲近就必定有疏远。天下没有不劳而获的好事。只要自己没有什么大的过错遭人谴责，对别人又能够以平和淡泊之心去对待，这才是对待高贵的方法。

第二，佛教以货财作为五家公共之物：一是国家，二是官吏，三是水火，四是盗贼，五是不正派的子孙。一个人如想厚积钱财，就必定多方经营布置，生息防守，这样一来，必定有亲戚的请求，贫穷人产生的怨恨，仆人对他的欺骗，大的盗贼想方设法劫取他的资财，小的窃贼钻洞爬墙偷鸡摸狗，经商方面的亏本折扣，迷路，田地里禾苗方面的灾歉，与别人抢夺引起的官司，家中子弟奢侈浪费，种种忧虑苦难，贫穷的人是不知道的，只有富人才有体会。一个人如果能够知道富裕的拖累弊害，就应当做到廉洁，而不一定要厚积钱财招来怨恨；应当看薄财物，而不必深深嫉妒别人而拖累自己的身心。思考着自己有了这些财物，那些贫困穷苦的人不向自己索取向谁去索取呢？不怨恨自己去怨恨谁？要不被外物所困扰，就要做到心平气和。自己居身节俭，而对待事物却要宽容大方；取利要微薄，而储藏却要谨慎，这就是对待富有的方法。

第三，至于子孙的牵连就更多了，年纪时忧虑如何医治疾病，年纪稍大一点就有他们的功名如何取得的忧虑，还有担心如果他们浮华奢侈不善于治理家庭的忧虑，有担心他们不走正道而结交地痞流氓、恶棍盗贼的忧虑，一旦他们离开自己，就会有他们在外边寒冷炎热、饥饿口渴如何应付的忧虑，以至于由忧虑儿子到忧虑孙子，往返无穷，忧虑不尽。

自己的年岁已经大了，子孙繁盛众多，他们疾病痛楚的事是难免的，贤惠愚妄参差不齐，升扬沉沦各不相同，聚集分散无一定数，忧伤和欢乐自然有所区别。但是，应当教导他们孝顺父母、友爱兄长，教导他们谦逊退让，教导他们树立良好的品行，教导他们读书学习，教导他们懂得慎择朋友，教导他们懂得修养身心，教导他们懂得勤俭节约,教导他们懂得振兴家庭。

父母不必忧虑他们的成败利钝;他们的聚散苦乐,父母不必忧郁思念过多而生成疾病。只看自己没有过分刻薄对待他们,子孙应当不会有更多更大的毛病,要公平对待他们,子孙自然没有抢夺偷窃的毛病。自己没有过分贪婪,子孙应当没有奢侈荡尽的毛病。至于先天安排的命运,如禀赋的愚笨,怀才不遇的,无故生疾病,聘请良医为他小心调治,聘请良师严谨教训他。做父母的责任已经尽到了,做父母的心意已经尽到了。这就是做到了善待多子多孙的方法。

经常有的人处于不好的境况而郁郁不快,动不动就产生后悔吝惜、忧郁戚戚之情,一个人如果能够冷静体会我的方法,能够打开胸境,就好比在热火坑中吃了清凉散,在苦海波中拥有八宝筏。

富人当诫

南宋时期的袁采认为:贫富本来就不是固定不变的,田地房产也是可以易主的。有钱就可以买,没钱就卖掉。买财产的人家应当明白这个道理,不要乘机坑害那些因贫穷而卖财产的人。大凡人卖财产,或者是因为没有吃的东西,或者是因为欠了别人的债,也可能是因为生病、家里死了人、打官司等原因,需要多少钱就卖多少财产。如果买主能够按财产的实际价值付钱,那么卖主即便是卖了家产,也还能有所值,并能解决家里的用钱问题。可是有些为富不仁之人,知道人家急用钱,便表面拒绝购买,暗中却又在谋划,以便大压其价。等到订立了契约之后,只给人家十分之一二的钱,其余的答应在几天之内交清。过了几天去问他,又推托说没有办。以后多次催他,也只给你几千文钱来搪塞你,或者用米谷和其他东西折成高价来补偿。这样,卖财产的人家必然非常窘迫,卖家产所得到的一点钱,马上就耗费掉了,先前打算要办的事也办不成了,而因为卖家产还得付出一些往返索取的费用。那个得了便宜的富人还在暗暗地高兴,以为自己的谋略高妙。然而不知道害人是要受报应的,有的就报应在本人身上,有的不在本人身上,而在他的儿孙身上应验。可惜那些有钱的人大多不懂得这个理,这难道不是执迷不悟吗?

欲知廉耻就一定要先知足

清朝时期的曾国藩在解悟《菜根谭》时认为:翰臣方伯廉洁正派的作风,令人钦佩仰慕。他死后家境萧条,无法庇护自己的妻子家人,让人觉得清廉的官员不能去做,也特别觉得善人不可为。他一生好学不倦,正打算著书传之后世。我昨天送去一百两银子帮助他家办理丧事,为悼念他做了一副对联说:"在豫章平定贼寇,保护家乡与人民,不要惊讶书生能够建立奇功,都是从二十年积累的道德学问产生;翠竹斑斑如滴泪,苍梧招魂欲返回,不要怀疑贤妻能够死身守节,也如同万古臣子为忠孝而死的常行。"站出来大声呼吁,也颇有号召众人的意思。我处在客卿的位置上,估计没有响应的人,而只好独自叹息。韩愈说过:"有德识的人常常无法维持自己的生存,无德无识的人却得意扬扬。"自古以来人们就对此长叹不已啊!

古代的君子讲求廉矩,是如何竭其心力、修养德行,我们是不能见到了;他们修养身心，管理家庭，治理国家平定天下，全部秉持的是礼。从内部来说，如果舍弃了礼就无所谓道德；从外边来说，舍弃了礼就无所谓政务。所以六卿之官设置完备，而记录的书籍以《周礼》为书名。春秋时代，士大夫通晓礼，善于游说辞令的人常常能够说服人，而使他的国家强盛。战国以后，以仪式外表华美琐碎为礼，就是叔齐也要讥讽的。荀卿、张载小心谨慎地以礼为实务，可以称得上知晓根本，喜好古风，不去追逐流俗。近代张尔岐作《中庸论》，凌廷堪作《复礼论》，也可以从中看到先王教化的原貌。秦蕙田编《五礼通考》，把天文、算学录入观象授时门一类；把地理、州郡录入体国经野门一类。这样做，对于著书意义和条例来讲，有点繁杂不精了，但该书对古代经理世事的礼则全部做了汇总，这也说不上失误。

崇尚节俭，是用来养廉。过去，州县的佐杂官员到省城任职，国家并没有固定的薪水。如今，每月可以得到数十两银子，还嫌得到得少，这就是所说的不知足。要想知道廉耻，一定要先知足。看那些各地的难民，到处是饿死的人，而我们能不缺衣食住房，属于万幸了，还有什么奢望的呢？还敢任意糟蹋东西吗？我们要正当地获得利益，正当地获得名誉。不要贪图向上保举而获得功劳，不要贪图虚浮名誉。要事事知足，人人守纪律，正当的风气就可以挽回了。

周济人要有所选择

南宋时期的袁采认为：有人遇到了无法克服的祸患困难，无处诉说困苦，贫穷得生活不下去，而这人又质朴木讷，面有愧色，不好意思向人求助。遇到这样的人，我虽然手头也不宽裕，但还是要尽力去帮助周济他。此人即使不能回报，也一定会感激我的恩德。如果有人本来并不贫困，只是到处去权贵富家门前阿谀奉承请求施舍，无论路过州还是县，他都这么干，得到人家的施舍就吹嘘自己有才能，得不到人家的施舍就和人家结下仇怨。这种人现在不会感激别人的恩德，以后也不会报答别人的恩德，对这种人完全可以不顾念不考虑。怎么能够舍出我平时都不舍得用的钱财，去帮助他干他不该干的事呢？

换一个角度，被救济的人家，为什么要靠别人周济呢？为什么不能对有的事情进行及早考虑打算。有男孩子的人家要替他找一份生计教给他生财之道，有女孩的人家也要及早为她准备衣物被服、梳妆用具，等到打发她出嫁的时候，就不必再费力筹办了。如果对这些事都置之不理，一旦事到临头，又有什么办法呢？只有临时变卖房产田地，或者根本就不顾及女儿的脸面。如果家中有老人，平时不把送丧的东西准备下来，等事到临头的时候，很难想出别的办法，也只好临时变卖田地，或者根本就不顾及后事合不合礼仪制度。现在有人生下女儿就种下一万棵杉树的，等到女儿长大，就卖掉杉树给她做嫁妆，这样她的女儿就不至于因为没有嫁妆而不能嫁人了，有人在年轻力壮的时候，就置办下寿衣寿器还有坟地，这个人就不会死了三五天还没有寿衣棺材可以装殓，死了三五年还没有墓地可安葬。

一钱亦分明

南宋时期的陆游认为：世上那些贪婪的人，欲壑难填，永远难得满足，本来不足为怪,至于一般人看到别人的华美艳服和珍奇的玩赏物品,不能不动心,也是一种毛病。大凡人们的常情都是羡慕自己没有的东西,不满足自己已有的东西。只要仔细想一想,如果我有这个物品,究竟又有什么用处?让人羡慕,对我又有什么益处?如果真的这么去想,贪婪之心自然就消失了。至于那些天性淡泊或者饱学之士,就用不着这样了。

子孙后代中锋芒毕露的人最容易变坏。若有这样的人,做父母的应当引以为忧,而不可引以为荣。一定要切实认真地严加管束,让他们熟读经书和诸子百家的书。教训他们必须宽容、厚道、恭敬、谨慎,不要让他们与轻浮的人来往和相处。这样十年中,志向和情趣自然养成。要不然,可忧虑的事情绝非一件。我这话是后人的良药,可以防止他们犯错。每个人都要谨慎,不要留下悔恨。

陆游像,图出自清·顾沅辑《古圣贤像传略》。

勿在意别人的议论

高明的人不会把自己的感情生活过多地与人交流,也不会太在意别人的生活。一般都是跟自己要好的朋友倾诉心声。如果听到某人的闲言碎语,不会到处去讲,也无须诚惶诚恐,因为事情可能没有传言中的那样糟糕。

也许你有同样的感受,做人做事,哪怕是穿一件新衣服,说一句什么话,都会不自觉地考虑到别人会怎样看,会不会不高兴,总想办法,尽量按照别人的期望去做,担心顺了姑心失了嫂意,怕别人失望,被别人笑话,甚至责骂。对于偶尔未能尽如人意,或听到背后有人非议自己,就耿耿于怀而不可终日。

其实,一个人将生活的焦点和生命的重心放在看别人的眼光、脸色和喜恶上,千方百计去克制自己,迎合别人,是非常愚蠢的,且不说千人千性,众口难调,你不可能满足所有人的要求,即使能,也只能扭曲自己,最终失去自己,失去自己的生活乐趣和生命价值。

说实在的,无端被人责难、被人误解、被人诬陷,有时比遭到明火执仗的刀砍斧剁还要难受,特别是当内心的委屈、愤懑、悲伤无人诉说,有口难辩时,更是苦不堪言。有的人就是这样因为"人言可畏"像阮玲玉一样走上了自我毁灭,一了百了的不归之路。

话又说回来:“坐下来说人,站起来被人说。”评价人和被人评价都是一种正常的生活现象,哪个背后没人说,哪个人后不说人?“谣言止于智者。”不管别人怎么看你,如何说你,你大可不必太在意、太认真,更不要去理睬,舌头长在别人嘴里,说什么是他们的自由,该怎样做是你的权利,人是一种崇尚实力的动物,在这竞争强烈,弱肉强食的世界,关键是自己要有实力;没有本事,谁会理你,你又能怎样去理别人?试想,如果自己穷困潦倒,逼着你沿街乞讨,你还会在乎别人对你的看法吗?恐怕那些平日对你口水喷喷的人连点残羹剩饭都不会施舍于你。反过来,当你像李嘉诚、比尔·盖茨一样强大,你会在乎人家在你背后的评头品足吗?即使让他们骂个口水连天又能奈何得了你什么?

所以,人最要紧的不是在争取别人怎么看你,而是要考虑自己的路该怎么走,怎么走才能走得更好。千万不要按别人的思维来对待自己,对待社会,什么鸣冤叫屈、埋怨自己、怨天尤人,敌对别人,仇视社会,只能上了别人的当,中了别人的圈套,那些存心搬弄是非的人,其目的就是要让你没有好日子过。

古人说:“毁誉褒贬,一往世情”,也就是说,一个饱经风霜尝尽人间酸甜苦辣看透人情世故的人,不管人情冷暖或世态炎凉如何反复变化,不管别人如何非议责骂甚至横加非难,都难得懒得睁开眼睛去过问其中的是非曲直,更不说浪费珍贵的口水去做无谓的解释,对一切毁谤赞誉都会无动于衷,不为所动,我行我素,饿了吃,困了睡,该干吗干吗,想干吗干吗。

当然,要做到不为旁人的闲言碎语所左右,并非易事,必须要有自己的生活志向和生存理念,也就是说要有志气和骨气。陶渊明诗云:“心远地自偏。”一个人有了高远之志或对生活的自个信念,还会在意身边鸡毛蒜皮的琐事,在意长舌泼妇般的流言飞语?还会对别人的批评指责而怀恨于心?还值得为一些小恩小怨去寻仇报复?更不可能因为别人的话而影响了你的生活。

人的生活其实就是一种心情,一种感受。心情好了,生活一定美满,成功。如果整天要按别人的意志去生活,要看人家的喜恶行事,成了别人的精神奴隶,还能有什么好心情,生活更没有什么幸福可言。

记得日本哲学家西田几多郎有一首诗:“人是人,我是我,然而我有我要走的道路。”是啊,我们有我们自己的生活目标和生活方式,如果我们自己不能选择自己喜爱的生活方式,走自己想走的路,而是处处要看别人的脸色行事,这无疑是在为别人而活,这样的活法又有什么意义呢?为人处世,凡事总想讨到别人的欢心,实际上是一种心理乞丐。

勿慕贵与富,勿忧贱与贫

唐朝时期的白居易认为:崔瑗所写的《座右铭》,暗地里我非常羡慕这篇文章,虽然没能全部遵照执行,也常常书写挂在墙上。对于它我总觉得中间似有不全面的地方,因此把这篇座右铭续写出。

不要对那高贵和富豪充满美慕,也不要忧虑贫穷低下,自己问自己道德怎么样,贵和贱又有什么值得考虑的呢?听到诋毁的话不要悲伤,听到称誉的话也不必很高兴,自己只要回头看看品行如何,那些诋毁和赞誉又算得了什么?不要依恃自己有才分而骄傲，以便不被人所侮辱；不要靠出卖颜色办事，以自尊自重其身价；出游和淫邪之事不沾边，居住在家与正人君子为邻。在家分清尊卑大小，对外人就不分远近亲疏，从外到内一齐修炼，静养自己平和纯净的心里，内心修养并不放弃外表磨炼。言行举止都严格按照仁义的标准行动。千里之行以脚下开始，巍峨高山从微小尘土积起。我们的道德品行修养也应该是这样，言行贵在有不断的提高。我不敢拿这些去规诫别人，聊自写在衣服上以自戒，并且要终身勉励自己，死后还要传给后代人，后代人中如果反其道而行之者，那么这些子孙就不算是我的子孙。

白居易像，图出自《吴郡名贤图传赞》。

竹子就如同是贤人一般，为什么呢？竹子根根牢固，坚固的东西树立了德的形象，君子见到竹子的根本，就会想到应该有所建树并且坚韧不拔；竹的体性非常直，直表现出立身精神，君子见到竹子的体性，就会想到保持中立不偏不倚直道而行。竹子的心是空的，空能够体味到道，君子见到竹心，就会想到应以虚心在现实中安心立命。竹子节很坚定，坚定说明有志向。君子见到竹节，就会想要砥砺自己的品行，做到任何情况下都坚贞不屈。正是由于以上这些原因。所以君子人家很多都种它作为院子中的植物。竹子，本来只是一种普通的植物，对于人来说有什么呢？因为它有人一样的品格，所以人才爱惜它，种植它，何况对待真正的贤德之人。然而竹子和普通草木相比，就像圣人和普通人。竹子不能够使自己超俗，是人将其异样看待；圣贤人也无法使自己异于常人，这些人被使用贤人的人分别不同使用。

家中也需讲礼节

明朝时期的吕坤认为：男女要避开嫌疑要有区别，就算是父女、母子、兄妹、姊弟，仍要有避开嫌疑和表明微小差别的礼节。因此，男女八岁时就不要在一起进餐。媳妇侍候公婆是符合礼节的，本来不要避嫌，但世俗最严的却是公公与儿媳之间的礼节，因此见影、闻声就要立即躲避。其次是丈夫的哥哥与弟弟的妻子要避嫌。除此之外都不避嫌的话，就已乱了纲常，甚至还有叔嫂、姐夫、妻妹、妻弟之妻相互戏弄习以为常的，不近乎下流了么？不了解古代的远嫌有别，是指授受不亲，而不是要互相躲避。而男女的范围包括很广泛，自妻妾以外的，都应该把男女授受不亲的嫌疑避免，喜欢遵照礼制行事的人应该明确分辨。

孩子和儿媳妇是侍奉长辈的人,在没有侍候父兄之前不可让奴婢代其行事,不可滋长他们骄奢懒惰的情绪。应当每日让他勤奋劳动,让他觉得自己身份卑贱,这才是一生一世可以享用的福分。如果不这样,就是以骄奢懒惰来扼杀他们了。昏庸愚昧的父母和骄奢淫逸的子弟,对于这个道理,不可能不懂得。

给别人问候安康,要问侍候他的人,不问患者本人。如果问患者本人,就不知道如何去安慰他。居丧时该穿什么衣服,这是根据人情来定的,也是为了教导世人,因此有的人引用遵循,有的人就推辞不用,但都要从"恩义"二字出发,但其中弄不清楚的地方也不少。观察那些会变通的君子,当他们有制定礼节的时机时,定会有自己的见解,全部都把古道遵守也能算是达观的态度。

亲人去世而留有遗物在身边,与其不忍看见它将其烧毁,不如不忍忘却它而将它保存起来。

委任于人要慎重

南宋时期的袁采认为:对于管理仓库的差役,必须经常把他的账本检查核实。审查库内所存的东西。对于管理谷米的差役,必须经常严格地查看他的账本,留意他手中所掌管的粮仓的钥匙。一定要选择谨慎、老实的人来从事管理工作。一定要选择禀性忠厚、爱惜家财的人做放贷及买卖这种事。因为,具有中等财产的人家,每日的日常花费都难以应付,更何况是受雇于人的佣人,家里的温饱都没有保证。这样一来,品性居中的人看到自己所需之物,必然为之心动,更不用说那些大贱、愚笨之人了。他们见到吃、喝享乐与美色。怎么能不动心呢?因为,这些人家里的财富从来不能满足他们的要求和欲望,因此,他只好在家与家人一起忍饥挨饿,在外则对别人的财富视而不见。现在,这么多财物在他的眼前堵满,这时,如果主人天天严格要求,小心看管,他也只好暂且遏制贪占之心。如果主家看管不严格,那么他还有什么可怕的而不做呢?开始的时候,只是挪用很少的东西,这时他还觉得日后能够赔偿得起,也未考虑后果。如果时间长了,主人还没有察觉,那么他的胆子就日积月累越来越大。到了一年后,挪用的东西已经很多了。这时,他的心中虽然惴惴不安,但又无法挽回,只得想办法掩盖。过了几年,他的欺骗行为已经大暴露,无法掩盖。主人虽然想严惩他,也已经无济于事了。所以,凡是委托找差役的人,都要以此为鉴,选择人员一定要谨慎重视。

门户高一尺,气焰低一丈

明朝时期的吕坤认为:我告诫儿子说:"门户高一尺,气焰低一丈。华山只让天,不怕没人上。"说话谨慎小心的地方,唯有家里最重要;应该慎重交谈说话的人,就是妻子儿女和仆人。这是伦理混乱的根源,也是祸福存在的根本。而人们往往把它疏忽,这是很可悲的呀!

家庭状况的贫穷和富足可以依靠父母和兄长,然而道德和名誉扫地的事却不是父母兄长能够庇护的;生育儿女可以由父母定夺,但遭遇险恶的事却不是父母能够左右的,这个道理为人子女都不可能不知道。

闵损痛单感后母图。讲述孔子的弟子闵损幼时受继母虐待，常常挨冻受饿。父亲得知后要休逐后妻，闵损跪求父亲饶恕继母，说："留下母亲只是我一个人受冷，休了母亲三个孩子都要挨冻。"父亲十分感动，就依了他。继母听说，悔恨知错，从此对待他如亲子之事。

后夫的子女被继母虐待，元配妻子嫉妒偏房，从古到今都被看做是让人可恨的事。如果前夫的儿女不孝，丈夫的品行不端，则很少有人去过问这种事，世间人情的偏袒也已经很长久了。前夫的孩子认为后母并非自己的生母，后母却因为一些形似虐待的行为产生了虐待的嫌疑之名，其孩子又借着他父亲的名义大肆造谣诽谤，心生怨言，行为忤逆，其父也因此受到诬蔑牵连，这种事世间难道不存在吗？某些做丈夫的任意放纵自己淫狎的心性去宠爱那些年轻美貌的女子，倚仗自己掌有一定的权势而侮辱伤害自己的元配妻子，唯有孩子孝顺，父亲品行端正，那么继母发妻有虐待与嫉妒的毛病，在亲朋好友面前则无言辞辩白了。这一点为官的人不可能不知道。

要想达到整齐，就把物品用锋利的刀切断，把参差不齐的物品变成长短一致。家是让人最为思恋的地方，情感丰富义气少，为私易而为公难。假若每个人都放纵自己的私欲，势必将导致不可收拾的局面。所以，古代人都把父母奉为家中严厉的君主，并把威严的家法制定，这就是找对了症结的整治方法。

烦恼皆因强出头

俗话说："烦恼皆因强出头。"对于渴望成功的人来说，这只不过是那些安于现状的明哲保身者的一种借口和托词罢了。但是中国人已经积累了上千年的人生经验，就像一本厚厚的大书，每每开卷便能让我们看到太多因为"出头"而最终酿成的人生悲剧，也常常会为那些名利苦海中的潮起潮落，或是富贵征程中的起起伏伏而感到触目惊心。如此看来，能用一种泰然处之的良好心态，去取代争强好胜的追名逐利，确实就是避免造成那些人生悲剧的最好方法和最佳途径。毕竟名利场中还没有几棵常青树，而所谓的财富金钱也总是会有用尽耗光的时候，所以明智地放弃那些不必要的"出头"，才可能使自己最终把所有的烦恼远离。

当然，这种"出头"，并不包括符合社会发展的规律以及自我完善的某种需要的行为，而只是指那种超出了自己力所能及的限度和范畴的功利欲望罢了。因为只要被这些欲望所征服，那么我们不仅会失去身心的自由，直至最终沦为受这些欲望控制和支配的可悲角色，甚至还可能会因此而给自己带来很多没有想到的人身伤害。

谁都不能否定，人是有权利通过自己的最大努力去实现心中理想的这一事实，但前提则是要看这个所谓的理想，是否真的符合了客观存在的实际情况。因为只有每一个人都明确了自己的选择方向，然后再朝着这个方向去加以努力，才有可能在取得成功的同时实现自己的人生价值。所以孔老夫子才会告诫世人一定要懂得“尽人事，听天命”的处世道理，而西班牙的民间智者也才会提出“干什么事，成什么人”的警世谚语。与之相反的是，如果不是在正确认识自我的基础上去做那些力所能及的事情，而是选择一味地盲目坚持那种好高骛远的奢望和空想，那么即便是我们付出了十足的努力或是百倍的心血，也还是会以一种毫无意义的失败作为最终的结局。这就像是说如果我们的知识和能力，决定了自己只能成为一个乞丐。这样的话，就算我们胸怀大志又能怎么样！

所以说，既然人生总是要在进退得失之间，不断地发生着各种各样的变化，而变化着的世间万物，也不会为任何人的存在而有所改变，那么一味的强求或是固执的坚守，也只是证明了我们还不具备一种“拿得起，放得下”的能力而已。可是在古往今来的漫长历史中，无论是凡人也好，伟人也罢，有谁能够总是得到而从不失去呢？又有谁能够做到彻底地杜绝一切烦恼呢？正所谓“知足者常乐”，如果我们总是不能知足，又何来的快乐可言呢？要知道欲望是永无止境的，与其为了满足无处不在的欲望而搞得自己顾此失彼，倒不如在抛开那些没有实际意义甚至是完全没有必要的空想和奢望后，得到一种可以拥有真正快乐的人生。这样一来，即使我们只能做个快乐的普通人，这难道不比痛苦的伟人，更为幸福吗？

想开了，也就开心了。其实理想的实现并不是什么特别值得庆幸的事情。因为一旦这个理想变成了现实，在短暂的欢乐之后就会出现巨大的空虚感，直到开始了为实现一个新的理想而不断努力的过程后，这样的一种空虚感才会渐渐消失。与之相比起来，倒是实现理想的过程本身，才是更值得我们去为之刻骨铭心的一种事情。因为就是在这样的过程中，不仅可以看出一个人所拥有的勇气和毅力，更可以看出这个人的人生智慧。

该出头时就出头。只要可以远离那些不必要的烦恼，这就是出头的最好时机。

最好的财富，其实就在身边

有这么一个故事，说的是一位腰缠万贯的父亲，因为想让自己只有几岁大的儿子见识一下穷人的生活，于是就带着孩子来到乡下最穷的一户人家里住了几天。可是让他做梦也没有想到的是，回到城里的儿子却在这样的一番经历后不停地抱怨：“我们家里只有一条狗，可那户人家里却有四条狗；我们家里只有一个通向花园的小小的水池，可那户人家的门口却有一条很宽也很大的河；我们家的花园里只有几盏灯，可坐在那户人家的院子里却能看到满天的星星。所以和那户人家比起来，我们家太穷了！”

也许会有人笑话这个孩子，竟然能够给出这种让他的父亲哑口无言的结论，只不过是由于他还无法理解贫穷与富有之间的真正差距罢了。但谁又能否认孩子的结论中就没有一点儿值得我们深思的道理呢？也正是从没有受到世俗观念的任何限制的孩子们的眼中，才能让我们更深刻地认识到一个事实，那就是最好的财富并不一定就是金钱上的极大丰富。相反，倒是一双能够发现幸福的眼睛，才会发现这个美丽的世界。

拥有了能够把幸福发现的眼睛，我们就可以在生活中找到值得我们去拥有和珍惜的东西，从而也会让我们的生活和生命本身充满活力和意义。当每一个人都能像故事里的那个孩子一样，在平淡甚至是困顿的现实生活中找出潜在的幸福和乐趣，那么对于我们的人生而言，这就是一个无价之宝。

在寻找和发现幸福的过程中我们还要做到一切都本着脚踏实地的根本原则，这样才能从身边的万事万物中，找到值得我们去珍惜的最好的财富。正所谓“千里之行，始于足下”，没有了对于身边事物的珍惜与重视，甚至是让这些本该被好好利用的事物在我们的忽视甚至是无视中白白错失，那么到了追悔莫及的时候，一切都无济于事了。

宜净拭冷眼，慎毋轻动刚肠

许多人因为“感情用事”而犯了错误，这是因为在感情强烈冲动的情况下，不根据事理，不考虑实际可能，其行为丧失理智，引起不良后果。有时，感情用事虽然没有引起直接的、明显的恶果，但从心理学角度看，这会挫伤别人的感情，造成心理上的创伤，影响人际间的交往，不仅不能御人甚至连维持都成问题。

唐朝时，魏征在劝谏唐太宗在赏罚上不能因为自己的喜怒哀乐而使赏罚不公正时写道：“无因喜以谬赏，无以怒而滥刑。”其实我们这些凡夫俗子也明白这些道理，但当我们真的遇到一些事情无法判断时就会导致感情用事。

按正常来说，每个人都有爱惜、保护自己名利的倾向。也正因如此，有些人，常常会为了自己的利害关系而感情用事，以至于错误判断，因而失败。

历史上项羽的乌江悲歌让多少人为之扼腕长叹，项羽是战场上的不败英雄，一生历经七十多场战争，无往不胜，这是他值得欣慰的最大资本，这是英雄最大的自豪。然而，他又是个幼稚单纯的英雄。他太感情用事了，往往因一时冲动而击破脆弱

项羽像，图出自明·天然撰《历代古人像赞》。

的理智防线,燃起了熊熊烈火却无法熄灭,最终自食苦果。曾经的辉煌演奏成了一曲泣血的悲歌,感情用事所致使的后果非常严重。

所以说,缺乏豁达心胸的人,在观察或考虑事情时,常常过分感情用事,所以容易失败。

为了把因感情用事带来的后果避免,我们每一个人都需要有豁达的心胸。控制自己的感情并不是冷漠,而是将自己的感情化作力量,也就是善用自己的感情,从感情的背后看问题,单向思维,尽量排除感情的干扰,这样才能把清晰的思路顺下来。

就算是一时的感情用事没有造成不良的后果,或被别人谅解了,但也不能掉以轻心,因为若不及时注意克服,一旦形成了习惯,不仅难以克服,而且迟早会造成严重的后果。那么,怎么才能避免感情用事呢?

(1)注重良好情绪的培养。易于冲动、感情用事的人,其举止常受情绪左右,在情绪冲动的一刹那,理智隐退,意志失控,凭感情用事。因此,克服感情用事的毛病,首先要培养自己的良好情绪。尤其需要努力以意志来控制自己的情绪,并排除外界事物对自己情绪的干扰。同时,健全自己的性格,磨炼自己的意志。

(2)勇于承认错误。人们常常因为感情用事而赌气发恨,造成友谊的裂痕、交往的中断或财物的损失。事后冷静下来,也感到不值得、不应该;但又觉得一言既出,驷马难追,不愿收回成言,生怕丢了"面子"。其实,这种顾虑大可不必。殊不知,一个勇于纠偏改错的人,哪能不受人们的欢迎呢?只有勇于认错,感情用事的毛病才更容易克服。

(3)吸取经验教训。由于感情用事往往不根据客观现实,只以自己的愿望行事,自然常常失败。但失败并不可怕,只要吸取教训,包括自己的,也包括别人的,努力把自己的主观愿望与客观可能结合起来,冷静地理智地分析问题和处理问题,这样就能避免感情用事。

司马光像,图出自明·吕维祺《圣贤像赞》。

其实,人类真正的大患在于失去理智。亚里士多德说:"人是理性的动物。"是的,人失去理性,便与禽兽无异了。禽兽有情欲而无理智,所以不得自由。人若无理智,任欲望横行,大则从事于互相毁灭的战争,搞得天翻地覆,哀鸿遍野;小则与周围环境不和谐,互相排斥、伤害,弄不好坏了别人的事,也损害了自己。

为孩子多留遗产是愚蠢的

宋朝时期的司马光认为:现在给后人算计的人,不过是广为谋求财产遗留给后人,田地连成片,店铺一间挨一间,粮食装满仓库,黄金布匹装满箱子,这还嫌不够,自以为子子孙孙几代都用不完,十分得意。但不知对子女进行家庭教育,用礼仪法度整治家庭,以至于十多年辛辛苦苦积聚到的财产,几年内就被子孙们挥霍掉。反过来还讥笑祖先蠢,不知道自己享受。还埋怨他们小气,不给自己一点恩惠,从而粗暴地虐待他们。一开始是用欺骗、小偷小摸的手段来获得钱财以满足自己的欲望,满足不了时就立下字据向人家借钱,等待父母死后偿还债主。看他们的样子只担心老人长寿,甚至老人有病也不给医治,严重的还有暗中毒害老人的。他们当初想为后代造福,但适得其反,只是把子孙犯罪的欲望助长了,而且自己也身受其害。

前一阵儿,有一个官吏,他的祖先是当朝的名臣,十分富有但很吝啬,小到一升米、一尺布都要自己经手锁起来。白天把钥匙带在身上,夜晚把钥匙放在枕头下。病重的时候,他的儿孙偷了他的钥匙,打开储藏室,开箱拿钱财,他也不知道。等他苏醒过来,摸枕头下面的钥匙不在,大怒,活活被气死了。他的子孙却不悲伤,忙着去争夺财物,因分财不均,告到官府。他的一个未出嫁的女儿为了争嫁妆也与兄弟对簿公堂,被乡里耻笑。这是由于子孙们从小到大,只知道利益而不知道义气的原因。

维持生活所需的费用,任何人都不可缺少,但不能追求多余,多了,就会成为负担。如果使自己的子孙都很有德行,哪会发生吃穿不能自己解决,死于路上的事呢?倘若他们没有德行,即使黄金堆满屋,又有什么好处呢?所以多留给子孙更多财富,我认为这种做法十分愚蠢。

难道古圣先贤都不对子孙后代的贫穷困乏关心吗?古代圣人要留给子孙高尚的品德与完备的礼法,贤人传给子孙廉洁的品质与俭朴的作风。舜出身卑贱却因修养品德,终于当上帝王,他的子孙们继承他的高尚品德,统治国家历经百代而不衰。周朝从后稷、公刘、太王、王季、文王开始积德积功,到了武王之时,终于夺取政权,统治天下。《诗经》中称:“周文王谋及子孙,辅佐子孙。”指的是周文王积累恩德,申明礼法,而且将其传给子孙后代。使得国家安宁、江山稳固。因而周家子孙能够统治八百多年,他的旁系也成为天下望族,诸侯星罗棋布,遍及海内。难道周家始祖留给子孙

舜耕于历山图

后代的利益不大吗？

早立遗嘱可减少后患

南宋时期的袁采认为：有些做父亲、祖父的害怕自己死后孩子们会为财产问题而发生争执，就常常记挂着早早写下遗嘱。然而他们不知道祸福不定，时光荏苒，常犹豫不决。等到他们疾病发作，病势加重之时，虽然心中还明白，但已是口不能言，手不能动，只能含恨死去。何况有人在临终前已是神志不清，就更加没有办法把遗嘱立下来了。

所谓遗嘱，都是有见识的人担心自己死了以后发生什么争执而生前预写的死后该如何处置的文书。但是遗嘱也必须公平，才能使家中免生是非，和睦兴旺。如果因为妻或妾凶狠狡诈，在立遗嘱时对于自己的后妻或孩子有厚有薄，有偏有私，或随便更改继承权，或轻易地驱赶孩子出门，等等，种种不合乎人情礼仪的事不知有多少。这都是引发家庭纠纷从而使家业败落的根源。

父祖辈年纪大了，不愿意对家事多管理干涉。大多将财产均分给子孙了事。如果父亲、祖父们用心公正，一开始就没有偏袒，子孙们又都能同心协力经营家业，而不学浪荡子，那么平均分配之后，不但没有争执，家道反而更会兴旺。如果父亲、祖父长辈因为有过继的子孙，或虽然都是一样的子孙，自己却有爱有憎，平日有资助有不资助，但凡供给衣服食物钱财东西。又必然有厚有薄。这就使得子孙在分配财产时强烈要求平均分配。作为长辈又在暗中使分配不均，怎么能期望日后不起争端？如果因为家中有败家子，长辈担心他日后侵害别的孩子的利益，在分财产时虽然迫不得已地要分给他一份，也只能按时给一些钱粮而不将田产平均分他。如果你分他田产，他就觉得自己有了自主权，一定请求长辈订立契约而将田产卖掉。而田产卖光以后，他就会去骚扰其他弟兄想再贪占一点，这就必然引起诉讼，使得那些品行良好的子孙被他骚扰祸害，与他一同破家荡产。对此不能不考虑。一般说来，子孙中即使有十多个人都安分守己，而有一人是败家子，那么，这十几人都要身受其害，乃至倾家荡产。国家法令再严，也无法杜绝犯罪，父祖智谋再高，也不能防止发生上述事情。想使家族永远昌盛的，得看看别人家的兴衰历史，好好想一想自己家的将来。难道不可以从现在起修养道德，周详细致地订计划，为将来做一个长远的谋划吗？

成由勤俭败由奢

宋朝时期的司马光认为：我家贫寒，清白家风，世代相传。我生性不喜欢豪华奢侈，还是乳儿的时候，长辈给我戴上金银，穿上华美的服装，我害羞得脸发红，脱下来扔到一边。二十岁那年，侥幸考上进士，在皇上赐给新科进士的宴席上，人人的头上都戴着花，我独不肯戴。同我一起考上进士的人对我说："花是皇上赐的，不能违背皇上的旨意。"不得已才把一朵花插在帽檐上。

一生对吃穿不讲究，只求饱暖而已。但也不敢穿肮脏破烂的衣服，违背世俗常情，免得人家说你假装节俭，以沽名钓誉，只是顺着我不爱奢侈的性情而已。众人都以奢侈、铺张浪费为荣，我却以节俭朴素为美。别人都讥笑我寒碜，而我不以此为缺点。回答讥笑我的人说："孔子说过：'与其骄傲，宁可寒碜。'又说：'因为俭省而犯过失的事例是很少的。'还说：'读书人有志于追求真理，而以吃得不好、穿得不好为耻辱，这种人是不值得与他谈论什么的。'"古人以节俭为美德，现代的人却因为节约俭朴而相互讥讽，唉！太奇怪了。

近几年，社会风气更加铺张浪费。就是差役穿的衣裳也和士人的差不了多少了。甚至连农民也穿起丝绸做的鞋子了。我还记得天圣年间，先父当群牧司判官的时候，有客人来就要摆酒席款待，每摆一次酒席只倒三五次酒，最多不超过七次。酒是从街上打来的，果品只有梨、栗、枣、柿之类，菜只有干肉、肉酱、菜汤。盛食品的是瓷器和陶器。当时的士族、文人、官员家家都是这样，互相之间并没有看不起的现象。他们聚会的次数多而礼节殷勤，虽然食品很小但是却有很深厚的情谊。

如今的士族、文人、官员家却不是这个样子。假若喝的酒不是用宫中的酿酒法酿造的，果品和下酒菜不是从远方来的名贵货，食品不是很多种，盛饮食的器具不摆满一桌子，就不敢请客。通常都要花费几个月的准备时间，然后才敢把请柬发出去。

假如不这样，别人就会七嘴八舌，说他不对，以为他吝啬。所以不随波逐流的人很少。唉！风俗败坏成这个样子，有权有势的人虽然不能制止，难道还要把这种恶劣的风气助长吗？

还听说李沆在宋真宗朝担任宰相的时候，在封丘门建造住宅，厅堂前狭窄得仅能掉转马头。有人说太狭窄了，李沆笑着说："住宅是要传给子孙的。它作为宰相家厅堂，确实太小了，但作太祝、奉礼郎一类小官的厅堂已经够宽了。"张知白当宰相的时候，他的生活水平跟在河阳做节度判官时一样，和他亲近的人劝诫他说："你如今薪水已经不少了，而自己的生活水平竟这样，外面有不少人议论你，说你像汉武帝时的丞相公孙弘一样，是在装穷，您应该稍微随俗一点。"张知白叹息说："我如今的薪水，让全家人吃好穿好，不愁做不到。但人之常情，由节俭到奢侈容易，由奢侈到节俭就难了。我如今的薪水哪能长保？一旦情况不像今天这样，家里的人习惯奢侈的生活久了，不能立刻节俭，必然会没有着落。哪能像我做官与不做官，活着或死去，家里的生活都天天如此的好呢？"这些大贤人的深谋远虑，怎么会是那些平庸的人所能达到的呀！

寇准像，图出自清·顾沅辑《古圣贤像传略》。寇准是北宋著名宰相，对朝廷立有大功，但豪华奢侈然当时首屈一指。

春秋鲁国的大夫御孙说："节俭，

是善行中的大德;奢侈,是邪恶中的大恶。"说的是有德的人都从俭朴中来,节俭就欲望少,有地位的人欲望少,就不会被物欲役使和支配,那他就可以依正道而行。普通老百姓欲望少,就能约束自己,节约用度,避免犯罪,使家庭富裕起来。所以说:"节俭,是善行中的大德。"奢侈的人则欲望多,有地位的人欲望多,就会贪图富贵,不依正道而行,招致祸患。普通老百姓欲望多,那就会多方营求,任意挥霍浪费,甚至于家破人亡。所以做官必然会贪赃受贿;不做官必然去做贼。所以说:"奢侈,是邪恶中的大恶。"

古时候的正考父维持生活仅仅靠稀饭,孟僖子因此推断他的后代必有显达的人。季孙行父曾辅佐鲁文公、鲁宣公、鲁襄公,但他的偏房不穿丝织品做的衣服,不给马喂粮食,当时有名望地位的人认为他忠于公室。晋朝的何曾,每天花费在吃上的费用就有万吊,他的子孙也很骄狂,到永嘉末就倾家荡产了。石崇向人夸耀自己奢侈、浪费,最后也为此而身死于刑场。近代的寇准,豪华奢侈在当时是首屈一指的,只是因为他功劳大,所以人们不非议他。他的子孙也染上这种豪奢的家风,如今多数穷困。其他因节俭而树立声名,因为奢侈而走向自我毁灭的事例太多了,简直不能一一列举。

勤俭持家,量入为出

南宋时期的袁采认为:把家业创立的人,之所以能够积累越来越多的财富,就是因为他们在服装、饮食、器皿、用具上以及在红白喜事的操办和各种日常花费上都很节俭,遵循发家之前的规矩,从不铺张浪费,因此,每天收入的钱财总要多于支出的,所以他们能经常有所剩余。富家子弟之所以容易倾家荡产,就是因为他们在服装、饮食、器皿、用具上花费太多,操办红白喜事规模太大,总要依循旧制,并且数位兄弟又把财产分开各立门户,这样日常费用就比从前增加了好几倍。子弟中有能节省费用,作长远打算的,恐怕还来不及呢,何况有的子弟尚未省悟,如何才能把家业支持下去呢?古人说:"从节俭进入到奢侈容易,从奢侈再回到节俭就困难了。"说的就是这种情况。权贵人家也不能保证子孙永不败坏家业。当他们身居高位的时候,即使不是主管要害部门,国家发给的俸禄供给十分丰厚,别人赠送给的礼物钱财也很多,他们面前那么多差役仆从,费用都是由州郡官方供给,他们的服饰、饮食、器皿、用具虽然都极其豪华奢侈,但那些费用都不是由自家财产中支付的。等到这些权贵的后世子孙,没有父祖辈做官时国家拨给的俸禄供给,也没有别人赠送的钱财礼物。差役仆从的薪水,日常生活所需的各种费用,都不得不从自家财产中支出。况且后世子孙又把一家分成好多家,而各种用度还和往昔一样,怎么能够不倾家荡产呢?这也是形势所趋,不可避免的事,做子弟的,都应量入为出,依靠勤劳节俭来维持家庭。

把家业创立的人,看见自己所做的事没有不称心如意的,就认为自己的智谋已经十分巧妙高明了。不知道自己的成功是命运里偶然的事,得意扬扬,贪婪索取,不知满足。自认为家业能够永远兴盛下去,不能被败坏,这种想法能不为造物者所耻笑吗?那些败坏家业的人早已生在了他们家,或是儿子或是孙子,每天环立在他身边的,都是有朝一日会败坏父辈祖辈创立的家业的人。只可惜他们的父辈祖辈看不到这些人倾家荡产了。前辈有人建造宅第房屋,在东厢房宴请工匠说:"这是建造宅第的人。"在西厢房宴请自家子弟,说:"这些是将来卖掉宅第的人。"后来发生的事果然应验了他的话。近世有个士大夫说："能够看见的，就慢慢地经营好了；不能够看见的，就不用去谋划考虑了。"这是有见识的人知道有些事情是人力所不及的，所以，他心中宽缓安定，和那些被遮蔽迷惑的人相比，自然是有些不一样了。

有些人活在世上，既不对祖辈，父辈起家创业艰难考虑，把家业继承下去，也不考虑如果将来家业败落，子孙后代就会失去依靠，难免要忍饥受冻。他们不加节制地生下很多儿女，又对儿女不重视，看做陌路人一样，一味沉溺于酒色之中，赌博下棋，不务正业，败坏了家产，求取一时的享乐。这些人都是家门不幸。这些人连触犯刑律也不害怕，又怎么能用教诲劝导，责骂来使他们回心转意呢？对他们只能是无可奈何，任由他们去了。

创家立业的人把财富积聚起之后，就会每天忧虑不安，恐怕将来仍不免于饥寒交迫的境地；败坏家业的人，使家财逐渐减少，但还气宇轩昂地任意胡为，说："将来没有什么可担心忧虑的。"这就是所说的"有福之人把有福看做不幸的事，而无福之人却以不幸为好事。"这句话经常在一个人已经是壮年，但还未到老年，或已经是老年但还没死之前应验，有见识的人应该自己把这个道理领会。

义应该讲，钱也应该赚

明朝时期的洪应明认为：野菜生长在山间根本不必人们去灌溉施肥，生长在野外的动物根本不必人们来饲养照顾，可是这些野菜和野物的味道吃起来却非常甘美可口。同样，假如我们人不受功名利禄所污染，品德心性自然显得格外纯真，与那些充满铜臭味的人相比就会有很明显的区别。

礼聘适梁图。描绘了梁惠王礼聘孟子，问何以利国之事。

孟子前去拜见梁惠王，惠王说："先生不远千里而来，大概是有什么好法子对我梁国有利吧！"孟子说："大王何必谈到利呢？可以说的只有仁义两个字罢了。"在孟子那里，仁义和利益是相互矛盾的，不能并存。荀子不以为然，他主张把义和利统一起来。可见，荀子比孟子更了解人，因而他的思想更现实，更合理，也更易于为人们所实行。荀子说，义与利，是每个人都需要的东西。提倡义的人，不一定讳言利；追求利的人，不一定违背义。义应该讲，钱也应该赚，这样的人生才完满。所以，安贫乐道，不一定可取；见利忘义，就必然会被别人所不齿。

君子赠人以言，庶人赠人以财

帮助他人有多种形式，除了物质的资助以外，在一个人痛苦伤心的时候，最需要给予安慰；在一个人无法申冤的时候，最需要说一句公道话；在一个人心灰意冷的时候，最需要的就是鼓励和理解。抓住人心是统御之术的最高境界。怎样才能真正地抓住人心呢？有人认为物质可以帮助别人度过困境，殊不知，还有比物质更重要的东西，那就是一句安慰的话语，一声亲切的提醒。

比如，当对方情绪进入下列低潮时，就是抓住人心的最佳时机：

(1)工作不顺时。比如因工作失误，或工作无法照计划进行而情绪低落。因为人在彷徨无助时，希望别人来安慰或鼓舞的心情比平常更加强烈。

(2)变动人事时，因为人事变动而调到单位的人，通常都会交织着期待与不安的心情，应该帮助他早日去除这种不安。另外，由于工作岗位的构成人员改变，部属之间的关系通常也会产生微妙的变化，不要忽视了这种变化。

(3)生病时。不管平常多么强壮的人，当身体不适时，心灵总是特别脆弱。

(4)担心家人时。家中有人生病，或是为小孩的教育等烦恼时，心灵也总是较为脆弱。

在这些情形下适时的慰藉、忠告、援助等，会比平常更容易抓住别人的心。因此，一方面，平常就要积累一些朋友的个人资料，然后熟记于心。

这就是抓住人心的最佳时机，下面介绍几个要点来察觉他人心情的跃动规律。

(1)脸色、眼睛的状态(闪烁着光辉、咄咄逼人、视线等)。

(2)说话的方式(声音的腔调、是否有精神、速度等)。

(3)谈话的内容(话题的明快、推测或措辞)。

(4)身体的动作、举止行动是否活泼。

(5)姿势，走路的方式，整个身体给人的印象(神采奕奕或无精打采的)。

综合这些资料，就可以探索到他人心灵的状态。应该有意识地研究这些资料，以便能正确掌握各人的特征。

这些措施对于吃软不吃硬的人最为有效。

好人做到底，勿赔了夫人又折兵

救人于危难之中，可以为你树立起崇高的形象，使你的信誉和声望义薄云天。信誉和声望就是你的面子，这种面子会把无尽的好处和财富回馈给你。

三国时，周瑜在当大将之前曾因缺粮而为难，有人献计，说附近有个乐善好施的财主鲁肃，他家素来富裕，想必囤积了不少粮食，不如去向他借粮。

于是周瑜登门拜访鲁肃，刚刚寒暄完，周瑜就直接说："不瞒老兄，小弟此次造访，是想借点粮食。"

看到周瑜丰神俊朗，鲁肃料定他日后必成大器，他想与周瑜深交，哈哈大笑说："此乃区区小事，我答应就是。"

这时鲁家存有两仓粮食，鲁肃痛快地说："也别提什么借不借的，我把其中一仓送与你好了。"周瑜及其手下一听他如此慷慨大方，都愣住了，要知道，在饥馑之年，粮食就是生命啊！周瑜被鲁肃的言行深深感动了，当时两人就成了好朋友。

周瑜在后来当上了将军，他牢记鲁肃的恩德，将他推荐给孙权，鲁肃终于得到了干事业的机会。

从某种角度上说，人情是中国人维系群体的最佳手段和人际交往的主要工具。但是你要是以为好心都有好报，做完了人情必能换来交情，那就太理想化了。

周瑜像，图出自清·顾沅辑《古圣贤像传略》。

当然，做人情反而给自己引来祸事的，只是极少数，但人情白做了，弄得双方都不愉快的事，随时可以发生。甲欠了乙的人情，后来找个机会还了。在甲看来，已两清，但乙则很可能认为并不等值，自己付出的多，得到的少，心理不平衡。而甲有可能认为自己得少还得多，应视为又一次的人情交往。这样，甲、乙就可能结怨，甚至结成很深的仇恨。

所以说，人情在做之前要权衡利弊，有害自己的尽可能地不要做，有弊的少做。朋友的人情，不但要做，而且一定要做足。做足，包含两个含义，一是人情要做完；二是要把人情做充分。

有两个好朋友，一个求另外一个办点事，另外一个说："没问题。"隔几天，他给你一个半零不落的结果，你口头上虽不能说什么，但心里肯定说："这哥儿们，做就做完，做一半还不如不做，帮倒忙。"

帮倒忙的帮助，越帮越忙，非但如此，还会影响信任度，说话不算数的朋友谁都不愿沾着。人情做一半，费力不讨好。

做人情，绝对是一种艺术。运用之妙，存乎一心，很难完全套公式。简单来说，就是让对方有"爽"的感觉。愈能让对方痛快，就愈可能达到"买卖完成，仁义又在"的最高境界。

所以，人情要做足，好人要做到底。

节俭宜持之以恒

南宋时期的袁采认为：有了财物的人都担心被他人偷盗，就用绳索捆上，再加上锁，严格地贴上标志和封条。害怕日常花费没有计划而耗散家产，就会精心地计算一切花销。然而也有人虽然对日常花销精打细算,还是破了产,这是因为一百天严格谨慎地花销,没有一天疏忽,才不会破产;一百天在花销上严格谨慎,只有一天疏忽放任,那么这一天的疏忽放任与一百天不严格谨慎造成的后果是一样的。有人十分节俭,但最后还是到了资财匮乏的地步,这就是因为在各种事情上都节俭,那么这一样事情的破费与各种事情都不节俭的后果是一样的。所说的各种事情,就是饮食、衣服、住宅、园林、馆舍、车马、仆人差役、器皿用具、古玩,也不是一两句话能说得清的。对这些事物的使用,丰富或节俭按自己的财力来定,就不算是浪费。不根据自己的财力去做,或是虽然有这份财力却过于奢侈浪费,做不是紧急要办的事,都是乱花费。年轻人来主持家事应该把这一点深深弄清楚。

积财千万,不如薄技在身

北齐时期的颜之推认为:拥有学问和技艺的人,就可以在四处安身。自从灾荒战乱以来,很多人被俘虏了。即使是千百年的小人物,只要熟读了《论语》、《孝经》,还可以为人之师;即使是千百年来的大贵戚,不通晓《诗》、《书》的,没有不去从事体力活的。由此看来,能够不努力学习吗?如果能够终生阅读上百卷书,即便是任何朝代都不会沦为下流社会的草民。通晓六经的意旨,广泛地阅读诸子百家的著作,即使不能提高道德修养,促使风俗敦厚,但仍不失为一种技艺,可作为谋生之资。父母不可能长久地依赖,家国不可常保无事,一旦无人庇护,就只能依靠自己。俗话说:"积财千万,不如薄技在身。"想有技能,想要见多识广,而又不肯读书,就像想吃饱而懒得去做饭菜,想穿暖而懒得去裁衣一样荒谬。且说读书人,自从神农以来,天地之间,总计有多少人,多少事,关涉老百姓的成败好恶,本来不值得议论,天地不能将之藏起来,就是鬼神也不能够把他隐蔽起来。

莫取不义之财

宋朝时期的贾昌朝认为,近几年来,我亲眼看到,人们把苛刻当成有本事的表现,以奉公守法为没有本事的表现,以能猛烈揭别人的短处和阴私为能干,以少说话、慎重为无能。于是使年轻人做官处理事情,养成苛刻暴虐的脾气。每逢开口说话,必定要高声诋毁别人。招惹怨恨,没有比这更大的了。用这种办法得以升官的人是有的,但是却没有听说过能够善始善终,幸福能传到后代的人。

又见过一些奢侈的人,服装玩好,必定要追求华丽,饮食必定要讲究贵重珍奇。如果家无很多钱财和优厚的收入,那么必定投机取巧去搞钱财,拿来供自己挥霍,一旦因贪污获罪,那就成了终身的耻辱,那样还有救吗?

分财产贵公允

南宋时期的袁采认为:对于家庭财产分割方面朝廷官府的立法并非不详尽周全,然而仍有人明明是在损公肥私,却在家庭财产的典卖契约中把家族的公有财产说成是妻子陪嫁的私产,有的竟然用一个讹谬的化名来购置田产。对于这类现象,官府不可能全部追查清楚。还有人确实是发迹于贫寒的岁月，不依靠祖辈父辈的遗产，自己能够勤奋立业，购置田产财物。还有的即使有祖辈、父辈遗留下来的产业，也不像别人那样因循守旧，守住祖宗的产业不变，而是自己另外把属于自己的财产购置。

在如此状况之下，同宗族的其他人一定要求分割其财产，直闹到县、州等各级官府所在地，甚至告状诉讼数十年，彼此到了倾家荡产方才罢休。如果富裕起来的人能够反思一下自己的行为，果然是由于损公肥私，不把多余的财物分给贫者，那么你的良心，就毫无一点儿抱歉之意吗？果然是自己呕心沥血置办起来的家产，把它们分一部分给贫穷的亲戚、同宗之人，大面上是一种高明的义举，暗地里却是在积累自己的阴德。难道不比常年争着告状，妨碍、荒废家业，出资准备干粮，准备证据，与胥吏周旋，并用钱物去把官吏贿赂强得多吗？

贫穷之人也应当自己反思一下自己，就算他当初确实干了损公肥私的勾当，也要经过多年的辛苦经营才使财富逐渐积累到这个程度，怎么可以把他的财产全部分给别人呢？况且实在是人家自己置办起来的私财，而我却想得到它，难道不感到羞愧吗？假如能懂得其中的道理，即便是自己所分到的财物很少，也一定没有为了打官司从而胡乱花钱的现象出现了。

父祖辈年纪大了，不愿对家事多管理干涉。大多将财产均分给子孙了事。如果父亲祖父们用心公正，一开始就无有偏袒，子孙们又都能同心协力，经营家业，而不学浪荡子，那么平均分配之后，不但没有争执，家道更会兴旺。如果父亲祖父长辈因为有过继的子孙，因为有异母之子，因为儿子死了而不喜欢留下的孙子，还因为虽然都一样是子孙，自己却有爱有憎，平日有资助有不资助，但凡供给衣服食物钱财东西，又必然有厚有薄。这就使得子孙在分配财产时强烈要求平均分配。作为长辈又在暗中使分配不均，怎么能期望日后不起争端？如果因为家中有败家子，长辈担心他日后侵害别的孩子的利益，在分财产时虽然迫不得已地要分给他一份，也只能按时给一些钱粮而不将田产平均分他。如果你分他田产，他就觉得自己有了自主权，一定请求长辈订立契约而将田产卖掉。而田产卖光以后，他就会去骚扰其弟兄们想再贪占一点，这就必然引起诉讼，使得那些品行良好的子孙被他骚扰祸害，与他一同破家荡产。对此，不能不考虑。一般说来，子孙中即使有十多个人都安分守己，而有一人是败家子，那么，这十几人都要身受其害，甚至会倾家荡产。

国家法律条令再严厉，也无法杜绝犯罪，父祖智谋再高，也不能防止发生上述事情。想使家族永远昌盛的，得看看别人家的兴衰历史，好好想一想自己家的将来。难道可以不从现在起修养道德，详细计划，给以后做一个长远的谋划吗？

财物易尽，欲壑难填

清朝时期的车万育在解说《菜根谭》时认为：言辞准确，没有丝毫出入的地方，像金子一样坚硬，永远都不加以更改叫金石语。汉朝的士人们，每月聚在一起，评论世人的贤良和国家大事叫月旦评。唐代的项斯，清奇雅正，超凡脱俗，杨敬之写诗表扬他的好品质，中间一句是："到处逢人说项斯。"北齐薛道衡的诗写得很好，他写的一首《人日诗》，让人看后赞叹不已，果然名不虚传，是个有才干的人。与坏人结党去干为非作歹的事叫朋奸。用尽自己所有财产下赌注叫孤注。只是想了结一件事，就说

北齐诗人薛道衡像，图出自《薛氏江阴宗谱》。

自己但求塞责；劝告人们考察事情不要过分仔细，说不必苛求。方命就是违背别人的意志去做事。执拗是指固执任性，不听从别人的意见。觊觎是希望得到不应该得到的东西，睥睨指两眼斜视，这些都是因为有私心去窥探。别人犯了小错误都要去追究，叫吹毛求疵；在别人有危难时乘机攻击，叫做落井下石。人们的欲望很难满足，像河沟一样难填平；人的钱财货物很容易耗尽，就像漏酒的器皿。请别人指导自己叫茅塞顿开；感谢别人的劝告叫多蒙药石。好的行为规范，好的足迹都是指好的品行，值得仰慕。有教益的话，至理名言，都是值得听的美好言辞。不开口说话叫缄默，把怒气平息叫霁威。

有错误的地方都是因为不学习；做事情都要先勉强自己去做才能成为自然。做事情希望快速成功叫躐等，过于讲究礼貌叫足恭。假装忠义仁厚叫乡愿，才能超过众人的叫巨擘。鲁莽冒失是由于言语、举止随便不庄重引起的；做事情精细详尽是由于从容不迫。做善事就会流芳百世；做恶事就会遗臭万年。犯的错误多了叫积恶；罪孽满了，就像用绳子穿钱一样穿满了钱叫贯盈。曾经见过女子打扮妖艳，引人犯罪；一定要知道保管财产常因疏忽而招致盗窃。用竹管的小孔看豹子，只能看到豹子身上的一块斑纹，所能看见的东西不多。坐在井里看到的是一块很小的天空，用坐井观天来把知识的不广博来比喻。

贪财积怨，祸害不远

明朝的吕坤认为：一不贪恋财物，二不积蓄仇怨，睡也安然，走也方便。旧谓贪财积怨，惹祸招灾，反之，则心中坦然，行动洒脱。

对待他人非常优厚得到友好的回报，结怨多者招致的祸害也就深。施与很少而指望报偿优厚，积怨很多而指望没有祸患，自古以来也没有这样的事。

与人结下怨仇，就是给自己种下祸患的根苗；应当做的好事不去做，就等于自己伤害自己。

把别人侮辱到无法忍受的地步，势必引起别人的反抗而辱及自身；伤害别人达到过分的程度，势必会遭到别人的反击而伤及自身。

双方互相仇恨，就没有酿不成的祸患。

要以身作则

刘向像，图出自清·顾沅辑《古圣贤像传略》。

西汉时期的刘向认为：从前，燕国丞相把国君得罪了。想到外国去便把门下的士大夫叫在一起，说："有能跟随我出逃的吗？"问了三遍，没有人答应。

燕国丞相说："唉，士人中也有不值得养活的啊！"有位士人向前说道："只有您不能养士人，哪有不值得养的士人呢？灾荒年间，士人连糟糠都吃不饱。而您的狗马却有吃不完的粮食；严寒冬季，士人没有一件完整的能够遮体的粗布短衣，而您的高台房舍都是锦绣的帷幔门帘，任风飘荡吹破。钱财，对您说来是很轻的；死亡，对士人说来是很重的。您平常不肯把很轻的东西施舍给士人，却想得到士人很重的东西，怎么能够办到呢？"燕国丞相大为羞惭，便逃跑了，再也不敢和大家相见。

齐桓公说："我们国家很小，可以用来支配的财力也有限，但群臣穿的衣服，乘的车马却过分奢侈，我想加以禁止，可以吗？"管仲说："我听说，国君尝一下味道，臣子们就会大吃大喝；国君表示喜爱的衣服，臣子们便会盛行起来。现在您吃的是桂花调制的汤，穿的是白狐狸皮做的大衣，这就是群臣过分奢侈的原因。《诗经》上说：'不身体力行，老百姓就不相信。'您想禁止奢侈，为什么不先从自己开始呢？"齐桓公说："很好。"于是换上纯布做的衣服，戴上普普通通的白帽子，齐桓公上朝时就穿着这样的服装有一年，节约俭朴之风就在齐国形成了。

怎样处理借贷

南宋时期的袁采认为：遇上亲朋好友向你求借钱财器物，你不如估量着自己的富裕程度后，无偿地送些给他。如果说借给他，那么你便存有期望他偿还的心思，免不了日后向他索要。可索要的次数一多，求借者反而会心生恼怒，说："我本来就想还你的，可是你不应当频频索要啊！"如此你也只好按下不提，如果你不去索要，他又会说："人家又不透露一点要的意思，我又为什么一定要忙着还呢！"因此，你索要他不会偿还，不索要他同样不会还，最终会闹到双方结下怨恨而不可收拾。大凡生活窘迫的人来求借，一开始便没有要偿还的意思，即使有肯偿还的意思，又用什么来偿还？有人借钱是作为做生意之类的资本，可大多数会因为命中注定要受穷，再加上经营不善，必使血本无归。当初他求借之时，礼貌恭敬，言辞谦逊，感恩戴德之心使他可以信誓旦旦，如何如何。到了以后该要偿还之时，在内心里恨不得砍下债主的头来。

在亲戚朋友之间，有很多由于钱财上的往来而结怨成仇的。俗语说："儿子不孝顺父母，那是父母教育的过错。借债人久借不还，则要怪债主。"与其这样，倒不如体恤他家境贫寒，依据自己的财力大小，无偿地送给他些钱物。这样，我心里不存什么要他归还的念头，他也不会有什么反复的想法而与我结下怨恨了。

凡是敢于借债的人，必然会说等以后有钱了一定偿还。他一定不知道今日没有宽裕，日后怎么能有宽裕呢？凡是没有远见的人，为了求得眼前一时的宽裕而借债，日后必定负债累累，这种人没有不把家败落的。人们切要以此为鉴。

贪财好色者最好别从政

南宋时期的袁采认为：如有愚顽笨谬而又贪财纳贿的子弟，绝对不可以让他们走上仕宦的道路。古人说办理案件是能够积阴德的事情，子孙后代之中必定有兴旺发达的，这就是行善积德。做了好事，别人虽不知道，暗地里福祥如意却降临到自己头上。如果让那些愚顽笨谬的子弟为官并执掌刑罚，他定会把公事全部交给幕僚或下属去办理。这些人扭曲事实，保护恶人而诬陷忠良，岂不是不能积阴德反而损德吗？古人还说：人有太多的阴谋诡计，实是道德伦理之所大忌，即干了坏事虽然别人不知道，但终会得到报应。现在你让本性贪婪的子弟为官，他必定会与下属一同谋划，假公济私，蝇营狗苟，黑白颠倒，指鹿为马，使人蒙受不白之冤，却又无处申诉，这不就是古人所说的阴谋吗？士大夫们不妨回顾一下我们乡间的情况。看看三十年前的官宦人家，如今存留还在的又有几家？他们败落的原因，就是让愚笨贪财的子弟做了官，而不积阴德遭到报应造成的。有远见卓识的人一定相信这番话是没有一点儿错误的。

别人干了好事，对他进行勉励赞扬，别人干了坏事，对他进行规谏劝告，这当然是好事。但是必须事先自己反省自己。如果是自己平时也做不到的事，却要去规谏别人，非但不会被别人听取，反倒要被别人鄙薄。这就好比是自己在朝为官，有被人称颂的地方，才可以用自己在朝为官的方法教诲别人；自己处理政事卓有成效，才可以用自己处理政事的方法来教诲别人；自己的才学被人所尊崇，才可以用自己进德修业的要领来教诲别人；自己的品性德行被人尊重，才可以用自己的操行来教诲别人，自己能发家致富，才可以用治家之法教诲别人；自己能住在父母旁边而能与父母和睦相处，才能用自己的孝顺行为来教诲别人。如果说自己尚且做不到这些，却要去教诲别人，难道不会反而被他人耻笑吗？

在外面，子孙犯了什么过错，作为父亲、祖父的大都自己不知道，这种现象在达官显贵之家更显得普遍。子孙们有了过错，总会想方设法地隐瞒住父亲和祖父，不让他们知道。而外面的乡邻等众即使知道或听说了，仅在私底里讥弹讽笑罢了，并不让他们的父亲和祖父得到什么消息。更何况他们的父亲和祖父如果是乡里的权贵豪富时，人们平时相见都难得，一旦相见，相互吹捧恭维尚且来不及，又哪里有空敢说些其子孙是是非非的言语。作为父亲、祖父的人都自以为自己的子孙比别家的好，反会把别人的指责当做诬蔑而内心感到嫌恶。就算子孙有了滔天大罪，虽然家教稍微严厉些，但又有母亲祖母为子孙做庇荫而袒护他们的恶行，不使他们的父亲，祖父察觉到。

富豪财主家不肖的子孙，不过是酗酒，沉湎于女色，赌博耍钱，结交些诡佞轻薄的小人，最多导致家业破败而已。权贵官宦的子孙，做起坏事来其危害就远不止于此了。他们生活在乡里，强行索要人家的酒食，强行借贷人家的钱财，强行租借人家的物品不还，强行购买人家的商品而不给钱。他们还亲近那些不学无术、毫无德行的小人，使得这些小人恃宠而骄，狗仗人势，凌辱他人。他们还欺压侵犯善良百姓，并且矫饰言辞打赢一些实属荒谬的官司。乡里的人触犯法律而且理屈词穷，他们便出面担待，说是自己的事，乡里的人到州县打官司，他们便盗用父亲或祖父的名誉，伪作信函，恳求于州官县官，使得黑白颠倒徇私枉法；至于差遣劳役，征调民船，收放税款，赦免人罪，他们都趁机干预以捞取钱财，以这样得来的钱满足他们花天酒地的糜烂生活。如此这样的恶习还有许多。如果他们随从父亲祖父在任，就私下里托商贾之人，或吏役之人或市场管理人员买物品，而所付的钱仅是象征，绝对不够本钱。或当官职有缺，吏员补位，或当吏人犯法而求得免罪，或当职权落实，利益优厚之时，他们都要暗求贿赂，月夜催促其偿报。又在典买奴婢仆人的时候，自作主张，限定极低的价格，而不足的部分却让别人填补。平日不是成天与妓女们调情骂俏，就是挖空心思干预正常的借贷事物而发放高利，还有其他五花八门的专营手段来求财纳贿，非是如此这般所能够举全。他们从来不顾念如此行为为会连累到父祖遭刑受罪。凡是做长辈的都应深悉这种事情的危害，时时防备着子孙做那些恶事，更要时时向乡邻询问访察他们是否在外作奸犯科。只有这样，才能勉强作出保证使子孙不走上邪路。

也许富贵人家对子弟进行教育，本来想让他们在科举中取得功名，并且更深一层探究圣贤言论行为中的精微之处。然而，人的命运注定有的仕途不顺，有的却仕途畅达，各人的性情资质也不同，有的昏暗迟钝，有的明朗灵活，不能苛责每一个人都达到预定的目标。尤其不能因为他们没有达到预期的目的而让他们放弃学业。大凡子弟读书，本来就有所谓的没有用处的用处存在。子弟们读的书中也有许多看似无用其实有大用的书籍存在。史传中所记载的故事，文集中收集的奇妙的辞章，与那些阴阳、占卜方技、小说之类的书籍收集在一起，其中也有许多可以谈论的好内容，篇章书卷像无边的海洋，广博精深，并非一年半载或几个月所能浏览得完。子弟们早晚沉醉在书籍中，自会有所收益，且来不及干其他行为不轨之事。又一定会有朋旧故交以儒学为业的，时常往来谈论学问，这样，子弟们就没有时间饱食终日，无所事事，就能和小人混为一伙儿做坏事儿了。

骄奢是潜伏的祸患

宋朝时期的肖嶷认为：恭敬、俭省是幸福的车乘；骄傲、奢侈是一种潜伏着的祸患。乘坐着福舆能把安康得到，踏着祸机立即就有倾覆的危险，你们要引以为戒啊！人死之后，入棺时穿平常的服装，祭祀时不要用牛、羊、猪等祭品，棺木足以装得下尸体，埋葬时不要把棺木露出来就行了。

从小就不骄不奢的人才是真正富贵之人，一向勤俭而发生失误的人是很少的。汉代以来，诸侯王者的子弟，因骄横放纵，大到身遭杀戮、九族遭诛，小到封地被削掉，怎么能不引以为戒呢?

人们应当互相勤加勉励,首先要厚道、和睦,才能有优劣,处境有好坏,命运有贫富,这是符合自然法则的。不能以此相互欺凌。要勤勉学习,守住家产,注意治家,崇尚娴静质朴,这样做就没有什么可以忧虑的了。

使你顺心如意的事常常对你有害

南宋时期的袁采认为:有一些狡猾、市侩的子弟在族人、邻居和亲戚们中间,他们恃强凌弱,损人利己。富有人家大多把这种人作为爪牙,并且得到一时的纵情快意。这种人内里奸邪、乖巧,在表面上却又常常顺从主人之意,富家子弟也很喜欢他们。家长死后,引诱其子弟为非作歹的都是这种人。大概做家长的自己必须老练,其智慧、谋略能驾驭这些小人,才能利用他的才能为自己服务。至于做子弟的又必须有像他的父兄一样的贤明,才能没有忧虑。如果仅有中等才能的人,很少不被这些小人蛊惑,最终败家的。唐史说:"妖禽狐怪,白天则隐伏休息,入夜就肆行猖狂。"说的正是这类小人。子弟们如果平时交结一些淳朴、厚道、刚强、正直的人,虽然这些人有时说话不一定十分中听,可是与他们相处长久了,一定会在日后觉得受益匪浅。这就是所说的"让你顺心如意的事常常对你有害,而让你担心的事却常常会对你有益"。凡事都是这个样子,人们应当广泛思考这个问题。

勿恃富豪而欺穷困图,出自《阴骘文图证》,劝诫世人不要恃强凌弱。

世上有人考虑到年轻人还没有成年,血气不足,酒色赌博这些事,会把他们的心神扰乱,以至于把品德丧失,败坏家业。于是把年轻子弟拘留在家里,严防他们的出入,断绝他们和外界的往来,以至于使这些年轻子弟缺乏见闻,愚蠢鄙陋,不懂得人情道理。岂不知这样做并非良策。一旦对他们的管教松弛下来,这些年轻子弟的情欲就会爆发出来,如同野火燎原,不可扑灭。况且把他们拘留在家里,整天无所事事,就会偷偷地做些不该做的事,这样一来和让他们外出有什么区别呢?不如按时让他们出去,告诉他们交朋友要谨慎,对于那些不该做的事他们眼见耳闻,心中有数,自然能够看得出来,一定知道羞愧而不做那样的事。即使试着去做这样的事,也不会愚蠢鄙陋,被小人完完全全愚弄着。

意外之财要警醒

明朝时期的洪应明认为：不是自己分内所应该享受到的幸福，无缘无故得到的意外之财，就算不是上天故意诱惑你的诱饵，也是人间歹徒用来诈骗你的机关。安身处世如果不在这些方面睁大眼睛，是很少有人能把圈套逃过去的。

不经劳作就能收获的事在世上是很少有的，所以面对飞来的横财、平白的赠送，一定要冷静处理，不可贪图一时的小利而丧失更多的钱财，不可贪图一时的享乐而使自己身败名裂。无故让你得到就是有意让你失去，这样的人不是利用你，就是对你诈骗。

在一个大家族中，众多亲戚中，或众邻居中，必定会有些经济拮据、生活窘迫、日用不够的人。一旦有所缺乏，一定会向富裕家庭求借。虽然米面、盐酒酱醋之类，值钱不多，但如果频繁地求借，也会令人感到厌烦。如果求借衣服器皿等物事，既容易被污损，又容易被拿出去换钱。所以一旦东西借出之后，主家便会时常记挂在心上，每天盼望求借者快快归还；如果求借东西的人不但不快快归还，反而看上去像是若无其事，毫不挂怀，并且对人说："我从来没有向他借过一针一线。"这话如果传到物主耳朵里，怎么可能会不把物主的怨恨之情招来呢？

亲兄弟明算账

南宋时期的袁采认为：兄弟子侄在一起共同生活，而自己独独私下拥有很多财物，考虑到有分割财产的后顾之忧，就购置金银之类的东西而私家收藏，其实，这是一种极为愚蠢的做法。如果用成百上千的金银计算，用来购置田产，一年的收入定能达到一万，十多年之后，称得上十万的财物，我早已拿到了，也就是说我已收回了成本。分给家人的都是所购置田产的利息，何况十万金银购置的田产仍然还有利息。如果用成千的金银去经营典当行业的话，三年之后其利润就增加一倍，可以说十万的财物我又拿到了，分给家人的只能是其中的利息，何况等三年之后，赢得的利润不知有多少，为什么要把这些金银藏在箱子里，不借此机会既收取利息又对大家有利呢？我曾经看见有人将自己的私人财物借给家人，家人用这些钱来经营生意，而只取其本金却不拿利息，使家人逐渐富裕起来，延及兄弟子侄，绵绵不绝，这是善于处事的人得到的报答。也有私下偷窃家中的财物或者寄存在妻子的娘家，或寄存在有内外姻亲的亲戚家，最终被别人挪用，挪用之后不敢索取，或索要之后不能归还的这样的事情很多。也有以妻家或姻亲之家的名义购置田产的，田产又被别人占有，这样的情况也很多。还有以妻子的名义购置田产的，自己去世之后妻子改嫁，把全部财物都带走，这样的情况也很多。凡是正人君子，对此事应详细识鉴，有一份戒心存在，而不要重蹈覆辙。

生活在一起的兄弟，甲方富裕，常常害怕被乙方扰乱。十数年之间，或者甲方被破坏，而乙方日渐有所增益；或者甲方亡故，他的儿子却不能自立门户、勤奋创业，乙方反而又被甲方所扰乱，这种现象也是有的。兄弟在分割财产之时，有人把别人典卖财产看做幸事，自己趁机购置赎买。将父辈遗留下来的田产按丘丘段段平均分配，有的人把两旁的地分给兄弟，而自己的那一份居于当中，常常是兄弟的田产还没有卖而自己已先卖出，反被兄弟们就近赎买，这是常有的事。有的人家父辈们纷纷都去世了，兄弟子侄们便开始均分财产，其中没有兄弟、只单独一人的家庭，分到遗产之后，独自过得昌盛繁荣；兄弟多的家庭，将财产平均分割之后却越过越惨，直至衰微；有兄弟多的家庭不愿意把财产平均分配，但是兄弟们各自过得都很兴旺发达，远远胜于独自占有财产。有的看到家中兄弟们人口众多，而自己家人口少，拖累轻，吵嚷着尽力分割财产，日子却越过越冷清，最终衰落下去，反倒不如人口多、拖累重的人过得仍像从前一样兴旺。有的人因为感到财产分割不均，屡次打官司要求官府进行重新分配，分到财产之后随即破坏，反倒不如被告发的兄弟们过得好。生存于世间的人如果都能明白权谋智术是胜不过天理的，那么一定不会再起争夺财物诉讼的心思了。

第五编　待人接物篇

谗言易破，蜜话易伤

谗夫毁士，如寸云蔽日，不久自明；媚子[①]谀人[②]，似隙风侵肌[③]，无疾亦损。

【注释】 ①媚子：所爱的人。

②谀人：谄媚于人，用甜言蜜语奉承人。

③侵肌：即侵袭着肌肤。侵，侵犯，侵蚀。肌，肌肤，即人的皮肤。

【译文】 造谣进谗诋毁别人，就像小块的云彩遮住了太阳，不久就会真相大白；谄媚奉承别人就像邪风侵袭着肌肤，即使不得病也会受到伤害。

【解评】 谣言是把软刀子，一代影星阮玲玉就是因流言自尽于华年。但是，这也是对一个人的心理素质的考验。阮玲玉如果能坚强一些，不知道还会在中国电影史上留下多少杰出的作品。这个世界上有君子就有小人，总是有人因为嫉妒、因为仇恨，甚至什么都不为，就是瞎起哄，而制造传播谣言，这也是民族性格中的一个痼疾。其实"清者自清，浊者自浊"。无稽的传言，好像初春的薄雪，太阳一出来就会消融殆尽。更让我们值得注意的是不要让恭维腐蚀你。它们就像麻醉药，时间久了就会慢慢侵蚀你的心灵，自然而然地就让你变得骄傲自大、目中无人，结果会带来不良的影响。

勿以所短而扬，勿以所顽而责

人之短处，要曲为弥缝[①]，如暴而扬之，是以短攻短；人有顽固，要善为化诲。如忿而疾之，是以顽济顽。

【注释】 ①弥缝：对已经发生的过失或错误进行弥补和补救的行为。

【译文】 对于别人的缺点，我们要尽量帮他补救，如果揭露并到处张扬，就等于是用错误来对待错误，错上加错；对于顽固的人，要耐心开导，如果乱加指责，就等于用愚顽的办法来对待愚顽。

【解评】 发现别人的缺点，若是迫不及待地到处宣扬，觉得自己像是抓住了别人的把柄，这样做只会让别人更讨厌你。苏格拉底说："没有人想犯下错误，之所以会犯下错误，乃是他的无知。"如果有人犯下错误，我们应该去关怀他、宽恕他、以身作则地去感化他，而不是发怒、讨厌和打击他，否则，我们就与他一样，同样是无知的人，因为我们也犯下了无知的错误。遇到顽固之人，如果一味地指责愤恨，倒是说明了你的顽固之处，没有宽容的胸怀。大肚能容天下难容之事，当然可以容忍别人的过错，也能心平气地和劝解旁人，如果以自己的固执针对他人的固执，对谁都没有好处。

待人宜宽，交友毋滥

用人不宜刻，刻则思效者去；交友不宜滥[①]，滥则贡谀[②]者来。

【注释】 ①交友不宜滥：即交友不要太滥。

②贡谀：说好话予以逢迎。

【译文】 领导对下级要宽容，不要过于严厉，不然那些原本效忠你的人也会离你而去；交友不要什么人都交，如果什么人都来往，一定会结交到阿谀奉承的人。

【解评】 相互合作的伙伴要彼此宽容，待人过于刻薄就难免会强人所难，时间长了，别人自然不会再与你来往。要宽容相处首先要信任他人，信任他人的真诚和能力。唐代司马承祯的《坐忘论·信敬》篇中说过：“信者道之根，敬者德之蒂。根深则道可长，蒂固则德可茂。”信任是道的根本，敬重是德的依托。根深道就不断增长，依托坚固德就会日益繁茂；其次要宽厚，《诗经》有言：“投我以木瓜，报之以琼琚”，不用计较对方的过错，对方自然会报答你的知遇之恩。但是，自己要有自己的原则。宽容原谅他人，并不是无原则的滥交。起码要了解对方的人品，不小心交到了损友就会伤害自己，无论是在什么方面。

司马承祯像，图出自清·上官周《晚笑堂画传》。司马承祯为唐代著名道士。字子微，法号道隐。

人心叵测，守口应谨

遇沈沈[①]不语之士，且莫输心[②]；见悻悻[③]自好之人，尤须防口。

【注释】 ①沈沈：形容沉重或深沉的样子。

②输心：推心置腹地来表示真实的感情。

③悻悻：怨恨。

【译文】 对少言寡语的人，我们

不要轻易地与之交心；对经常愤怒地述说不平之事的人，说话时要注意防口。

【解评】 人是最为复杂的动物，现代社会“人心叵测”，与人交往的时候，不要想着去害别人，但是也要提醒自己要有防人之心。面对纷繁复杂的世界，对待陌生人自然应当小心谨慎。沉默寡言的人多半内向，有什么问题不愿说出来不愿和别人交心而爱在心里思量，如果你不能明白他的想法，最好不要轻易地将自己的内心和盘托出。也许与对方的观点龃龉，无端生出许多争执与伤害。像这样的人大多没有真心对待朋友，因为他们自高自大，谁都不放在眼里，谁的话也都听不进去。与这种人初交往，说话要尤其谨慎。一不留神，话语之间的矛盾，就会遭到对方恶意的攻击。

中材之人，难与共事

至人[①]何思何虑，愚人[②]不识不知。可与论学，亦可与建功。唯中材的人，多一番思虑智识，便多一番臆度猜疑，事事难与下手。

【注释】 ①至人：指道德和思想境界最高超的人。

②愚人：愚昧且浅陋的人。

【译文】 通达的人心里想什么，心里担心什么，愚昧浅陋的人并不知道也理解不了。我们可以和通达的人讨论学问，可以和愚笨的人共同立业。只有资质中等的人，办起事来考虑这考虑那，也爱凭着想象猜疑别人，因此难于相处合作。

【解评】 智者和愚人之间虽然有区别，但他们也有相同的地方：他们做事的时候执著。智者通达事物的道理，有自己独特的见解，具备优秀的品质，还有智慧的头脑，可以与智者交流切磋学问，因为他们学识渊博且通达事理，有开阔的思维及孜孜不倦的精神，做学问就是要有这样一种执著的精神。而愚钝的人虽然缺少智慧的见解，可他们天资质朴，为人踏实，一旦明确了目标就会埋头去做，不会患得患失，也不会轻易放弃。与这样的人合作建立功业，能稳定踏实地进行。但是，资质中等的人，却只局限于计较利益得失，把一点小聪明都放在猜度旁人的用心上，所以到头来什么事情都做不好。

宽待他人，陶冶众生

遇欺诈[①]的人，以诚心感动之；遇暴戾[②]的人，以和气熏蒸之；遇倾邪私曲的人，以名义所节激励之。天下之人，无不入我陶冶[③]中矣。

【注释】 ①欺诈：为人不诚实，经常用狡猾奸诈的手段去欺骗别人。

②暴戾：残暴凶狠。

③陶冶：培育，熏陶。

【译文】 对待狡猾奸诈的人，要用诚心来感动他；对待残暴凶狠的人，要用温情来熏陶他；对自私自利、心术不正之人，要用名气义气、节操观念来激发他。如果能做到这些，那么无论什么人，都会因为我的影响而受到感化。

【解评】 圣经上有这样一句话:要宽恕你的敌人,因为我们每个人的心里都有善与恶,只是有的人可以用良知封住邪恶,而有的人则让邪恶控制了心灵。所以对待犯有过错的人应当宽容原谅,我们自己的心底也有邪恶的种子,如果不小心被控制,它们就会生根发芽。狡猾奸诈的人、凶残暴戾的人、自私自利的人,他们心底亦有善与良知。如果我们以为自己掌握了正义而严厉地惩罚他们,只会让他们自暴自弃,恶化得更为严重,而且我们很容易陷入惩戒的快感,这样恶的种子就已经开始蔓延,随时可能控制我们的心灵。对待恶的武器不是惩戒,而是爱。以仁爱的胸怀包容一切罪恶,让它消融在阳光下。

善人急亲,恶人难走

善人未能急亲,不宜预扬,恐来谗谮[①]之奸,恶人未能轻去,不宜先发,恐招媒孽[②]之祸。

【注释】 ①谮:诬陷,中伤。

②媒孽:酝酿邪恶之事,在此指搜罗罪名,栽赃陷害。

【译文】 如果是和有修养的人结交,就不要过快地与他接近,事先也不要对他进行赞扬,以防他会因嫉妒而背后恶语中伤;如果想摆脱心地险恶的坏人,决不要草率地将他打发走,特别是不要让坏人知道,以免受到坏人的栽赃报复。

【解评】 古语曰:"木秀于林,风必摧之。人卓于群,众必毁之。"出色的人物很容易成为靶子,被人嫉妒,遭人暗算。对于我们爱戴的人应该帮助他韬光养晦,而不是处处宣扬,让他招致更多的中伤。俗话说:"大巧若拙,大智若愚。""扬州八怪"郑板桥也说"难得糊涂",韬光养晦是君子在乱世的"明哲保身"之道,不是胆小怕事,只是不要招惹不必要的麻烦。对于心地险恶之人要特别小心,虽说你没有害人之心,但不能没有防范他人之心,不要随意宣扬他的恶性,以防他反过来,暗中报复。

【解悟】

防谗防奸,确保平安

谗言是诬蔑不实之词。由于别人的胜利,自己的失败,造成自己处于劣势,一时无法打败对手,只能靠谗言的力量来诋毁对方。或是由于对方的功劳高于自己,于是产生了妒忌心理,没有办法宣泄,也不可能击倒对手,只好背后打小报告,进谗言。谗言害人,谗言也误国。作为领导者,应该有自己的主见,用人不疑,不要听信小人的谗言,这样才能上下一心,成事立国。

韩非是战国末期的思想家,原是韩国公子,与李斯同出于荀卿门下。曾多次上书韩王,倡议变法图强,但都没采纳他的倡议,于是他发奋著书立说,宣传自己的思想。后来秦王政看到了他的著作,慕其名,遣书韩王,强邀韩非使秦。在秦因为他的才能被李斯所妒,不仅没有得到发挥,最后为李斯、姚贾所诬害,冤死狱中。而妒贤嫉能的李斯,最终也没落得好下场。

韩非天生口吃，因此与别人说话总是结结巴巴。但是他擅长写文章，对人性心理的观察很敏锐，是荀卿门下最优秀的门生。

当时韩国衰败，受到他国侵略，领土越来越狭小。韩非屡次向韩王提出建议，要求打破现状。韩王不喜欢口吃的韩非，根本无视他的建议，也不打算进行改革。

韩王身边围绕的都是阿谀奉承的人，韩王重用他们，使他们肆无忌惮。但是对国家来说，最重要的却是制定法令制度，以王权治理国家，富国强兵，并寻求真正有才能的人，提拔真正的贤者。

因此，廉明正直的韩非，感叹小人当道及自己的不得志，认清了自古以来王者的政治得失与成败，写了《孤愤》、《五蠹》、《内外储说》、《说林》、《说难》等十余万字的书，就是后来的《韩非子》。

韩非本是天才的说服家，但一直没有能够发挥他的才能。韩非受到韩王的疏远，认为韩国的前途渺茫，他分析天下的形势，认为将来必定是秦国称霸天下。

郑国像，图出自明·吕维祺《圣贤像赞》。郑国为战国时著名的水利专家，曾开凿郑国渠。

水工郑国被派遣到秦国建设大规模的灌溉工程，本来是韩非的策略。后来郑国叛变，巴结秦王，使秦国集中兵力攻击韩国。

郑国在进入秦国时，曾以韩非的书献给秦王政，这就是《孤愤》、《五蠹》二书。

秦王政读后感叹地说："这么出色的书，如果能与韩非见一面，死而无憾。"

当时秦王并不知道韩非这个人。

"韩非是与我同门的韩国人。"客卿李斯惶恐地对秦王说。

李斯是楚国人，与韩非同是荀子的门下，但成绩却不及韩非，后投效秦国，是吕不韦的食客之一，因此能够接近秦王而成为幕僚。

秦王立刻派遣使者到韩国，要求见韩非一面。秦王指名要见韩非，韩王心乱如麻，心想：虽然韩非看起来很不起眼，秦王却想招揽他，或许他真的是一个人才。如果真是人才，实在舍不得出让。而且韩非一直受到自己的冷落，不知道会在秦王面前说什么对自己不利的事，因此深感不安，但又不能拒绝秦王的要求。

韩非到了秦国，向秦王上书，建议打破六国合纵的盟约，阐述统一天下的策略，秦王非常高兴。

李斯害怕韩非会取代自己的地位，就向秦王说：“韩非是韩国人，秦王想并吞诸侯之地，韩非必定会为自己的祖国韩国打算，而不会为秦国设想，这是人之常情。现在他长期留在秦国，一旦遣送回国必将为害我国。最好的方法就是施以酷刑，杀了他。”

秦王听了他的话，逮捕韩非入狱。

韩非虽想为自己辩白，却无法把自己的意思传达给秦王。李斯派人送来毒药，并附带一封信：“秦国重臣对客卿甚为不满，决定将他们全部放逐，当然也不会让他们这么回去，自己服毒自杀吧！”

韩非终于明白，服毒身亡了。

后来，秦王很后悔逮捕韩非入狱，于是匆忙下令赦免，但韩非已自杀身亡。

《史记》中记载，韩非虽然写了完美的《说难》一书，但自己却难逃悲惨的命运，并且指责韩非的思想过于理智，缺乏感情。他有这样的悲惨结局就是没有提防之心。

用人不刻，刻则人离

凡用人过刻者皆不得成事，而用人“贵适用、勿苛求”的皆有奇勋。三国时，诸葛亮足智多谋，但在用人方面却存在着“端严精密”的偏见，他用人“至察”，求全责备。正如后人评价他时所说：“明察则有短而必见，端方则有瑕而必不容。”他用人总是“察之密，待之严”，要求人皆完人；而对一些确有特长，又有棱有角的雄才，往往因小弃大，见其瑕而不重其玉，结果使其“无以自全而或见弃”，有的虽被“加意收录，而固不任之”。例如，魏延“长于计谋”，而诸葛亮总抓住他“不肯下人”的缺点，将其雄才大略看做是“急躁冒进”，始终用而不信；刘封本是一员勇猛战将，诸葛亮却认为他“刚猛难制”，劝刘备因其上庸之败而趁机除之；马谡原是一位既有所长、也有所短的人才，诸葛亮在祁山作战中先是对他用之不当，丢失街亭后又将其斩首。正因为其对人处之苛刻，而使许多官员谨小慎微，以至临终前将少才寡。与诸葛亮相反，齐桓公小白对与人争利、作战逃跑而又怀有箭杀之仇的管仲却不责之过刻，委以重任，而使管仲竭心尽力，最后使得齐国“九合诸侯，一匡天下”，称雄一时。

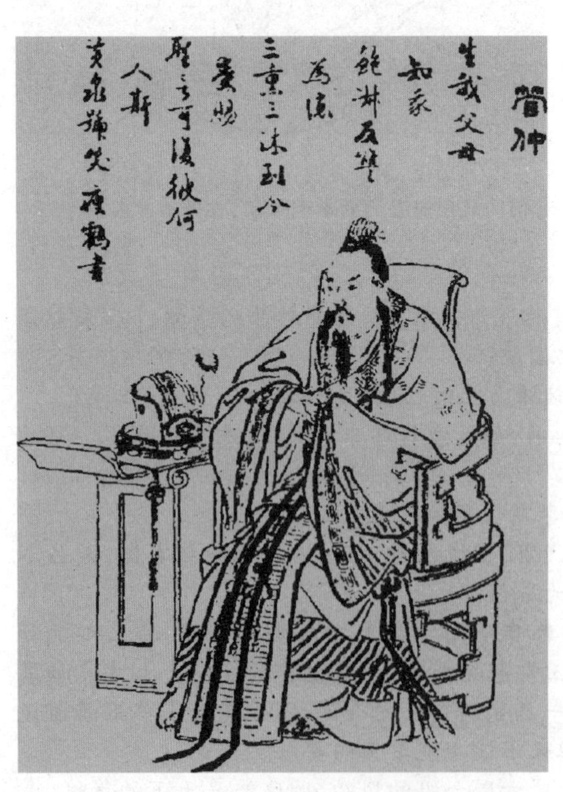

春秋时期著名政治家管仲像

在春秋战国时代首先称霸的是齐桓公，原因多在依靠他的参谋管仲。

桓公名小白，原是齐国公子。管仲原本是小白之兄公子纠的师父。

齐国的君主僖公死后，各公子相互争夺王位，到最后剩下公子小白与公子纠的争夺。管仲为了替公子纠争王位，还曾用箭射伤公子小白。争夺的结果是小白回到齐国继承了王位，是为齐桓公。帮助公子纠争王位的鲁国在与齐国交战中大败，只得求和。桓公要求鲁国处死纠，并交出管仲。

消息传出后，大家都同情管仲，因为被遣送到敌方去无疑是要被折磨致死。有人就对他说："管仲啊！与其厚脸皮被送到敌方去，不如自己先自杀。"但管仲只是一笑了之。他说："如果要杀我，当初就该和主君一起被杀了。如今还找我去，就不会杀我。"就这样，管仲被押回齐国。

意想不到的是，桓公马上任用管仲为新政府的宰相，这连管仲也没有想到。

管仲备受重用，是因为桓公原来的师父鲍叔牙的推荐，他和管仲自幼就是密友。鲍叔牙也是个出色的人才，原本在桓公即位后，要出任宰相。但是他却对桓公说："如果大王只认为当上齐君就满足了，或许我可以胜任；如果想称霸天下，我的才能还不够。只有任用管仲为相，才能达到目的。管仲的才干是天下无人能比的。"

鲍叔牙自己引退而力荐管仲，尤其是提拔一个该杀的敌方谋士为相，令左右的人感到惊讶。而明智的桓公却因鲍叔牙一席天下霸业的话，决定赌上一赌。

果然，管仲处事敏捷，事事谨慎，判断正确，在关键时刻能迅速解决困难，掌握整个局面。

说话委婉如春风

俗话说"良药苦口利于病，忠言逆耳利于行"，但在现实中，真正乐于听取逆耳忠言的却寥寥无几。在人情关系学中，要注意尊重他人，即使是指责批评，也要加以包装和修饰，这样说才会让对方乐意地接受。

人们都说"佛要金装，人要衣装"。商品要有新颖的包装才会吸引顾客，女人要有漂亮的衣裳才能更显现出她的美丽风姿。而说话也要像商品和衣服一样，需要经过良好的包装才能让人接受和信服。

(1)难以启齿的话，要用机智与笑话包装起来。

大家在所难免的都会遇到必须讲一些难以启齿的话的时候。这种时候，如果直接说"实在很伤脑筋""很麻烦"，很可能引起对方的反感，或者让对方产生不快。如果把想说的话用机智与笑话来传达，以比较委婉的方式，对方就会一笑置之，既不伤害到对方，说的人心理也不会有很重的负担。

(2)警告别人时不要指出缺点，而要强调如果纠正过来会更好。

有位公司经理慨叹纠正别人实在难，稍微提醒一下部属，部属不是置之不理，就是越变越坏。这位经理只是指出对方的缺点加以批评而已。他如果换一种方式，强调矫正过来会更好，那就会是另一种情况。

有位足球教练在纠正选手时，不说"不对，不对"而说"大致上不错，但如果再纠正一下……结果会更好"。这样，他并没有否定选手，而是先加以肯定再纠正。也就是说先满足对方的自尊心，然后再把目标提高。如果只是纠正、警告的话，只会徒然引起选手的反感，那样是不会有什么效果的。

(3)传达坏消息时,要附加一句"令人无法相信"。

听到坏的消息的时候,心情总是沉重的。所以,这个时候就需要一些思考,把话说得婉转一些。

直接说"你有如何如何的谣言",前面加一句"虽然我不相信……"那么对方所受到的冲击就会轻很多。有一位初中教师,他对成绩退步的学生说:"实在难以置信,你考这样的分数。"如果老师能换一种方式说话,那位同学下次成绩一定会提高。倘若只是传达事实的话,机器人也办得到,但效果却不会令人十分的满意。但是,"令人难以置信"这句话只是传达事实显示出的则是机械所不具备的机灵。

(4)不小心提到对方的缺点时,要加上赞美的话。

每个人都曾有不小心说话伤到对方或对对方不礼貌的时候。话一旦说出来就无法收回,现场气氛就不好了。这种情形大多数人都会连忙辩解,或者换上温和一点的措辞,这实在不是好方法,因为对方认为你心里这么想才会出言不逊。这种时候不要去否定刚才说出来的话,要冷静沉着,若无其事地附带说道:"这就是你吸引我的地方,但是,你也有什么什么优点,所以表面上的缺点更显得有人性。"人们所说的最后一句话总是留给人很深印象,附加赞美的话,对方便认为结论是赞美的,即使前面说过令人不愉快的话,也不会放在心上。

(5)假托第三者传达对对方的批评可以一石二鸟。

某企业的经理说,他的公司有几位兼职的女职员言谈很不高雅,甚至对他这个上司说起话来像对待朋友一样。有一天,他告诉一个已经任职两三年的女职员:"最近的年轻人说话有点随便,请你代我转告一下好吗?"结果却很令人意外。那几个兼职的女职员谈吐多少有所改善,而那个负责转告的女职员对自己的谈吐最为小心翼翼。恐怕是"最近的年轻人"这句话让那个女职员觉得自己也包括在内。

主管也没想到这会对女职员有所影响。这也可以用做批评别人时的方法,也就是说托诸"第三者"而不要直接批评,如此一来,对方就会虚心接受而不太会产生反感。但是,这种托诸"第三者"的批评,要掌握好尺度,不要太过明显,让人觉得像"指桑骂槐"就不好了,这是非常值得注意的。

如果你去揭发别人的短处,别人也来揭发你的缺点,这样一个缺点就导致了两个错误。所以发现别人的不足,一定要善意地去帮助、去开导,当自己有缺点时也能得到别人的提醒,这样做不是更好!

人际交往道在恕

《菜根谭》论及"恕"的几段话语,指出了在待人接物时应持推己及人的态度。

孔子最早提出了"恕"的思想。

《论语》记载:子贡曾问孔子:"有一个可以终生不渝地履行的字吗?"孔子回答说:"那就是'恕'字吧!自己所不喜欢的事,就不要施加到别人的身上。"(原话:"其恕乎,己所不欲,勿施于人。")

其后的大儒们对此都作了继承性的发挥,如孟子认为人只要坚持据"恕"而行,就接近"仁"的境界了;朱熹则认为"恕"就是推己及人……

于是,"恕"字,在传统意识中已成为处理人与人之间的人际关系的原则之一。

正是在这种思想背景下,洪应明继续论述了"恕"的具体应用。

按照“恕”的原则，他主张自己应节制情欲，不应自己宽恕自己的过错与失误；但对于别人的合理情欲，则应以顺应与引导的方法来予以宽恕谅解。

即使是在家庭内部，也唯有执行了“恕”的原则，家庭成员之间的感情才可以和睦融洽。

他使用疑问的语气，反对了当时流行的意识：执行贯彻了“恕”的原则，仅是为了求得自己的舒适顺畅。

一个“恕”字，强调的是对别人尊重，并表现为设身处地地为别人着想，所以，至今它还有着非常重要的伦理价值和生命力。

子贡像。子贡是孔子的弟子，复姓端木，名赐。

通常情况下，在特定的时空环境中，每个人的社会角色都是相对明确的，如在商店内，一个人在购物，那他就是顾客，另一个人在接待顾客，那她就是售货员，此时顾客与售货员之间能否互相尊重，能否设身处地为别人着想，将决定着购买过程能否完成和购买数额的大小，特别是在售货员的一方，如果她能体察顾客的喜好需求，待客热情周到，无疑会有助于商店的赢利。反之，就会给商店的信誉带来损害，招致门庭冷落鞍马稀的局面。

所以，一些深受传统儒家思想熏陶的近代民族企业家，都注意到了“恕”的应用。如宋裴卿开办的天津东亚公司，就高悬着用大字写的“己所不欲，勿施于人”、“你愿人怎样待你，你就先怎样待人”的训条，以此来要求公司的各级人员要和颜悦色地对待顾客，不能贪一时的营业额而不负责任地将伪劣产品推销给顾客……唯有如此，才能增进供需双方的感情，使公司迎来一批又一批的回头客。这反映了公司管理者的管理有方。

实际上，经商者与顾客交际应酬须讲究“恕”的原则，只是其中之一，在我们的日常生活中，不论是在家庭、单位或是多种其他场合中，“恕”的原则都是我们所应坚持奉行的，它使我们能以自己之心去体悟别人的合理要求，不逆悖别人的合理情意，节制自己，不执著于自己的意愿与利益，学会并更好地为别人着想，君子的处世风度也因此而得以成立。

在此基础上，才可使人人都能生活在以和为贵的社区中，这就是一个“恕”字给人们留下的最现实的启迪。

还需要我们注意的是，类似“恕”的原则与意识，并不仅是中国或东方文化所特有的。如作为西方文化源头之一的《圣经》就有言：“你们愿意别人怎样待你们，你们也要怎样待别人。”现代物理学巨匠爱因斯坦则说：“对于我来说，生命的意义在于设身处地的替人着想，忧他人之忧，乐他人之乐。”

所以，天下的道理是相通的，东西方文化对此的认识，真可谓不谋而合。难怪今天的老外们还称赞孔夫子把如此有价值的思想，全浓缩在一个“恕”字之中。

所以，如果记住一个“恕”字，履行一个“恕”字，就会终生受用不尽——不管你是在此时或彼时，身处何方和什么人打交道。

对人不可轻为喜怒，对物不可重为爱憎

林则徐的父亲林宾日，看到少年林则徐时常被一些不尽如人意的小事所困扰，并因此而发怒、耍性子，高兴生气都挂在脸上了。

为了纠正儿子的不足，林宾日给儿子讲了这么一个故事：

从前，曾有一位十分孝顺父母的急性判官，人人皆知他最恨天下那些不孝顺父母的犯人，对他们一律施以重刑。

某天，有两个大汉将一小伙子扭送到急性判官所主持的衙门，告这小伙子在家是个不孝之子，不仅咒骂亲娘，还动手殴打亲娘。

判官听闻此言，火冒三丈，还没来得及听小伙子辩解，马上令手下人将他杖打得半死不活。

不久，一个老太婆来报案，说两个强盗入她家偷窃，被她儿子发现后，他就想把他们扭送官府查办。无奈孤身一人，反而被他们绑架走了。

经过查证，原来刚才被杖打的小伙子就是那老太婆的儿子。

此时，急性判官才知自己的情感喜怒被强盗利用了，再令人寻找那两个大汉，他们早已逃之夭夭了。

这个故事给少年林则徐很大的触动，日后，他就十分注意在众人的面前控制自己的喜怒哀乐。在影片《林则徐》中，观众可看到他书房悬挂着书有“制怒”二字的横匾，是有充分的历史依据的，所以他一直以“制怒”作为自己的人生座右铭之一。

从这里我们可以看到，中国人为人修养的传统，是十分注意喜怒不形于色的。如大家所见，中国人的为人处世更讲究含蓄，注意把握自己的情感好恶，认为量小者易怒，浅薄者易喜，从而不同于情感外露、喜怒溢于言表的欧美人。

从洪应明的认识中，不难看到，轻喜易怒的人在为人处世时，往往偏重于情感好恶，极易因此而造成判断上的失误。而且这种藏不住思想情感的表现，还很易被别有用心者所觉察，被别有用心者所利用。急性判官之所以陷入圈套，教训之一也就在于他的轻易喜怒。

所以，一个人要在人际交往中做到喜怒不形于色，心胸就须有包容乾坤的雅量，有足够情感喜怒回旋的心理空间，这并不是很容易做到的。林则徐因此也时时以“制怒”来警戒自己，这也正是文化熏陶的结果。

待人不可轻为喜怒，是待人的分寸感。

对于财物不可重为爱憎，则是接物的分寸感。

把握好待人接物的分寸感，人就可以不沉湎在物欲财欲中，就可以超脱“鸟为食死，人为财亡”的狭隘自私的人生观，就可以保持精神上的清醒与独立。不然，就会成为财物的奴隶，乃至因财而亡。

唐朝大文学家柳宗元曾记下这样一个舍命爱财者的故事。

故事发生在江水暴涨的湘江，一只船被激浪冲翻了，船上的人们落入了水中，各自奋力向岸边游去。

唯有一位平日游泳技术最佳、速度最快的永州汉子，却远远地落在众人后面。水中的同伴不解，问其原因，才知他腰上缠着一千枚大钱。同伴劝他将钱扔掉，轻装游上岸，以保性命，但他毫不犹疑地拒绝了。

不久，其他人都游到了岸边，而他依然在中流挣扎。有人就对他大声呼喊：“你真蠢，你被金钱迷得太深了！现在你濒临死地，要钱还有什么用？”

柳宗元像，图出自明·天然撰《历代古人像赞》。

固执的他还是摇头拒绝了众人的劝告，终于与那一千枚大钱同归水底，被水溺死了。

作为一重财物而轻生命的典型，他丢掉性命的原因，正是精神意志完全为财物所主宰制约的结果，作为金钱的奴隶，他甚至忘记了宝贵的生命对于每个人而言，都只有一次。

那么，应该怎样看待常识中宝贵的财物呢？

且看智慧的一休禅师的一则故事。

一休的师傅有一只非常宝贵的茶杯，是件稀世之宝。

一休在无意中将这个茶杯打破了，内心为之一紧。

就在这时候，一休听到了师傅的脚步声，他连忙把打破的茶杯藏在背后。

当他的师傅走到面前时，一休忽然问道：“人为什么一定要死呢？”

“这是自然之事，”他的师傅答道：“世间的一切，有生就有死。”

这时，一休不紧不慢地拿出了被打破的茶杯，说道：“这个茶杯的死期到了！”

急性判官是不值得我们仿效的，永州汉子的作为是可笑的，一休的机智与智慧则令人会心一笑。与此类似的例子都表明，一个人学会控制自己，不将自己的狂喜、愤怒、挚爱和憎恨完全挂在嘴上、写在脸上，胸中有城府，那么，大至对于个人培养起正确的人生观、顺利地走完人生的旅途，小至调剂好日常的人际关系，必然对你会有帮助。

从交际这方面来说，对新知旧好不轻作喜怒状，会有助于以理性控制情感，正确地看待别人、看待别人对自己的评价……

对财物不过分地注重爱憎，就不会挖空心思地去贪图不属于自己的财物，在分配财物时，也不会仅从自己的利益出发，斤斤计较……试看你我周围的那些拥有良好人际关系的人，有谁不是这样做的呢？

禅宗慧能大师有言:“至道无难,唯嫌拣择。”然也。

所以,“于人不可轻为喜怒”,“于物不可重为爱憎”,乃人生的真名言之一,很有人生的指导意义。

善人未能急亲,恶人未能轻去

有句俗语说:一粒米养百种人。这句话说的确实如此,世界之大,无奇不有,无所不包,所以,我们在生活与工作中,要学会判别各种各样的人,要掌握与各种各样的人打交道的技巧,少不了要明确善与恶的标准,掌握与善人和与恶人打交道的不同技巧。

从洪应明的体察认识到,首先,具体到每个人的人性善恶,未必对应地在其外在的善恶言行上表现出来。

比如,一个人在做坏事的时候就担心会被人发现,那么,在他这种畏惧的心理中,还表明他有重新走上归善从良之路的希望。而另一个人则沸沸扬扬地行善,唯恐天下人不知、迟知或是少知,以此为资本来要誉要名,那么,他行善之时所培植的正是恶根恶芽。

什么道理呢?

因恶行忌讳不为人知,否则,作恶者就不易得到外来力量的帮助来矫正,就不易弃恶就善。而善行则忌讳广为人知,否则,行善者就可能萌生出求功求名的不良动机,也可能因此而遭到嫉妒者的讽刺打击……不利于自己的修养,也不利于自己的处世。

结论因此也就是辩证而又深刻的:

作恶早为人知、广为人知者,他闯的祸就浅,反之,就深。

行善早为人知、广为人知者,他立的功就小,反之,就大。

洪应明认为,对于能严格要求自己的君子而言,即使他前面有两种抉择,一是自己未曾行善,但却得到了别有用心者的称誉;二则是自己未曾作恶,但却受到居心不良者的毁谤。他会选择后者,原因不挑自明:前者所带来的虚荣,是人生的迷魂汤;后者所带来的苦难,则是人生的磨砺石。

这些思想,能使人们明确一些判别善人与恶人的标准,也能更好地解答以下问题:中国的传统美德为什么推崇施恩而不图报者?中国普通百姓为什么更愿做好事而不愿留名?

每个人活着,都不能只想到自己。所以,一个人应该真心诚意地帮助别人,并在帮助别人时,将自己的思想情感提升到一个新的境界,成为一个高尚而又纯粹的人,并因此而抛弃虚荣心。不像那个曾有的不谙世事的小孩一样,他省下了父母给的早餐钱,交给老师并谎称这是在路上捡到的,为的只是听到老师对他的表扬;更不同于那些借行善来宣扬自己,以求达到种种不可告人目的的别有所图者。

人世间有很多的善人,还存在着少量的恶人,那么,人们就不能不讲究待人的方式,做到因人而异。

在这方面,洪应明的经验之谈有二:

其一,不应过急地亲近善人,不宜预先显扬善人,原因在于:唯恐招来奸诈之徒的毁谤中伤。

其二，不能轻率地离开恶人，不宜无分寸地提前揭露恶人，原因在于：唯恐招来恶人们的构陷诬害。

历史与现实的很多事例，说明了“善人未能急亲”的必要性。

就以刘备“三顾茅庐”的历史来说吧，当刘备亲率关羽、张飞去恭请诸葛亮出山辅政时，因第一、第二次都未能碰上诸葛亮，关羽、张飞两人就已经很不耐烦。当刘备第三次光顾诸葛亮的茅屋，终请出他辅政后，刘备对诸葛亮是言听计从。

这种情形可把关羽、张飞两人急坏了，于是联合向刘备发牢骚：“诸葛亮年纪轻轻，有什么了不起？您对他是言听计从，我们跟您打了这么多年的仗，现在还不如他了？”刘备说：“我得了诸葛亮，就像鱼得到了水一样，请你们别这么说。”

其后，诸葛亮长年累月所表现出的才干与能力，证明了刘备之言不虚，关羽、张飞两人才心悦诚服了。

刘玄德三顾茅庐图，出自《图像三国志》。

从历史上看，关羽、张飞两人算不上是奸诈之徒，但他们已是牢骚满腹，不服的怨气溢于言表。如果真是碰上奸诈之徒或是中了敌方的离间计，那么，内耗与内乱就势在必现，结果必是自我削弱乃至自取灭亡。历史上，项羽正因为不善待人，气跑了韩信，气走了范增，终落得个自刎乌江边的结局。

再说说“恶人未能轻去”，这的确是保存善人，减少人世间悲剧的途径之一。

战国时，魏惠王邀请鬼谷子的得意门徒孙膑出山治军。孙膑至魏后，不意却遭到了自己过去的同窗、时任魏国军师的庞涓的陷害，身受脸被刺字、膝盖被剜的酷刑。

为了摆脱恶人的陷害，孙膑就装痴扮傻，时哭时笑，称酒饭为毒药，抓泥土、猪粪当饭团吃，终于使庞涓一伙放松了对他的监督，最后安然到达了齐国，成为齐国军师，设计斩杀庞涓于马陵道上。

从以上的例子可以看出，孙膑不仅是伟大的军事家，也是处世的大师，他十分通晓对待恶人、小人们的对策与技巧。

类似的技巧，在现实中并未完全失去存在的价值，在现实生活中，曾发生过这样一件事：

一个小孩被人贩子劫持，他马上就欲反抗，却又猛然想起父母时常教导他不可急躁、不可蛮干、要用智慧战胜困难的叮咛，再掂量自己远非人贩子的对手，于是，他装出一副贪吃好玩、不谙世事的样子，对人贩子的吩咐也是言听计从。

过了些天,人贩子对他的监视明显放松了。当经过一个城镇的交通岗时,这个小孩趁机向交通警察跑去,从而得以回到了父母的怀抱,还协助大人们抓获了人贩子。

显然,这是一种十分有价值的、智勇兼备的自我保护之举。试想,他如果不是靠智慧与技巧,不是做到揭发得时,他很可能就被拐卖,也可能死在人贩子的淫威与暴力之下。

孙膑与小孩所运用的技巧,是一样的,其关键之处是选准离开并揭露、擒获恶人的适当时机。

从以上事例,人们很容易认同洪应明的以下思想:对善人应该是宽待善待,令其善有善报;对恶人,应是严待恶待,让其恶有恶报;治国者对一般的大众,则应是该宽待则宽待,该严待则严待,宽严并存,宽严互济。这些,也正是社会的道义、公理与法律的要求与体现。

待人从容,处世遇事须从长计议,这就是掌握"善人未能急亲","恶人未能轻去"原理的诀窍。

安于愚拙,诚恳对待

"人无信不利",这是说做人要讲诚信,这也是做人的一个基本原则。

"巧诈不如拙诚。""巧诈",是指心怀鬼胎,有目的有意图地故意表现出某些能够吸引人、迷惑人的假象,这是自以为聪明的奸诈之举。这种做法,乍看起来,机动灵活,善于应变,亦容易抓住别人的心,很有好处。实际上,这种做法只适合于一次性的人际交往,即打过一次交道后便各奔东西,互不相遇了。在这种情况下,施巧诈有时能够欺瞒住对方从而达到自己的目的,获取利益。但如果交朋友施此巧诈之术,则往往会搬起石头砸自己的脚,弄巧成拙。朋友不像别的关系,朋友之间相处的时间长,而巧诈往往带有欺瞒哄骗之举,这种巧诈一旦经过一段时间就会露出破绽,让人识破。鬼把戏被人戳穿之后,别人就会对你失去信赖,朋友们会唾而弃之,最终非但获利不多,反而会损失更大,赔了夫人还要再折兵。

"拙诚"就是说心中不存恶念,诚心诚意地做事,或许有时行为举止略显愚直拙笨,但从不欺瞒别人。这种做法的不足之处在于虽不能当即抓住别人的心,不适宜用于一次性交际活动,但交朋友的时候却适用。"路遥知马力,日久见人心"。

朋友之间毕竟要长久相处的,拙诚的人貌似愚拙,却因其诚而赢得别人对他的信赖,从长远角度来说,拙诚的眼前利益不大,但长远的利益却十分充足。

交友应以诚信为本,一个名叫谢福慕的人,为人不够诚实。他在某单位上班,初到那里时,他担心自己会受"外来户"的待遇。于是在一次聚会时,他给大家讲了一个故事。"大家可能都以为我叫谢福慕,其实,我本不姓谢,而是姓解。在我三岁那年,我们沧县,对,是沧县,我本来是沧县人,我们沧县发了大水、巨大的洪水吞没了村庄,吞没了房屋,还有我可怜的爹娘……"

说到这里谢福慕声音凄切,还流出几滴泪来,众人听了又惊又同情,他看看大家接着说:"我娘怕我淹死,把我裹好放在一个大木盆里。我便随着大水四处漂流,后来被我现在的承德的父母救起,他们把我养大,给我起了名字'谢福慕',实为'谢谢浮木'之意。到我长大后,才知道我亲生父母并未过世,曾四处找过,登了启示,最终与我的亲生父母取得了联系。实际上，我们也是同乡！”

这样，大家都非常同情他，特别是沧县的老乡更是纷纷关心他，真正把他当作老乡看待。他的日子顺心如意，他暗喜自己这一绝妙的欺骗。但是，好景不长，后来人们都知道了他的话不过是信口捏造的。顿时，大家对他格外小心，无论他说什么，大家都认真考虑一番，不敢确定是真是假。时间一长，他无法立足于单位，只好调换了单位。

诚信，是一种无形的资本，需要人们精心维护，慢慢积累。而如果你不讲诚信，仅仅一词，就会把长期的积累挥霍一空。

“人无信不立。”诚信，是我们的做人之本，它与狡诈、欺骗、虚伪是天生的冤家、对头。

知足常乐是仙境

说到“知足”，许多人会想起“知足常乐”这个古老而又屡遭世人议论的话题。

的确如此，知足与故步自封一样，会使人产生惰性，不思进取。从小的方面言，妨碍了个人的进步；从大的方面言，则会使历史的车轮失去了动力而停滞不前。所以，从彻底的意义上言，知足心理所折射出的，往往是小生产者狭隘的目光、毫无希望的企求和平庸的生活，他们满足于“三十亩地一头牛，老婆孩子热炕头”之类的与世无争的生活，平生之愿就是过上仅免去饥寒之苦的生活，从而缺乏一种远大的抱负、无限的追求意识，没有冒险的勇气，没有参与竞争、谋求更大发展的作为，从而也就安于现状，万事是既然昨天如此，今天也只能如此，明天也一样如此得过且过了。

这是不值得我们仿效，不为提倡的。这是由于社会发展的要求，因为我们的国家正在向现代化迈进。这也是因为个人进步的要求，因为我们不应也不可能在社会日新月异的发展中，再去充当小农的角色，仿效小农的作为。

除此之外，在处理各种人际应酬与面对物质享受时，“知足常乐”的命题，也还是有一定的借鉴意义的。

试想想，在人际交往中，有一个成年人在面对各种利益的诱惑时，就像一个毫不知足而又第一次走入百货商店的孩子一样，这也想要，那也欲取，总是贪得无厌，那么，不用说，这个人在人际圈子中必是不受欢迎者，而且他还不会像那不知足的孩子，因为幼稚可爱的天性而被人原谅。

再想想，在面对永无止境的物质享受时，假设一个人总是热衷于攀东家比西家，当他的期望值不能在现实中获得合理的实现时，他就可能想入非非，或利用职位权柄，或明火执仗，做出铤而走险、一失足而成千古恨的事来。

很多诸如此类的事例，在现实生活中，是不难看到的。究其主观原因，当事者没有树立起正确的人生观，对物质利益与享受常怀不知足的欲望，缺乏谦让意识，不是通过正当的手段来谋取合法利益的，这些都是相应的答案，其中又以不知足的心理较为明显。

从某种程度上说，足与不足，除了必须有保持生存的基本物质条件之外，往往是因人而异，因人的不同人生理想、生活标准而有所不同。

《列子》中有这么一则寓言，讲曾有一齐国人，他朝思暮想的只是金子。所以，他在大白天来到市场卖金子的摊铺前，抓起金子就走。他自然是不可能逃脱众人的追捕，当人们问他为何在光天化日之下、众目睽睽之时偷别人的金子时，他的回答是："在我偷金子时，没有看到别人，我仅仅看到了金子。"

这虽是夸张的寓言，但却描述了贪婪者永不知足、利令智昏的心理实质，正是不知足的心理驱使他们做出了糊涂事。

罪犯如此，一毛不拔的守财奴也是如此，这里所涉及的已不是财富多寡的问题，而是守财奴对于聚敛财富，总怀着一种永不知足的变态追求，他们甚至拒绝合理的消费，对财富是至死不撒手，结果使自己成为财富的奴隶、金钱的走狗，这样，他们怎么会成为世间的幸福者？

比如将汉朝改为"新朝"的"新皇帝"王莽，在绿林军兵临城下之时，还依然手执短刀，守护着六十万两黄金，终遭杀头之灾，这就是个典型的例子。

这些类似巴蛇吞象的贪得无厌，用一语来予以归纳，就是不自量力的不知足。

因此，从正面即积极的层面来认识和实行知足的原则，就是在自己应得的报酬、荣誉之外，不应向人索取额外报酬，不沽名钓誉，不向社会提出过分的要求，更不能以非法的手段来进行违法乱纪的活动。要珍惜自己的声誉，维护自己的尊严，在事关人格国格的大是大非问题上，绝不做出奴颜媚骨、摇尾乞怜的姿态。即使在日常生活中，也不应持有顺手牵羊、鸟过拔毛之类的凭侥幸而占小便宜的意识，否则，就会降低自己的人品，也不会受到别人的信赖与欢迎。作为领导者，更不应因不知足而凭借手中的权力来谋取私利，即使是对于送上门来的礼物礼金，也不能揽入怀中，应理智地予以退还。

中国历史上的清官，在这方面留下了许多佳话。

如东汉时任南阳郡太守的羊续，上任伊始，就立志纠正郡衙之内越来越盛的请客送礼之风。所以，面对一位下属送来的一条又大又鲜的鲤鱼，他再三推辞不过，就让家人将这条鱼悬挂在屋檐下。

几天后，当这位下属又再送上一条更肥更大的鲜鱼，羊续就以自己身为太守，更应廉洁奉公为由，不仅是退回了这条鲜鱼，而且把这位下属上次送来、现已风干的鱼一并退了回去。

此事一传开，送礼者的身影不再出现，羊续也以"悬鱼太守"之誉而垂名青史。

像这样的清官，之所以能两袖清风、戒贪拒贿，知足常乐的意识正是其心理依据之一。

知足，能使人维护心理的平衡，保持心情的宁静，在物质享受上不至于过分奢侈，而是看菜吃饭、量体裁衣，一切都量力而行。知足，更有助于个人将有限的精力投入到事业中，投入到有益娱乐中。

如此看来，知足作为个人立身处世的诀窍之一，作为自制自律的一项内容，是非常具有积极作用的。

知足的原则，实际上也就是划定底线的原则。

在事业追求上，做大事业，是一切追求成功者的追求；而将大事业做得更大，则是不少已成功者的追求。这些，是无可厚非的，因为这种追求正是进步后再进步、成功后更成功的主观动力。

问题的另一面，那就是任何事业做得再大，也不能是无限的，就如新大陆的开拓，总是有疆域的一样。而且,对于已有一定基础的成功者而言,在高利润和新创业的诱惑之外,往往还存在着守业的问题,存在着巩固原有产业的问题,古人云:“创业难,守业更难。”

如何对待这两方面?作为中国房地产龙头企业的深圳万科的一些成功经验,堪为借鉴。

在追求利润方面,早在1992年房地产热方兴未艾之时,针对不少地产商那种不做低于40%利润的项目的暴利心态,万科董事长王石明确了万科“高于25%的利润不做”的经营理念。而这种理念的成型,在于万科在此前的十年,在原先从事的贸易行业,也曾获得过几倍甚至几十倍的超额利润。但随着市场的成熟,高利润率逐渐走向平均利润,结果不仅是低利润率难以为继,原来所赚的超额利润也赔回了市场,因为炒作和经营是两个概念,赚惯大钱后就不屑也不会赚小钱了,必然会受到市场的惩罚。

同样在那个年代,当不少已有相当积累和一定规模的企业,一味地作跨行业的铺摊子,或兼并,或重组,或一窝蜂地引进高科技概念,在不知不觉地迈入多元化的陷阱之时,万科却选择了只做房地产的专业化道路。为此,万科卖掉了所有与房地产无关的项目,即使是收益很好的万佳百货。

如此,有所为有所不为,有着明确的底线,万科也就明智地选择了一条符合企业发展规律之路,赢得了收益,赢得了中小投资者的认同,也赢得了社会的尊敬。

从万科告别追求暴利心态,一心一意走专业化道路的事例中,我们可以理解什么是“图末就之功,不如保已成之业。”

这足以说明,知足则不败,划定底线则进退自如。

以上,关于知足与否的正反两方面的事例及相应道理,最终可归结为老子在《道德经》(即《老子》)中所最早提出的两个命题中,即:

“知足不辱”,此乃其一。

“祸莫大于不知足”,此乃其二。

而禅者则有言:“知足者是最富有的人”、“知足者,身贫而心富;贪得者,身富而心贫”,据此再思考洪应明的相应认识,不难体悟到其中所含有的老庄佛禅的智慧意识。

对于现代人言,如何将人生的知足意识与奋发向上的追求,和谐而协调地统一起来,是非常有意义的课题。

一个人过高地要求自己,总是不知足,当然就不容易寻找到快乐。而人在许多时候都需要积极的激励,需要自律,需要自己对自己的肯定。知足者常乐,其积极意义在于,必要的自我知足,是进步的基础,是快乐的途径。

因势利导,权宜之计

审时度势,相机而动。这就像墙上的草,迎风无力,任意东西,左右摇摆不定,风吹向哪里,便倒向哪边。不用说,很多人都喜欢那种迎风挺立的傲松,认为没有定性的草不好。从另一方面来说,大家都承认的一个原则就是:骨气是每个人必有的。

是的,一个人为人处世缺不得骨气,我们这里所说的相机而动,也绝非是要人们学墙上之草,随风任意摇摆,事物总是具有两面性,任何事物都有长处,也都有短处。

正如孔子所说:“择其善者而从之,其不善者而改之。”

墙头之草固然是左右摇摆,但这也是一种求存之道。

几尺高墙之上生有一草已属不易,寸土之上,瓦砾之间,独出新芽,婀娜于天地之间,这难道不是件奇事吗?墙头草自知身单力薄,生性柔弱,便避免与这强风劲吹分庭抗礼。相风而动,因风而摇。都说它错了,但是它却能保存自己,挺立于墙头之上。

礁石挺立于海中,与海浪争锋。排浪滔天,礁石却迎风顶浪,屹然不动,终落得千沟万痕,伤痕斑斑,坑坑点点。都说礁石好,却落得面目模糊,断肢残骸。

因此,我们不能说墙上草就无可取之处,墙上草随风倒正是为了求存。试想,如果连自身都保不住,还有必要谈宏伟的理想,远大的志向吗?还创什么宏图大业。有这么一个传说故事:

有一个国王与北方的一个国家打仗,来到一条大河边,河水滔滔,波浪翻滚,湍流如箭,没有船桥,无法过河。当时又值九月,离河水封冻尚早。国王在河边率兵马无计可施,军心浮动,士气不高。国王心急,便派一人出去观看河水冰冻情况,那人跑到河边一看,河水滚滚,毫无冻冰之象,便跑回来报:“回国王,河水毫无冰冻之迹象。”

国王听罢,非常生气,一挥手:“拉下去,杀了!”

一声令下之后,那人被推出去砍了头。

国王又派一人出去察看,那人来到河边。河水汹涌,依旧奔腾不息,浪花翻滚,哪里有半点封冻征兆,那人回来如实回报:“国王,河水的确没有冻冰之迹象。”

东方朔像,图出自清·顾沅辑《古圣贤像传略》。

国王问也不问,同样说了一句:“推出去,杀!”

第二人又被斩头。

国王又派第三个人去探看,那人到河边观望,河水奔流如故,他并不比前两个人多看到什么,但他回来后,没有如实报告,而是随机应变说:“河水已经封冻,冰层厚盈几尺,如钢浇铁铸,大兵即可渡河。”

国王大喜,说:“重重赏他,传令三军,今晚渡河。”

第三人非但活命,而且得了重赏。当夜晚间国王率兵踏水而过,顺利渡河。

我们先不讨论故事本身是真是假,但其中的道理却是让人深省。第一个人和第二个人都如实回答,遭到的却是灭顶之灾。第三个人随机应变,审时度势,却领了重赏。国王让看河水冻结与否的目的在于稳定军心,而绝非河水本身。前两个人,思想僵守,不懂应变,杀身之祸在劫难逃。第三人善于思变,巧妙回答,点中了国王的心事,从而得到了国王的赏识。

做人不要太死板,许多时候善意的谎言是必要的。任何事物都有其负面的影响。善意的谎言不是地地道道的欺骗,而是以使别人快乐为目的。任何“善意的谎言”——借口都有润滑作用,使用借口的人可以用它来保护自己或避免伤害别人。

汉武帝时有个叫东方朔的大臣,他性格诙谐幽默,善于审时度势,相机而动。在一个三伏天,武帝给朝臣赏赐肉食:大家等了半天,负责分肉的官员却一直没来。东方朔不耐烦了,对同僚说:“按照我朝先例,三伏天上朝可以早退,所以不好意思,我先领自己的那份肉去了。”说罢,他便拔出佩剑,切了一大块肉,扬长而去。负责分肉的官员知道后,非常气愤,就到皇上那里告了东方朔一状。

第二天上早朝的时候,武帝果然厉声斥责,东方朔立刻摘下帽子,俯伏在地,听候处置。看他一下子这么听话,武帝一下子童心大起,想要捉弄他一番,于是说道:“你要是真心悔改,就当着大家骂自己一顿,嗓门放大点!”东方朔恭敬地拜谢完毕,一本正经地站了起来,扯开嗓子大喊了起来:“东方朔呀东方朔,没等陛下分赏,就擅自拿走赐品,真是无礼之极!拔出佩剑,大块切肉,简直壮烈之至!那么多肉,只取小小一块,堪称寡欲的楷模!一口没吃,全部带给老婆,更是疼爱妻子的表率!”

话未说完,武帝就笑得合不拢嘴了,大臣们也笑倒了一大片:“真有你的!本想让你丢一回脸,没想到却看了场好戏!”笑够了,武帝特地赐了一石酒和一百斤肉给东方朔。

东方朔懂得审时度势,相机而动,才使自己不被治罪,因而还受到赏赐。

睿智者韬光养晦,至人逊养而公善

聪明,是一件好事。但如果因此而处处显得比别人聪明,甚至总是倚仗聪明不把别人放在眼里,甚至有些盛气凌人的感觉,这样不会有什么好处,往往还会把自己置于十分危险的境地。

嫉贤妒能,是每个人的本性,所以有才华的人会遭受更多的不幸和磨难。《庄子》中有一句话叫“直木先伐,甘井先竭”。一般选用木材,多选择挺直的树木来砍伐;水井也是涌出甘甜井水者先干涸。由此可见,人才的选用也是如此。有一些才华横溢、锋芒太露的人,虽然容易受到重用提拔,但是也非常容易遭到嫉妒。

在历史上,以聪明人自居而招灾惹祸的例子非常之多。

隋代的薛道衡,13 岁时,能讲《左氏春秋传》。隋高祖时,作内史侍郎。炀帝时任潘州刺史。大业五年,被召还京,上《高祖颂》。炀帝看了不高兴,说:“这只是文辞漂亮。”拜司隶大夫。炀帝自认文才高而傲视天下之士,不想让他们超过自己。御史大夫乘机说道衡自负才气,不听驯示,有无君之心。于是炀帝便下令把道衡绞死了。所有人都认为道衡死得冤枉。他不就是太锋芒毕露遭人嫉恨而命丧黄泉的吗?如曾帮刘邦打天下立下汗马功劳的韩信,官封淮阴侯,不久就落下了杀身之祸,原因就在于他自恃有才而锋芒毕露,再加上其功高震主,所以一抓住其“谋反”的借口,刘邦就迫不及待地把他给杀了。

应该如何处理这种情况呢?《庄子》中提出“意怠”哲学。“意怠”是一种很会鼓

淮阴侯韩信像，图出自清·上官周绘《晚笑堂画传》。

动翅膀的鸟，别的方面毫无出众之处。别的鸟飞，它也跟着飞；傍晚归巢，它也跟着归巢。队伍前进时它从不争先，后退时也从不落后。吃东西时不抢食、不脱队，因此很少受到威胁。表面看来，这种生存方式显得有些保守，但是仔细想想，这样做也许是最可取的。什么事都要给自己留条后路，不过分炫耀自己的才能，这种人才不会犯大错。这是现代高度竞争社会里，看似平庸，却是保护自己的一种生存方式。

钟繇，三国魏河南长葛人，字元常，官至大傅，故世称钟大傅。钟繇痴迷书法简直到了“心发狂”的程度。据说韦诞有本蔡邕的练笔秘诀，钟繇央求韦诞借给他，同样痴迷书法的韦诞，却赶紧把书藏了起来。钟繇苦苦哀求，韦诞就是不借，气得钟繇情急失态，捶胸顿足大闹三日，最后昏倒在地，奄奄一息。曹操马上命人抢救，钟繇才渐渐苏醒过来。事情闹到这一步，“铁公鸡”韦诞仍然不理不睬。钟繇无可奈何，只有自己生闷气。这口气一直憋到韦诞死后，钟繇派人掘其墓盗书，才如愿以偿。

有的人喜欢卖弄自己，他们掌握一点本事，就生怕别人不知道，无论在什么人面前都想“露两手”。这种人爱出风头，总想表现自己，对一切都满不在乎，头脑膨胀，忘乎所以。在为人处世中，这种人没有几个是成功的。

所以有才华的人必须把保护自己也算作才华之列。一个人不会保护自我才华，埋没自己的才华，就不能为社会做更多的事。

严责君子，勿过高要求小人

“好名者当严责夫君子，不当过求于小人”，这句话听起来挺对的，但是在现实生活中，对于一个贪图名声的人，我们怎样知道谁是君子谁是小人呢？

这里有一个NBA球员乔丹和皮彭之间鲜为人知的故事。当时在公牛队里，皮彭是公牛队最有希望超越乔丹的新秀，他时常流露出一种对乔丹不屑一顾的神情，还经常说乔丹某方面不如自己，自己一定会把乔丹推倒一类的话等。但乔丹没有把皮彭当作潜在的威胁而排挤，反而对皮彭处处加以鼓励。

有一次，乔丹对皮彭说：“你的三分球投得好，还是我的三分球投得好。”皮彭有点心不在焉地回答：“你自己知道还问我干什么，当然是你。”因为那时乔丹的三分球成功率是28.6%,而皮彭是26.4%。但乔丹微笑着纠正:“不,是你!你投三分球的动作规范、自然,很有天赋,以后一定会投得更好,而我投三分球还有很多弱点。”并且还对他说,“我扣篮多用右手,习惯地用左手帮一下,而你,左右都行。”连皮彭自己都不知道这。乔丹的无私深深地感动了皮彭。

从此,皮彭和乔丹成了最好的朋友。而乔丹这种无私的品质则为公牛队注入了难以击破的凝聚力,从而使公牛队创造了一个又一个神话。乔丹不仅以球艺,更以他那坦然无私的广阔胸襟赢得了包括对手在内的所有人的拥护和尊重。

多栽桃李少栽荆

英雄的勇猛和胆识过人,是因为他的肚量和策略不凡,他不与小人一般见识,不逞一时之气。“多栽桃李少栽荆”,这就是说我们要多做益事,广结善缘,不要作恶,也不要得罪人。

山中大王老虎要出远门,临行之前,它对猴子说:“我出门在外的时候,你掌管一切吧!”

猴子平时在山上游荡惯了,到处攀爬,和其他猴子一起嬉戏,一时间还真找不到做代理大王的感觉。这只平凡普通的猴子开始想办法,揣摩威风凛凛的老虎的心理,模仿它的神态和举止,提高嗓门,尽量让自己显得威严庄重。猴子真的很聪明,不久它真得像大王了,因此以前和它一起玩耍的猴子都对它敬重有加,甚至诚惶诚恐。它自己也特别满意,感慨地说:“做大王真过瘾!”

不久,老虎回来了。猴子又开始苦闷起来,自己毕竟还是猴子,可是它怎么努力也难以恢复到以前。它的同类开始讨厌它,因为它还是一副大王的架子,甚至对它们颐指气使,在它们面前喜怒无常。

平凡的猴子痛苦地对同伴说:“为什么你们就不能对我尊敬些呢!毕竟我也是做过大王的!但很难一下子恢复过来,你们是不理解这些的!”

为了逞一时之快,不择手段地打击报复,终会让自己付出沉重代价。想要伤害别人的人,最终只能伤害自己。希望通过给别人制造不愉快来让自己得到安慰是无法如愿的,倒不如以德报怨反而会得到更好的结果。

人非圣贤,孰能无过,每个人都有犯错误的时候,朋友也不例外。当朋友损害了我们的利益时,应该以一颗宽容之心对待他,这样,我们自己的心灵不但能得到解脱,同时我们的宽容也能拯救朋友堕落的灵魂。

刘宽是我国汉朝时代的人,为人仁慈宽厚。在南阳当太守时,小吏、老百姓干了错事,他只是让差役用蒲鞭责打,表示羞辱。他的夫人为了试探他是否像人们所说的那样仁厚,便让婢女在他和下属集会办公的时候捧出肉汤,把肉汤泼在他的官服上,结果刘宽不仅没发脾气,反而问婢女:“肉羹汤烫了你的手吗?”还有一次,有人曾经错认了他的驾车的牛,硬说这牛是他的,刘宽什么也没说,叫车夫把牛解下给那人,自己步行回家。后来,那人找到自己的牛,便把牛送给刘宽,并且向他赔礼道歉,刘宽反而安慰那人,并与那人成为朋友。

小心聪明反被聪明误

谁都想让自己聪明。很多人都想让自己表现出来的聪明才智得到认可。可是事实上，世上真正意义上的聪明人几乎是没有的，而本不聪明却要自作聪明的人，却是随处可见。一则笑话说：有个人，天天闲得无聊，抓了几粒稻子吃起来，觉得又扎嘴、又苦涩。他想：如果把稻子去掉皮壳，再煮熟就是非常好吃的米饭；如把煮熟的米种到地里，将来收获时不更好吃了吗？于是，他煮了一锅米饭，撒到地里。结果可想而知，这便是自作聪明的结果。

三国时期，曹操的手下杨修任主簿一职，刚开始曹操非常器重他，杨修却处处耍小聪明。例如，有一次，有人送给曹操一盒奶酪，曹操吃了一些，就又盖好，并在盖上写了一个“合”字，大家都不明白这是什么含义，杨修见了，就拿起匙子和大家分吃，并说：“这‘合’字是叫一人吃一口啊！”还有一次，建造相府，造好大门后曹操亲自来察看了一下，没说话，只在门上写了一个“活”字就走了。杨修一见，就令工人把门改窄。别人问为什么，他说门中加个“活”字不是“阔”吗，丞相是嫌门太大了。这样的情况出现几次以后，曹操就非常讨厌杨修了。

建安二十四年(219年)，刘备进军定军山，曹操的大将夏侯渊被刘备的大将黄忠所杀，曹操亲自率军到汉中来和刘备决战，但战事不利，前进则困难重重，撤退又怕被人耻笑。一天晚上，护军来请示夜间的口令，曹操正在喝鸡汤，就顺便说了“鸡肋”，杨修听到以后，便不等上级命令，教随从军士收拾行装，准备撤退，影响了军心。曹操知道以后，他还辩解说：“魏王传下的口令是‘鸡肋’，可鸡肋这东西，弃之可惜，食之无味，正和我们现在的处境一样，进不能胜，退恐人笑，久驻无益，不如早归，所以才先准备起来，以免到时慌乱。”曹操一听，大怒道：“你竟敢扰乱我军心！”于是喝令刀斧手，推出斩首，并把首级悬挂在辕门之外，以此警戒三军。

黄忠斩夏侯渊图，出自《三国志通俗演义》。

一般人都认为曹操杀杨修是因为是曹操心眼小,借机杀人。其实关键是杨修聪明过头。世上有真聪明与假聪明之分。可惜的是有些人属于假聪明,却并不自知,其结果可想而知。杨修就是这样,经常不看场合,无视别人的好恶,只管卖弄自己的小聪明。结果自然越来越遭人讨厌和憎恨,为自己招来了杀身之祸。虽然曹操事后不久果真退了兵,但平心而论,杨修之死也确实罪有应得。试想两军对垒,是何等重大之事,怎么能根据一个口令,就卖弄自己的小聪明,随便行动呢?即使真的撤军,也要用正面的语言和行为来表达,不然会军心大乱。而军心是军队的命根。这是最起码的军事常识,但杨修违背了,他这是自寻死路。

在我们生活中有很多和这种类似的情形。每个人都想表现得很聪明,但如果一个人老耍小聪明就成了一种愚蠢。建议你在面对人生际遇时,切勿自作聪明,而要学学糊涂。

一个聪明人应该做的是充分地认识自己,明确自己的能力,面对问题冷静判断,量力而行。如果你真的想表现得比其他人更聪明一些,那么你就应该有自知之明,没有必要总是向他人强调自己的聪明,更没有必要利用所有机会向众人表现自己的聪明。

曾国藩的弟弟曾国荃和他一样都是个精明的人,他们就因为精明吃过不少亏。

对于读书人,曾国藩还能以诚相待。他说:“人以伪来,我以诚往,久之则伪者亦共趋于诚矣。”但是,对于官场的交接,他们兄弟俩却不堪应付。他们懂得人情世故,但又怀着一肚子的不合时宜,既不能硬,又不能软,所以到处碰壁。这是很自然的,你对别人怎样,别人也会同样的对你。

而曾国藩的朋友迪安有一个优点,就是全然不懂人情世故,虽然他也有一肚子的不合时宜的话,但他却一味混含,永不显露,所以他能悠然自得、安然无恙。而曾国藩兄弟却时时显露,总喜欢议论和表现,处处显露精明,其实就是处处不精明。曾国藩提醒曾国荃说:“这终究不是载福之道,很可能会给我们带来灾难。”

最后,曾国藩似乎明白了,他在给湖北巡抚胡林翼的信中写道:“惟忘机可以消众机,惟懵懂可以祓(消除)不祥。”但很遗憾,他未能身体力行。所以,为学不可不精,为人不可太精,还是糊涂一点儿的好。

自作聪明,总会上当吃亏。只有当拥有真才实学时,才能真正的永久的拥有智慧。拥有聪明的人只会快乐一时,拥有快乐的人才会幸福一生。“聪明”是相对的,是对某一具体的方面、具体的人而言的。我们在这个人面前很聪明,而在另一个人面前,恐怕什么也不算。所以,聪明还是不“聪明”并不是什么做人的资本,根本不值得卖弄。

入世而有为,出世而无染

人间红尘被佛教称之为俗世,于是,古代人尤其是士大夫知识分子,在人生抉择上就面临着两种选择:

一是大多数人所选择的人世、在世生涯,这意味着花前月下、食肉饮酒、娶妻生子,或入仕,或务农,或经商,或做学问……总之,是成家立业,做经世致用的事业,图个光宗耀祖、封妻荫子;于国,则是先天下之忧而忧,为民众求幸福。

二则是少数人所选择的离世、出世生涯，或因信佛（教）而出家修行，或因仰道（教）而从仙羽化，或是入山甘当隐逸之士……总之，是斩断尘缘，抛却尘情，不事尘务，不受世俗观念的约束，走上自我独善之路。

一个人要出世，要闲适自在、逍遥度日，就不能入世，犹如你讲你手中的盾牌是最坚固的，就不能再说你另一边手中的长矛是最锐利的，无坚不摧的。回过头说，也是一样，你要入世，要成就功业、赢取荣名，就不能出世……入世与出世，确实是鱼与熊掌不可兼得的两难抉择。

这对矛盾获得了调和性的解决，是由于禅宗的出现，禅意识的确立。

因为由慧能实际创立的禅宗，主张出世不离入世，修禅悟道者同样也离不开俗世的现实生活，也就是慧能所说的："佛法在世间，不离世间觉，离世觅菩提，恰如求兔角！"——佛法就存在于人世间，不可能远离人世间而获得觉悟，谁若想离开人世间而寻找智慧，那就等于寻找并不存在的兔角一样。于是，禅就得以融入禅者日常生活的方方面面，运水搬柴是禅，行坐住卧是禅，吃饭后去洗钵也是禅，直至提倡务农与修禅同时并举的"农禅并作"的生活。这样，在那种饥来吃饭，困来睡眠的自然生活中，就有着一种随缘任运的逍遥，自我解脱的通达，人生就该完成自己所应所能做的工作……

在禅意识中，主张的是不离俗世地寻找真理，不着意绕避、不刻意摆脱俗世的各种人情纠葛与烦恼，即"烦恼即菩提"说，指出人生的种种烦恼之中就蕴涵有智慧。

正是在禅意识的影响下，洪应明在《菜根谭》中，得以提出入世出世法说：只有领悟了人世间的种种寻常之道，才可论说出世，因为出世之道即包含在处世历事中。所以，求道者不必断绝与人的交往，不需逃避世俗生活，这就像要了悟自心，就体现在全心尽意地去生活，没有必要通过禁欲或绝欲的手段来求取灰心厌世一般。在他看来，入世与出世是互相依存、互相补充的，一个人要在俗世中有所作为，他就必须领略到出世的意识，否则，就不可能脱离尘世的种种污浊病垢的污染；反之，一个人只要能尝遍人生种种酸甜苦辣就可以超越俗世而不受污染，否则，就不可能在出世后持守空寂的清苦乐趣。

这些意识对"宗教热"中的一些现象，确实有一些启迪作用。

因为一两次的失恋，一些青年人就看破红尘、遁入空门。而这种所谓的"看破红尘"，显然是十分幼稚而浅薄的认识，因为它是以将恋爱等同于人生的简单认识作为基础的。所以，人一失恋，世界就显得灰暗一片，人生就全无意义，自己就再无接受人生的其他挑战的力量……在他们这种封闭的意愿与行为取向中，表现出了极为脆弱的情感和粗浅的认识。事实上，他们并没有更多地品尝人生的各种滋味，没有经受过人生的各种摔打锻炼，就以一种虚假的、灰暗的虚幻沧桑感，代替了自己日后可能对人生所拥有的更全面的认识。因此，他们种种所谓的看透看破之论，也就是空的虚的，缺乏实在的内容。另外，他们以为进入空门就可以"六根清净"，就可以出世独居而不受杂务的干扰，也未必现实。君不见，佛门内部至今也还是等级俨然，和尚也要分个科级处级、应酬繁多的么？其实，这也是古已有之的，南宋诗人杨万里曾有诗云："袈裟未着言多事，着了袈裟事更多"，说的就是这种情形。

由此看来，世间并无纯然的出世。

于是，洪应明的观点认为，既反对无节制的纵欲，也反对苦行的禁欲；反对执著于具体事物,也反对执著于空虚之相。人只能依据自身的了悟,才可认识天下万物的真谛,才能立足于人世间而自然而然地萌生出世的意识……

于是,要有所作为,要尽力担当起社会人生的使命,做出有助于世的事业,不会因厌世遁世而浪费生命,这就象征着入世。出世,则意味着要善于摆脱世间的琐事杂事,不为庸俗的世情所束缚,不以世俗的荣宠为怀,喜怒不形于色,处变不惊,不被眼前的景物所束缚……从而养成真正超脱豁达的胸怀。这样,即使是面对炎凉的世态,尝到浓淡不一的世味,也能不轻起喜怒之心,不轻起欣厌之意,从而不受人间俗情的局限。如果能这样,人虽身处俗世,精神意识却已得到了超越和升华。

人的一生有限,时光流逝,岁月无情,所以,每个人都应当在自己那短暂的一生中,为社会为大众做更多有益之事。不要因人生的平凡而掉以轻心,须知平凡通非凡。也不要因人生的挫折而厌世,须知自古磨难多英才。为了能超越有才华,我们要防止因过多地沉湎于单纯的入世而妨碍了精神意识的升华。

在相应传统文化的熏陶下,近现代的文化大家如李叔同、朱光潜等,就赞成并践履了在世出世法说。

长亭外,
古道边,
芳草碧连天;
晚风拂柳笛声残,
夕阳山外山。
天之涯,
地之角,
知交半零落,
一觚浊酒尽余欢,
今宵别梦寒。

这么一曲妇孺皆知、如倾如述、亦真亦幻又意切情真的《送别》,令人想到了其作者李叔同(弘一法师)。

在20世纪初,青年李叔同到日本留学,专攻油画并旁及音乐戏曲。他先后扮演过《茶花女》等著名话剧的女主角,开创了国人演出现代话剧的先河。回国后,他先后担任过报刊编辑和图画音乐教师,现代艺坛名家如丰子恺、潘天寿等都是他的学生。

在当时很多人眼里,青年李叔同是一位善于吟诗作画、填词赋曲的多才多艺而又多情的风流才子,而在别人看他春风得意之时,他却忽然离开了发妻爱妾与稚子,抛弃了世誉名利,皈依了佛门,出家为僧,法名弘一,此后就是持戒守戒,绝无懈怠,为此而决然放弃了他所擅长的音画诗词。他又专志于弘扬佛教南山戒律,成为佛教律宗的一代宗师。

他的前半生以入世为归属,后半生以出世为归属。但两者又是互有联系、互有渗透的,正因他入世时已萌生了出世的意识,他的为人与艺术才显得清新自然、超尘脱俗,又正因出世是他的全部入世生活与情感经验导致的自然归宿,他出家后就能持守那种种空寂的清苦情趣,能由绚烂而归于平淡,而且出世也并不意味着决然地淡忘世事,如在抗日战争时期,他就鲜明地提出了"念佛不忘救国、救国不忘念佛"的主张,并身体力行之。由此可见,他选择出家之路的缘由,并非是厌世、想决然地逃避人世,而是对生命与终极信仰的一种真诚的追求。所以,他的人生之路虽特殊,但他的人生是充实的,却在一定方面暗合了《菜根谭》所述及的在世出世法说。

所以,著名的美学家朱光潜先生曾总结出了“以出世精神做入世事业”的人生理想,从而通俗而又具体地揭示出了在世出世法说的普遍意义。想想,作为一个饱经沧桑的哲人,他的人生无疑是为他的人生理想所作的最佳注脚,正是“出世精神”,使他能洒脱豁达地摆脱了人生的种种挫折、磨难和遭人误解批判的困窘境地,做到宠辱不惊,绝不自暴自弃;“入世事业”则具体地落实在他毕生对知识与智慧的热诚追求中,结晶在他的美学理论著作中。今天,斯人虽逝,而精神永生。再接续洪应明的思想来看,作为学者的朱光潜先生,他一生所做的入世事业,不就是由那段“兢业的心思”所引导的吗?他一生所怀的出世理想,不正是那段“潇洒的趣味”所表现出来的吗?两者兼备,他就不是那种严厉地束缚自己的苦行僧,于是,他的人生不会像秋天里的万物一样萧条,而似春日的万物复生,生机盎然,终结出累累硕果。

显然,朱光潜先生的“以出世精神做入世事业”之说更具普遍的现实意义——即使对于并不是人人都想当学者的我们来说,同样如此。

可以说,能真正做到“以出世精神做入世事业”,那就真正悟禅入禅、实现自我了。

在世出世法说,虽然不用禅文化来命名之,但却蕴涵了浓郁的禅意了。

无矫无伪,诚待人

《山鬼》乃屈原的《九歌》中的一篇,它描写的是——山中女神诚心诚意地等待自己的爱人,最终没有等到爱人的到来,她为此而思前想后,忧思哀怨……

洪应明的观点,强调了个人在待人接物时,一方面应精明练达,另一方面应该有奉献出自己的诚意。

这是有历史依据的,因为中国古典文化一向推崇“诚”,“诚”乃一种发自我们内心的诚挚之意,作为为人之道,“诚”就是信实无欺、真实无妄。

聪明者在处事时,能诚实待人。

下面这些就是聪明者以诚待人的事例。

孔子的弟子曾参,他经常教导子女要诚实无欺,并以身作则。

某天,曾参的妻子要去集市,儿子哭闹着要跟去,她就诓哄孩子要学乖乖,大人回家后就杀猪给他吃。等她赶集回到家里,一眼就见曾参正在磨刀准备杀猪。

她忙拦住劝阻:“我刚才这样说,只是为了哄孩子,不能当真啊!”

曾参对此颇不以为然,说:“我们不能哄骗孩子,因为孩子时刻在模仿父母,现在你哄骗他,等于教他用同样的方法去哄骗别人;而且当他知道母亲刚才只是为了哄骗他时,他就不会再信任自己的母亲了,以后就不能很好地教育他了。”

最终,曾参还是杀了猪,让孩子吃到了猪肉。更重要的是,他使儿子懂得了做人须诚实的道理,父母的威信在孩子的心目中也更稳固了。

人与人之间,有着各种各样的关系,有父母子女的血缘关系,也有上级与下级的隶属关系,上下级之间同样需要真诚相待,据此才能保证上情下达,下情上识。

西周时期,周公代替年幼的周成王执政,集天下军政财权于一身。

但是,周公还是一如既往地礼贤下士,真诚地对待部属。他曾就此告诫自己的儿子伯禽道："我作为文王的儿子，武王的弟弟，成王的叔父，地位可算不低了。但我有时洗一次头，还要三度停下来握住散乱而又湿漉漉的头发，有时吃一口饭，还要三次停下来，吐出口中所含的食物，马上动身去接待来访的天下仁人贤士，即使这样做了，我还唯恐失去了天下有才能的人呢。"凭着这种赤诚的态度与客气的言行，周公以天下为己任，虚怀若谷，竭力揽能招贤，巩固了周朝的江山，大大推动了当时社会的发展。

周公像

曹操也称赞他："周公吐哺，天下归心。"(《短歌行》)

这也是那些专搞阴谋诡计、自高自大的政客们永远做不到的地方。

同理，在谋求最大利润而又竞争激烈的商业经营中，哪家企业与商店赢得了顾客，就可以求得生存与发展，其中的秘诀很多，但都离不开真诚待客这一条。

以中国的那些商号老、产品资格老、开业时间长的企业商店言，它们之所以能在顾客心目中保持着长久的信誉，跟它们的货真价实而又真诚待客的宗旨是分不开的。

从相反的方面看，那些生产伪劣商品的厂家之所以昙花一现，跟它们的经营者怀抱欺骗顾客的侥幸心理是密切相关的，他们能长时间的欺骗顾客是不可能的。

在人际交往中，一个诚字值千金，我们只能用爱来交换爱，我们只能用信任来交换信任，朋友之间的交往、恋人之间的相恋、同志之间的工作关系等，无不如此。谁的心中有了这个诚字，就不会自恃权势身世而傲慢不恭地对待别人，就会使人与人之间的关系具有更多的和气、顺气与正气。

否则，谁在为人处世时少了这个诚字，就很难在事业上取得成功。况且，即使能侥幸骗得过别人，良心发现之夜，就会心神不宁，摆脱不了精神上的自我折磨，悔恨、羞愧……甚至还可能搬起石头砸了自己的脚。

正像故事中的那个牧羊少年一样，当他第一次以"狼来了！"来哄骗大人并以之取乐时，就已经撒下了悲剧的种子。于是，当真正的狼出现时，他的真诚呼救再也没有使大人们作出反应，势孤力单的他，只能看着羊羔被饿狼吞食了。

故事虽简单，道理虽浅显，但却包含着深刻的智慧。但是这些，又是说来容易，做来也不难的，问题还在于要一以贯之地贯彻坚持下去。

一定要切记，以诚待人。

用人不宜于刻，交友不宜滥

从古到今，用人问题一直是领导所困扰的问题，对此能否予以全面准确地把握，往往是判断领导者的领导艺术高下的标准之一，因为它是事业成败乃至是关系到当事者性命的一项主要依据。

现在，形容那些不务正业、专在小偷小摸上打主意的浪荡儿，通常用“鸡鸣狗盗之徒”一词，语气是不屑与轻蔑的。但在历史上，引出“鸡鸣狗盗”这句成语的两个无名小卒，却演出了一幕至今尚难令人忘怀的历史剧。

战国时代，秦昭王久闻齐国的孟尝君田文很有能耐，很得人心，就邀请他到秦国当丞相。

因此，孟尝君就带着一批寄居于自己门下的帮闲食客，来到了秦都咸阳。不料，此时的秦昭王受手下大臣的调唆，不但没有重用孟尝君，还把他软禁了起来。

被软禁的孟尝君，如身处热锅上的蚂蚁，不得不托人向秦昭王的宠妃燕姬求救，燕姬答应帮忙，开出的条件是要孟尝君送她一件白狐裘（由纯白的狐狸皮制成的袍子）。

孟尝君听后，感到很为难。因为他仅有的一件白狐裘，已在先前送给了秦昭王作见面礼，现已锁入秦宫大内衣库。

这时，他手下一位善偷窃的门客，马上拿出看家本领来为主人分忧排难。他在黑夜中，灵巧地学狗吠骗过了宫中的侍卫，钻狗洞潜入秦宫，终偷出了那件白狐裘，并立刻献给燕姬。

经燕姬的如簧巧舌一说，秦昭王同意释放孟尝君。

孟尝君唯恐夜长梦多，马上就启程逃出咸阳。到达函谷关时，正值半夜，函谷关的大门紧闭，按规定，只有每天清晨鸡鸣之后，守关的士兵才能打开关门，让人通过。心急火燎的孟尝君，面对着紧闭的关门，为秦昭王的可能反悔而忧心忡忡。

这时，孟尝君门客中，另有一位善于模仿鸡鸣者，开口喔喔喔地叫了起来，引得关里的公鸡都一鸣百应。如此的半夜鸡叫，却使守关的士兵以为天就要亮了，便打开关门，孟尝君一行人才逃出了秦国。

假设此次孟尝君没有这两位擅长鸡鸣与狗盗的门客，那么，就很难保住他的性命了。孟尝君之所以能逃脱这次厄运，并在其后取得了一定的政绩，跟他的容人度量与

《春秋五霸七雄列国志传》版画之孟尝君客作鸡鸣过关。

不苛刻的用人方法,有着密不可分的联系。他对于天下投奔他的人,不管是有什么能耐,一概收留,免费为他们提供衣食住行的种种方便,当时号称“食客三千”。

正因孟尝君对这些食客不挑、不嫌更不疑,相信天生他材必有用,况且对他们待遇优厚、礼遇交加。因此,鸡鸣狗盗之徒也得以厕身孟尝君的门客之列,有事之时,门客也都各施所能,尽心尽力地报效主人。

作为政治家,孟尝君在这方面是较为成熟的,他不订出统一而又苛刻的模式来拒绝那些具有包括鸡鸣狗盗之类贱技的门客,他也不像同时代的楚国大臣屈原那样,强调天下唯我独醒、唯我品德高洁,以免将自己立在天下人的对立面。他认可当时的现实,将三教九流、善恶贤愚者都招揽于自己门下,当他们的特殊作用也有得以发挥之时,结果在一定程度上对他的事业还是起到了有利作用。

在用人之术上,孟尝君的做法是成功的,在中国历史上也是独树一帜的。这就是:“用人不宜刻。”

社会发展到今天,人才的重要性显而易见,依然悬而未决的,则是更具体的问题,人才的标准,就是其一。眼下,有传媒以“年薪十万是人才标杆”、“年薪是衡量人才的唯一标准”为题,在相当范围内引发了对人才定义与标准的相关讨论。

以年薪作为衡量人才的唯一标准,优点在于标准够简洁,而且可以量化。从更深层面看,其论点的面市,表明了在市场经济的大环境下,财经实力已经获得了整个社会最具分量的话语权之一。

但这是具有片面性的,因为仅以薪酬论人才,尤其是以一个人眼下是否能拿十万年薪作为他是否是人才的唯一标准,不作具体的区分,一竿子打倒一船人,在不少地域与行业,就会出现专业精英非人才的笑谈。而且年薪是动态变数,往往更多地与经济环境、地域与行业是否发展平衡等因素密切相连,仅以十万元作为标杆,就会出现今年是人才明年非人才的反复。

以薪酬定人才论的提出,很大程度是针对以往流行的学历学位定人才论的。其实,在知识经济时代,强调知识的重要,是无可非议的。必须注意的是,一个人的学历学位只表明他接受了相应的专业与知识教育,同样不是人才的唯一标准。

由于现在还有因地区差别而导致的人才引进、人事调动与迁移等事项,在企业与社会之外,政府有关部门也是人才标准的主要定义与鉴别者,从而起到一种更趋全面性的导向作用。

人才的标准是具体的,人才的标准同样也就是多维多样化的,也是动态的。薪酬、学历学位、才华学识、专业技能、经验积累及实干业绩等,是可以共融在人才标准圈内的。

如果说如何用人,是领导者、政治家所应十分注意的问题。那么,如何交友的问题,则是人人会碰到、人人想解决得更好的问题。

因为没有朋友的人,是天下最不幸的人——你的社会阅历越丰富,年岁越大,离家门越远,你的这种体验就会越深刻。

首先,交友要交君子之交。不宜滥交,否则,那些别有他图者,就会利用某个人滥交朋友的弱点,想方设法地献媚取悦于这个人。

这里,判别是不是君子之交在于:求君子之交的双方,必须是各自光明磊落,能坚持己见,又彼此肝胆相照,做到和而不同,互相补充的。也许,他们彼此开始时因陌生而不易结交,甚至曾有不打不相识的过节,但在相知相识后,往往就成为一生的挚友。相反,那些仅为利用别人而不是真正交友的奸巧之人,见到可被自己利用者,往往会装出一副一见钟情的模样,对其百依百顺,言行举止超乎常规地切合你的心意,给人一种两人似乎是同一模型制造出来的样子……这种交情多是易变的。

本质而论,交友讲究的是质量,而不是数量。春秋时期,著名琴师俞伯牙在弹奏表现高山流水的曲目时,知音也仅是青年樵夫钟子期一人而已。后来,钟了期先死,伯牙悲痛万分,在子期墓前弹了最后的一曲之后,就将瑶琴摔碎,以自己不再弹琴之举,来表达对自己唯一知音的恒久怀念之情。

君子之交,可以超越贫富、身份等的差别,可以超越民族、语言、年龄和地域等的隔阂。君子之交,注重的是心的相通,而不仅是酒肉意气的相投。“君子之交淡若水,小人之交甘若醴;君子淡以亲,小人甘以绝。”说的正是如此。

其次,在交友的问题上,洪应明也论述了一些对待小人与君子的策略,如不必与小人结仇,毋须向君子献媚等。至于说到“待小人不难于严,而难于不恶”,是指对待道德品行不端的人,对他们抱严厉的态度并不困难,困难的是在内心并不憎恨他们。“待君子不难于恭,而难于有礼”,指的则是常人一般都能对君子持恭敬之态,但却不易做到真正地礼贤下士——领导者尤其如此。所以,刘备三顾茅庐也就成为千古佳话。类似的认识,反映出洪应明观人论世思想的深刻与独到。

最后,君子之交,会经得住历史的任何风风雨雨的考验,不会因岁月的流逝而受到损害或削弱,岁月的尘埃不会掩盖住友情的灿烂光芒。相反,岁月越久,友情就越纯,磨难越多,友情也越真挚。因此,泛泛地去结交那些打哈哈式的朋友,其意义绝对比不上对旧日友情的促进,这也就是“结新知不如孰旧好”的真谛之所在,所谓“衣不如新,人不如旧”。结交那些希望你快乐和成功的人,你在人生的路上将会有很多好处。对生活的热情具有感染力,因此同乐观的人为伴,能让我们看到更多的人生希望。

况且,君子之交,是肝胆相照之交,是与友为善之交。看到自己的朋友在交友方面有过失,就应马上结合事理来指出他的不足,而不可犹豫,更不可作悠然自得的旁观,等等。这都是君子之交所应有的题中之意。

所以,在用人问题上,“用人不宜刻”,也正如龚自珍所言的“不拘一格降人才”,是值得努力的方向。

所以,在交友问题上,应切记:一万个口惠而实不至的泛交,不如一个同生死共患难的知己。

给人好处,掌握分寸

每个人都会给别人好处,也唯有给人好处,才能从别人身上也得到一些“好处!”如果不给人好处,那么这个人可能就不会有太大的成就。

不过,给人好处也是一种学问,别以为“给”这个动作很容易,其实,给得不恰当,不但对方不会感激你,有时还会怨你。你白白损失“好处”,又招人怨,这可能是天底下最冤的事情了。

所以,要给人好处,就要掌握好分寸!

南宋初年，面对着金人的大举入侵，当时号称名将的刘光世、张俊等人，只会一味地避敌逃跑，不敢奋起反击。这一方面因为他们天生长的一身软骨头；另一方面，也因为他们官已高、位已尊，认为即使自己立了大功，也不会有更大的升迁，便安于现状，什么国家利益、民族利益，在他们的心目中根本就没有什么地位。

当时岳飞入伍不久，还没有太大的名望，只有他在和金人进行着殊死的战斗。当时有个叫郡缉的人，上书朝廷，推荐岳飞。那封推荐书写得很有意思：

“如今这些大将，都手握强兵，威胁控制朝廷，专横跋扈，不能够再重用这些人了。驾驭这些人，就好像饲养猎鹰一样，饿着它，它便为你博取猎物；喂饱了，它就飞掉了。如今的这些还没出猎的大将都早已被美肉喂得饱饱的。因此，派他们去迎敌，他们都会掉头不顾。”

抗金名将岳飞像，图出自清·顾沅辑《古圣贤像传略》。

但是岳飞却不一样，他虽然拥有数万兵众，但他的官爵低下，朝廷对他也没有什么特别的恩宠。这正像饥饿的雄鹰迫切希望振翅高飞。如果让他去立一功，然后赏他某一级官爵；完成某一件事，给他某一等荣誉。用手段去驾驭他，使他不会满足，这样他必然会为国家一再立功。”

岳飞英雄盖世，即使不使用这些手段，也会为民族大义鞠躬尽瘁。但在岳飞还位低职卑的时候，郡缉的计谋是奏效的。郡缉深知那些被皇帝“喂饱”的将军失去了进取心，当然也为朝廷出不了多少力。对于岳飞这只饥饿的雄鹰，可以一点点喂养，逐渐提升岳飞的待遇和在军中的官职，从而让岳飞全心全意的效力。

我们在现实生活中，给人好处的时候，也要遵循“循序渐进”的原则，总是要让对方为这“好处”吃一些苦头，花一些心力，让他在“付出”之后才“得到”，这样“得来不易”的好处，他才会珍惜。如果得到满足，可能有以下三种结果：

(1)如果你把太多“好处”一下子给人，或想以“好处”来讨别人欢喜，那么，因为来得容易，他不会珍惜这些“好处”，并且对你也不会有任何感激之心，反而还会嫌少、嫌不够好，甚至一再向你要好处，你如不给或给得不如前次好、不如前次多，还要受到对方责怪。

(2)对人的恩情过重，会使对方自卑乃至讨厌你，因为他一来无法报答；二来感到自己的低能。

(3)你一次给得过多，人家的口袋里鼓鼓的，再也没有了上进心，工作也没有以前那样积极了,对你的依赖性降低。这样,掌握在自己手里的砝码就轻了很多,放开的缰绳就不可能被收回来了。

(4)别人有了第一桶金作为资本,有可能成了你的竞争对手。自己用心良苦地培养出来的人今天却要从自己的嘴里往外扒饭,这是所有人都不想看到的。

不过,如果你是故意不给,或摆明有意要在“折磨”他之后才给,那么你也有可能招怨;你要向对方表明你的“好处”其实不如他所想的那么好那么多,要给他也有身不由己的困难,或是还要同他人“研究研究”等等。决定给他好处了,你也要让他知道,你是如何费尽九牛二虎之力才促成这件事,这样子,对方因你给的好处,心里自然会有压力,从而对你是不胜感激。

一定要记住,给人好处不能吝啬。不轻给,更不能滥给,要掌握分寸。但有一种情况例外,就是我们要收买人心以及情势所迫时,要慷慨大方地给。

人有恩于我不可忘,怨于我则不可不忘

许多初涉人世者,和那些有一定社会阅历者,有时也会因一时的逆境而陷于怨天尤人的心态中,或因工作上一时的不周而挥不去同事的埋怨之声,或因公耽误家事而招致亲人的怨言……最常见的一句慨叹语是做人难!连鲁迅先生也说:“中国是古国,历史长了,花样也多,情形复杂,做人也特别难。”

我们不可能因做人难而不做人,那么,问题就在于,怎样才可以把做人难变为不难了?在这点上,《菜根谭》所论及的一些行之有效的为人准则,尚可资借鉴。

冰释化解自己怨天尤人的心绪,化解自己对别人或是别人对自己的怨恨,对有恩于己者知恩图报的释怨报恩原则,可算其中的一条。

春秋时期,齐国曾发生了公子纠和公子小白争夺君位之争。

当时,齐国原国君被杀,因为国不可一日无主,齐国的大臣们派人去迎接流亡在鲁国的公子纠回国即位,鲁庄公亲自率兵护送。

效忠公子纠的管仲,为了防止流亡莒国的公子小白先回到齐国即位,就率先领兵去拦截公子小白,亲手用箭射中了公子小白,见其大叫一声,吐出鲜血,仆倒在兵车后,才投转马头,优哉游哉地护送公子纠回齐国即位。

但是,当他们到达齐国地界时,公子小白已抢先一步即位,成为齐国国君齐桓公。

原来,管仲的那一箭只是射中了公子小白的带钩,他趁势咬舌吐血,蒙蔽了管仲,然后抄近道急奔回齐国,经谋士鲍叔牙说服了齐国众大臣,终于登上了王位。

公子纠、鲁庄公对此,自然是不服。齐鲁两国也因此而兵戎相见,结果是鲁国大败,公子纠被杀,管仲被押送回齐国。

因管仲是个经世治国之大才,齐桓公听从了鲍叔牙的建议,任命他为相国。

正因为公子小白在逆境中不怨天尤人,相信事在人为,有设计力争的作为,他才能成为日后的齐桓公。又正因为他能不计旧怨,任用了与自己有一箭之仇但却具有治国才能的管仲为相,齐国才能很快强盛起来,齐桓公也成为春秋时期的第一个霸主,成就了一代宏伟的霸业。

齐桓公对于管仲,可说是以恩报怨。管仲效忠于齐国和齐桓公,则可谓是知恩图报。这使他们之间的恩怨故事,成为中国历史上释怨报恩的最好例子之一。

说起恩怨,人们总会相提并论,处理得好,怨就会变成恩,上例就是。但处理得不好,恩也有可能转化成怨。

春秋时期,宋国与郑国军队在大棘展开激烈的战争。

战前,宋军主帅华元,为提高和鼓舞士气,命令宰羊来犒赏三军。但在分发羊肉时,因不慎而忘掉了驾驭主帅战车的羊斟,羊斟因此而对华元滋生了怨恨之心,认为主帅瞧不起自己。

于是,在宋郑军队交战的阵前,羊斟意气用事,故意将华元乘坐的战车驾到郑军的阵地里去,结果使华元被郑军生擒,宋军因此而陷入群龙无首的混乱局面中,惨遭大败。

在这个历史掌故中,羊斟因私怨而毁大局,这就是小人的作为。但作为主帅的华元也有疏忽之处,他在犒赏三军时,未能做到周密细致,结果是结怨于部下,因小怨而蒙大辱,恩化为怨,好事也就变为了坏事,内中的教训是深刻的。

与上述两例事实相似,场合与人物有所不同的更多事例,表明释怨与报恩的为人准则,不仅是适用于政治家和军人,而且适用于现实中的广泛人群。因为人是社会关系的总和,人生活在社会中,难免会碰上不尽如己意的事情,甚至会经受挫折与失败的考验,如果一味怨天尤人,就会背上心理负担,找到懈怠的借口,变得委靡不振,不思进取。

另外,在日常生活中与别人因小事而结怨,就会造成人际间的隔阂,轻者不利于团结,重者则发展成窝里斗,妨碍了事业的发展,当事者还可能两败俱伤,谁也占不了便宜,乃至身败名裂。因此,从任何方面说,在解决人民内部矛盾时,都是怨宜解而不宜结的。

这样,那种因怨而引致的种种不良乃至是犯法的行为就会越来越少,直至销声匿迹。

在不失原则的前提下,不忘别人对己之恩,知恩图报的言行,既是个人良知的标识,也会加强加深人际关系的友好度。

在这个意义上,洪应明那些关于恩怨的思想,其中一些辩证的认识,更是值得我们注意。如认为别人有恩于己时,不应忘记别人的恩德;而当自己对别人施以援手时,则不可要求别人对自己感恩戴德,以免沾上心术不正之嫌。再如,将自己和不如自己的相比,从而打消怨天尤人的心绪,因为这可以矫正自己的好高骛远之处,而绝不是向落伍者看齐,不思作为。

忍得一时之气,才做得人上之人

我们在生活中一定要学会忍,忍中具有道德、智能,忍中具有真善美。这样,我们也不会觉得苦,不会觉得累。所以,忍是一个人生存的第一能力,能屈能伸方为大丈夫本色!

应该如何忍呢?答案就是学会弯曲的做人艺术。山路十八弯,水路十八盘,人生之路也必定充满了荆棘坎坷,这就决定了我们在人生旅途上不仅要有挑战困难的决心,更应具有一颗学会弯曲的心。

三国时期,蜀国名将关羽兵败麦城,被东吴擒杀。张飞得知以后,悲痛欲绝,严令

司马懿像，图出自明·天然撰《历代古人像赞》。

三军赶制孝衣，为关羽戴孝，逼得手下将官无奈，最后铤而走险，将其刺杀。刘备为报东吴杀害关羽之仇，举兵伐吴。

诸葛亮、赵云等人苦苦相谏，都没有用。这时的刘备已完全失去了理智。结果被吴将陆逊一把火烧得溃不成军，数万军士丧生，刘备本人带着残兵败将退归白帝城，羞愧交加，一命呜呼。从此蜀军一蹶不振了。

魏大臣司马懿多谋善变，遇事沉着冷静，从不被自己的情绪左右。一次，诸葛亮出兵伐魏，进军至五丈原。司马懿率军渡过渭水，筑垒抵御。当时，蜀国大军出动，粮草有限，利在速战，司马懿则坚守不出，以待时机。为了激怒司马懿出战，诸葛亮心生一计，派人给他送去了妇女的服饰，以侮辱他。讽刺他胆小如女人。

但他看到后只是表面很生气，却始终按兵不动。诸葛亮也就没有办法了。最后，诸葛亮看同魏军长期相持，难以取胜，心力交瘁，加之过度操劳，病死在了五丈原军营中，蜀军只好退走。

做人的另一种本领，另一种境界就是要懂得变曲，并敢于弯曲。

生活中糊涂一些，懂得弯曲，也不失为大丈夫。这种弯曲不是见风使舵，不是奴颜婢膝，不是媚上欺下，相反，它是另一种意义的人格和超脱。

懂得弯曲，是为了正直。有时候，适当的弯曲是一种理智。弯曲是战胜困难的一种理智的忍让。弯曲是为了更好、更坚定地站立。弯曲不是毁灭，而是为了退一步的海阔天空；是为了让生命锻炼得更坚强。

生活中，做人做事需要一点弹性空间。否则，一味地硬挺，你自己累，身边的人也累。而适当地弯曲一下，也许你一时难以解决的问题，就会在你躬起的脊背上悄然滑落。

自我保护的一种方法就是喜怒不形于色。“君子报仇，十年不晚”，“忍得一时之气，才做得人上之人”，说的就是这个道理。洪应明的为人处世观点告诉我们，在遇到被人欺骗侮辱时，要审时度势，不动声色，不吃眼前亏，才能保存自己。

善泳者死于溺，玩火者必自焚

一本万利的方法就是在关键时刻能够不为小恩小惠所动，能够放弃小的利益。当然，用自己的利益做赌注，即使再小也不是任何人都愿意去做的，这就要求我们要有长远的眼光。

太子刘盈当了皇帝后，吕后成了吕太后。吕太后见刘邦死了，就大肆消灭异己，朝廷的大权都由吕太后一人把持。

刘盈当皇帝的第二年，刘盈听说哥哥刘肥来看他，非常高兴，就吩咐摆酒招待，并且让哥哥坐在上头，自己在下面作陪。吕太后看了很不高兴，因为皇帝是至高无上的，怎么能坐在下面呢？于是，她就叫人斟了两杯毒酒递给刘肥，让他给惠帝祝酒，不想惠帝见齐王起身，也跟着站起来，拿过另一杯酒，准备兄弟两人干一杯，吕太后一看很着急，她装作不小心的样子，把刘盈手中的酒撞泼了。刘肥便知道吕太后想置他于死地，所以回到住处后，很害怕。这时一人献计说："太后只有当今皇上和鲁元公主一儿一女，自然对他特别宠爱。如今大王您的封地有 70 多座城，公主却只有几个城。您要是向太后献出一郡，把它作为公主的领地，太后定会高兴，你也就免除危险了。"刘肥听后，就照着这位谋士的方法，把自己的封地城阳郡送给了公主，太后果然高兴，刘肥也因此平安地离开了长安。

刘肥以失去了一坐小城的代价，保全了自己，这就是明智的选择。

智者说：做人要有道德，道德是成就事业的第一步，只要有了道德，才可以完善自我。

做人要有才学，没有才学就会流于平庸，成为凡夫俗子，才学是成就事业的关键。

真正的人才就是"才"与"德"的完美结合，就是所谓的"德才兼备"。

一个无才无德的人是很难结交到真正的朋友，获得长久的事业成功的。这样的人不能与人长期合作，因为这种人不是搞一锤子买卖就是过河拆桥；这种人在家庭中，也会做出不道德的事情，极有可能造成对方和孩子的痛苦和不幸；他们甚至还可能因为某种利益的驱动，铤而走险而落入法网……

要走向成功，需要以德立身，这是一个成功者必须确立的内在标准，没有这个内在的标准，人生之路就会失去支撑，最终导致失败。

以德立身的前提是自律，一味讲"哥儿们义气"并不在以德立身之列。俗话说："近朱者赤，近墨者黑。"在社会上，缺德之友最终会成为我们成功路上的定时炸弹。例如，明知这笔贷款不合手续，但因为对方是朋友，所以大开绿灯；明知这个项目不能担保，因为受朋友的委托，所以还是办妥了。像这样的事情多数发生在年轻人身上，他们重朋友、讲义气，交往中自以为彼此很了解底细，因此在合作中绝对信任对方，毫无防备，不能办的事也不好意思拒绝，什么事情都

吕后像

来之不拒，这样，如果被缺德之人利用，自己的前程必然会受到毁坏。

做人的根本原则是以德立身贯穿于每个人的人生全部。在人生的不同阶段，道德对于人的要求虽有着不同的变化，每个人体验和经历的内容也不一样，但是，“以德立身”的人生支柱是不变的，它对人生大厦起着支撑作用的定律是不变的。

知人才能善任

唐朝时期赵蕤认为：每个管理者应该把握的原则是：识大体，弃细务，这也是君道。要记住：为官，以不能为能。

用人就应该懂得“尺有所短，寸有所长”。善用人的长处，是因人成事的第一要务。

每个人都是不一样的，德有高下，性有贤愚。你知道何为圣人，何为智者，何为英雄，何为豪杰，何为儒、法、术、道……吗？知道了各类人等的确切定义，做人才能知道自己该做一个什么样的人，管人才能知道管的是些什么样的人。

造器尽其材，用人适其性。用一种人才，便成就一种事业。赵王用赵括而亡国，诸葛亮用马谡而前功尽弃，这些血的教训足以提醒我们对用人的重视。

孔明挥泪斩马谡图，出自《图像三国志》。

知人才能善任，知人是恰当用人最基本的前提条件。然而，“知人知面不知心”说明了知人之难。怎样才能既知其人，又知其心，古人为我们提供了丰富的经验。

人才难得，要想成就一番事业，必先得一等人才。有齐桓公见稷之诚，刘备三往隆中之专，人才可得，事业可成。

要想政治清明，必须要有英明的君主，贤能的臣子，辅之以完善的管理体制。国家如此，部门如此，军队如此，任何一个“治人”或“人治”的单位莫不如此。

从中央到地方，以金字塔结构组成的官吏是一个特殊的阶层。它像枢纽，像门阀，最精彩的悲喜剧都在这里上演，国家的兴亡在很大程度上取决于这个阶层。

国家兴衰成败的关键在用人，而用人最重要的是要知道每个官员的优点和缺点，以及怎样使用他们才能扬长避短。这样，才可以知人善任。

在特定的时空内，是非、善恶是

有标准的。然而，时空越大，其标准就越模糊。大到整个宇宙，长到几万年，就无是非，无善恶了，因为整个时空只有一个最高的法则——阴阳反正。可是有限的人生总想永远处在最佳状态，即所谓“人不要老，钱不要少”。这里就告诉你一个秘诀，即“欲穷不得、欲达不衰、欲贵不贱”的奥妙。

时代在变，治国方针也要跟随其变。即使在不同的历史阶段，其治国方略也得适应当时社会发展的变化。

百家争鸣，各有道理，也各有弊端，因为有不同的出发点，所以结论也就各不相同。只有取其精华，去其糟粕，才能得到真实客观的结论。

由友及朋，由朋及党，由党及群，与自己志同道合的人滚雪球般越来越多，以自己为中心的势力范围逐渐扩大、蔓延，最终如火如荼，发展成不可遏止的局面。等到有一天，时机成熟，揭竿而起，天下响应，夺取政权便如探囊取物一样了。

看人要用自己的眼睛，识人要依自己的判断

明朝时期洪应明认为：不要误信他人的片面之词，以免受到奸诈之徒的欺骗；不要过分相信自己的才干，以免受到一时意气的驱使；不要仰仗自己的长处去对比宣扬人家的短处；更不能因为自己的笨拙，就嫉妒他人的聪明才能。

怎样才可以识人？孟子说：“国君选拔人才要慎重，左右亲近的人都说某人好，不可轻信；众位大夫都说某人好，也不可轻信；全国的人都说某人好，然后去了解，发现他真有才干，再任用他。左右亲近的人都说某人不好，不可听信；众大夫都说某人不好，也不可听信；全国的人都说某人不好，然后去了解，发现他真不好，再罢免他。”孟子说了这么多，其实归纳起来也就是一句话：看人要用自己的眼睛，识人要依自己的判断。这段话是值得我们记取的。

求备一人，百中无一

宋朝时期王溥认为：一百个人中也很难找到一个完美无瑕的人。圣人从不故意挑剔别人的小毛病，不刻意苛察别人的隐私。

君子应当关注、从事大的善举而不要为极小的善事过于沉溺心智；应当谨慎防范大的恶行而不要为极小的恶事遮蔽了眼睛，牵制住注意力。

评论立有大功绩的人，应不去注意其微小的过失；对于做了大好事的人，更不要对其小错吹毛求疵。

别人有高尚的品德，就不要去计较他的小节问题；一个人受到大家的称赞，就不要去挑剔他的小毛病。

如果能成就大的德行，就不必拘泥于小事细节是否适合，不要因为有个别的过错而掩盖主要的功德。

君子注意从小事上严于律己，但不以小节去衡量别人。

人们常犯的错误就是因小而失大，计较小节而忽视主流，应该引以为戒。

知人难,莫过于以己观人

三国时期刘劭认为:人与人的交往中,刚开始很难相互了解,尤其是读书人,无论才能大小,都自以为能够知人。往往只是从自己的角度观察别人,就以为可以知人了。分析别人是不是善于识人时,就以为别人不会识人。为什么呢?因为人总有自己的局限,往往能够识别同类型人的长处,却不能够了解不同类型人的长处。

清廉节俭的人以正直为法度,所以,善于识别性格品行较为端正的人,而不能接受善于使用谋略和诡计多端的人。制定法度的人以规矩道理为准则,所以能够识别考较器量方直的人,而对善于变化的人认识不足。讲求权术计谋的人以思考谋划为标准,所以欣赏具有谋略的人才,而不赏识安分守己的人。才能之士以辩护为尺度,所以能够识别方针策略,但不了解制度法规的根本。智慧明识的人,能够推测揣摩事物的本意,所以能够识别出计谋的变化,但不重视常规法令。重视技能的人以建立功名为原则,所以欣赏热衷于获取功业的人,而不重视道德教化的重要性。

遇到同类型的人,就言语投机,容易沟通。遇到与自己不同类型的人,虽然长久相处,还是不能相互了解,不能和睦相处。凡是这种类型的人,都叫做只有一种素质的人才。如果具备两种气质以上,也就随着他所兼备的才能,达到人性不同方面。所以,具备一种气质的人,只能够识别一种类别的好处,具备两种气质的人,能够识别两种类别兼备的优点。具备所有人才的长处的人,也就能识别各种人才。因此,这就是说,兼才与国家的栋梁之才是一样的人。

只要一天时间,就可以观察一个人的某一方面,要更进一步探究更详细的部分,就需要三天的时间。为什么说需要三天的时间呢?国家的栋梁之才兼有三种才能,所以谈论这种人不用三天的时间就无法将他说清楚。用一天的时间讨论道德,用一天的时间讨论法制,用一天的时间讨论策术,然后才能充分地发掘他的长处,从而举荐他。

那么该如何判断一个人是兼才还是偏才?有这么一种人,善于根据不同类别来谈论各家各派的长处,并且加以品评定名,这样的人就是兼材。如果只是述说个人的长处,希望别人来称赞自己,却不想了解别人的优点和长处,这样的人就是偏材。不想了解别人,对别人的话就会听不进去,就会表示怀疑。因此,和见识短浅的人谈论深奥的道理,谈得越深,意见分歧就越大,就必然会导致相互对立,以至相互非难和攻击。所以,述说自己的正直就以为他了解到了别人的长处,静听不言就以为他内心空洞无物,高谈阔论就以为不够谦逊,谦恭礼让就以为浅陋低下,谈话中只显示某一方面的专长就以为不够广博,旁征博引就以为变化多端,自己的想法被别人道破就以为别人分享自己的成果,别人发现自己的错误而提出疑问就认为别人不理解自己,别人看法与自己不一样就以为别人在与自己较量,广博而丰富就认为是不得要领,言谈举止与自己属于同类型时才高兴,与之亲近、偏爱,进而称道、举荐和赞誉。以上这些,是偏材常有的偏失。

考人心志知其人

西汉时期陆贾认为：可以通过与对方谈话来考核他的心志。如果一个人说话的语气缓和，神色恭敬而不谄媚，先礼后言，常常自己主动表露自己的不足之处，这样的人是可以给人带来好处的人；如果说话盛气凌人，话语上总想占上风，想方设法掩盖自己的不足，这种人只会损害别人；奸险之人常是夸夸其谈，抬高自己的为人，喜欢高谈阔论，非议时俗的人。

质朴的人神情坦率而不轻慢，言谈正直，不掩饰自己的美德，不掩盖自己的过失；淳厚宁静的人会不因别人给他好处而高兴，也不因别人不给他好处而恼恨，沉静而寡言，多守信用但不在外表上炫耀；伪君子则是不打扮，不修饰，蓬头垢面，破衣烂衫，讲的是清静无为，说是无利无欲，实际上贪得无厌；虚伪之人表现出的神情总是讨好别人，言谈尽是阿谀奉承，好做表面文章，尽量表现他微不足道的善行，因此而自鸣得意；最难察知的人是心中隐藏着极大的不诚实，把小小的诚实表露出来，以便达成其居心叵测的目的。

假如一个人感情的喜怒不会因外界环境的变化而表现出来，乱七八糟的琐事虽然使人心情烦乱，但心志不被迷惑，不为厚利的诱惑所动，不向权势的威胁低头，这种人是内心平静、坚贞不屈的人。得到足以使人荣耀的财物但不高兴得手舞足蹈，受到突然惊吓也不恐惧，坚守着正义而不见异思迁，不对金银财宝所动心，这才是真正的正人君子。

陆贾像，图出自清·顾沅辑《古圣贤像传略》。

不取强行进取的人，这是孔子择取人的方法。强行进取就是贪。贪取的流弊竟然如此之大！如果因外在事物的变化而或喜或怒，因事情繁杂而心生烦乱、不能平静，见了蝇头小利就动心，一受威胁就屈服，这种人是心性鄙陋而没有血气的人。如果设法说服一个人，他在动听的言辞诱惑下意志动摇，已经答应又犹豫不决，这种人是感情脆弱的人。如果一个人在不同的环境中都能果断地处理事情，遇事不惊，从容应对，不用文采就能表现出灵秀，这是有智慧、有头脑的人。

有名无实，在家里和在外面说的话不一样；宣扬自己的善行，掩饰自己的不足，当官和归隐都是为了功名，这种人是不能与之共谋大事的。

有智慧有头脑的，其弊端也恰恰在这里。如一个人不能适应各种情况的变化，又不听人劝说，固守一种观念而不懂得变通，固执己见而不懂得改正，这是愚钝刚愎的人。志士坚守节操，愚蠢刚愎的人不知变通，从表面上看，在坚持自己的观念这一点上是相同的，实际上一个表现了智慧，一个表现了愚蠢。善于应变的人无论对什么样的诡诈都有办法应付；通达事理的人对任何怪异的事都不会惊慌；善于辨别言辞真意的人，任何花言巧语都不会使他上当；禀性仁义的人不会为利而动摇，所以一个君子的特点是虽然竭力使自己博闻多见，但是行为却很忠厚质朴；五彩缤纷的颜色不能玷污他的眼睛，甜言蜜语不能扰乱他的听觉；把整个齐、鲁的财富给他也不能动摇他的志向；就是让他活上千年，其高尚的品行也不会改变。在这一原则的前提下，他始终如一地坚持自己的道义，保持自己的节操，推进事业的成功，建立不朽的功勋。观察对待道德、事业的不同，就可以发现有智慧的人与愚蠢的人之根本区别了。如果自认为是，别人说什么都不听，自私自利，毫不掩饰，强词夺理，颠倒黑白，这种人喜欢诬陷他人、是嫉妒他人的人。

有修养的人，总是努力做到精神要深沉悠远，气质要美好凝重，有远大的志向，抱有一个谦虚谨慎的心态。只有精神幽静才能进入神妙的境界，只有修养美好才能尊崇道德和品操。志向远大才能担负重任，谦虚谨慎才会时时警惕。从而得知，心小志大的人，是可以与圣贤比肩的人；心大志大的，是属于豪杰一类的人；只有不知天高地厚、放荡任性的狂妄之徒才是心大志小；平庸、碌碌无为的人，则是心小志小。

不贪为宝，安度一世

勿贪是人际交往中，善于掌握处世分寸的一种表现，同时也是评价个人修养的标准。它主要是指不贪图名位财利。

春秋时期，有一个宋国人偶然得到了一块玉，就想把它献给本国的执政大臣子罕，子罕坚决不接受。

献玉者见状，就解释说："我已经将这块玉让玉器专家作过鉴定，得出了这是一块十分珍贵的宝玉的结论，想来只有您才配珍藏享用它，所以我才敢向您献玉。"

子罕还是不愿接受，说："我以不贪为宝，就像你以宝玉为宝一样，如果你把宝玉送了给我，而我也接受了，那么，我们就都要丧失各自的宝物了，我看还是各自珍惜与保持自己的宝物为好吧。"

就这样，子罕坚持履行"以不贪为宝"的原则，最终也没有接受献玉者自动献上来的宝玉。洪应明所讲的"古人以不贪为宝，所以度得一世"的历史依据，就是由此而来。

广州石门有一泉水名为"贪泉"，据说饮了贪泉的泉水者，即使是清廉之士，喝了这贪泉水的人，也会变成贪婪之人。

晋朝的吴隐之在前往广州任刺史时，路经此地，他酌泉而饮，并写了这样一首诗：

古人饮此水，一歃怀千金；

试使夷齐饮，终当不易心。

意思是说，自古相传，只要喝过贪泉之水的人，就会对财宝起贪婪之心；假如类似伯夷与叔齐这些自古相传的清廉节义之士，也饮了贪泉之水，他们一定不会放弃清廉高洁的人品精神。

吴隐之到了广州任职，操守清廉，日常菜谱不外是青菜加干鱼而已。他手下的人为了讨好他，每次都去掉鱼骨之后，才把鱼肉呈献上来，他毫不领情，还给他们予以处罚。

诸如此类的故事，在中国历史上还有很多。以不贪为宝，强调的是以自律来实现自我节制，杜绝并鄙弃那些贪得无厌的欲望，从而维护自己的高洁人品，增长智慧。

这在人际交往，尤其是在官民、强弱双方的交往时，对于处于官方、强方者更为重要。

在处世中，贪婪者因常有永无止境的贪婪意识，有时也能占一些小便宜，而这又进一步刺激起了他们更贪婪的心理。殊不知，此时已经埋下了得不偿失的隐患，用宝珠来弹打小小的鸟雀，因弹雀而人坠深井，就是贪婪者的个人行为与命运的一种真实反映。

更大的方面，如在敌我交战的双方中，明智的统帅总会以一些小便宜、小恩惠来诱使敌方的首领上钩，从而夺取更大的胜利。

我们中的许多人，很少有机会遇到这种大场面，但在日常生活的小场面中，性质类似的现象也是常有发生的。如在上街购物时，往往可以看到一些商店或街边无证摆卖的商贩每每以降价多少折、放血大拍卖、平本生意等字眼来推销商品，如果谁贪买便宜货，就会心花怒放地又不加选择地开始购物，那么，买下来的就或滞销、或过时，还可能是质量不过关的伪劣产品。从这种意义上讲，“便宜无好货”，确实是经验之谈，可见小便宜贪不得。

更大的不义之利，就更是贪不得，倘如你是一个单位的领导者或企业的管理者，就应遵循职业道德，不贪图非分之利，否则，一念贪私，就会玷污了自己一生的人品，毁了自己的发展前途。更重要的是，这还危害了民众的事业与社会的利益，所以一定要谨慎思之。

可见，不论是处理何种人际交往关系，坚持勿贪的原则，是十分重要的，也是十分现实的。我们应该把它与人生的积极进取密切地联系起来。

察人之法

晋朝时期傅玄认为：如果想知道一个人是否忠诚，可以派他到遥远的地方办事就可以看出来；如果想观察他是否尽职，让他在跟前办事就可以观察出来。一个劲儿让人做繁杂的工作，可以看出他有没有临烦不乱的才能，突然间向一个人提问可以观察其机智。有连续不断之应变能力的人是有谋略的人。可以用仓促间和一个人约定的办法来观察他是否守信用，办事过程中不向你隐瞒消息，就可以称作有信用；使一群人杂然而处，看某个人的神色变化，就能发现其人的种种隐情；让人随便看各种各样的东西，可以观察出他对什么事是坚持不变的。

知人难，但不是不能知。这里总结了古人想要了解一个人的很多实用办法。

如果你想知道一个人语言的表达能力，可以向他隐晦含糊地突然提出某些问题；连连追问，直到对方无言以对，可以观察一个人的应变能力；与人背地里策划某些秘密，可以发现一个人是否诚实；直来直去地提问，往往能看出一个人的品德如何；让人外出办理有关钱财的事,就能考验出他是否廉洁;还有一种方法,就是把钱财交给他,由他支配,可以观察他是否仁义,或者让他面临有利可图的事情,也可以看出他是否廉洁;用女色试探他,可以观察一个人的节操;或者让他待在令人兴奋的美女身边,就能知道他是不是一个淫乱的人。

通过观察一个人的居室,就能大致估计出他的亲朋好友是些什么人,志向如何;经常接近一个人要体味他说话的真意;一个人倒霉、穷困时要看他不喜欢什么东西,看他不敢做的是什么,会不会做坏事;贫贱时要看他不爱做什么事,这样就能看出他有没有骨气;在一个人高兴时能检验出他是否有自制力或者是否轻佻;快乐时能检验出他的嗜好是什么,是否俭朴;让人发怒可以考验他的本性优劣;或者用仇人触怒他,可以看出他是不是个记仇的人;让人悲伤能知道一个人是否仁爱,因为宅心仁厚的人见别人悲哀也就会与之同哀;艰难困苦可以考验一个人的志气。

有小聪慧的人,在小时候就能有所表现。所以说,文才本于辞藻丰富,辩才始于口齿伶俐,仁爱出于慈善怜恤,好施生于大方,谨慎生于畏惧,廉洁起自不拿别人的东西。壮年人,要看他是否廉洁实干,勤恳敬业,大公无私;老年人,要看他是否思虑慎重,各方面都衰退了,身体精力都不济了,是否还要拼命挣扎。父子之间,看父亲是否慈爱、儿子是否孝顺;兄弟之间,看他们是否和睦友善;朋友之间,看他们是否讲信义;君臣之间,看君主是否仁爱、大臣是否忠诚。我们把这些用以识别区分人的方法叫"观诚"。

知人最难的就是难以分辨真假。如果一个人的修养是源于道家,他就会言谈自然,崇尚玄妙虚无;如果是出自儒家,一开口就是礼仪制度,崇尚公平正直;如果是出自纵横家,就好谈论权力、机变,崇尚改革、变法。诸子百家各有不同的追求,知人之难就是各有不同的长处,分辨他们的不同。当一个人静默不动的时候,怎样才能知道他将如何行动?当一个人说话的时候,怎样才能知道他真正想说的是什么?在他从政的时候,会做出怎样的业绩?在他赋闲的时候,他的学识怎样?这四种情况虽然各不相同,仔细观察,总能发现它们的不同。所以这也不是我们所说的难处。我们所说的难处,是指有的人说起话来引经据典,头头是道,实际上是在为自己的阴谋奸诈找理论根据;看风使舵,八面玲珑,受了侮辱却标榜自己如何如何品德高尚;贪得无厌却满口清正廉洁;残害众生却偏说自己多么仁慈;怯懦无能却说自己英勇非凡;为人奸诈却要信誓旦旦;淫荡好色偏偏装出坚贞不二的样子。凡此种种的伪君子,都有一套以假乱真的技巧,会花样翻新地混淆人们的视听。有德行的人,力求使自己的内心纯洁空灵,虚心平和地待人,任凭外界人欲横流,但永不动摇端方正直的立身总则。明白了这些,才算明白了最正确的观察人的方法。百家九流,都有他们一贯坚持的原则。内心有了正确的观察人的方法,对外坚持原则,那些千方百计伪装的阴险小人就无处藏身了。谁都会唱空高调,但只要以实践检验其实质,那么就能很快辨清是非了。

在人们都睡着的时候,就无法分辨谁是盲人;当人们都不说话的时候,谁都不知道谁是哑巴。醒了之后让他们看东西,提出问题让他们回答,盲人和哑巴就无法隐瞒了。看口齿,观毛色,即使是最优秀的伯乐也看不出哪个是好马,只要让马驾车奔驰,就是不善相马的奴仆臧获也能辨别是好马还是驽马;从一把宝剑表面的颜色和铸锻的纹理去鉴定,就是善观剑的欧冶子也未必知道好坏,只要在地上宰狗杀马,在水里斩截蛟龙,即使是蠢人也能分辨剑的优劣。这样看来,最高明的办法就是能够明白通过实践考察事情、人物的真伪。

用人有原则

唐朝时期的赵蕤认为:每个人做自己能做的事,从而使每个人的特点都得到了充分发挥。管仲在向齐桓公推荐人才的时候说:“对各种进退有序的朝班礼仪,我不如隰朋,请让他来做大行吧;开荒种地,充分发挥地利,发展农业,我不如宁戚,让他来做司田吧;吸引人才,能使三军将士视死如归,我不如王子城父,请让他来做大司马吧;处理案件,秉公执法,不滥杀无辜,不冤枉好人,我不如宾胥无,请让他来做大理吧;敢于犯颜直谏,不畏权贵,尽职尽忠,以死抗争,我不如东郭牙,请让他来做大谏吧。你若想富国强兵,那么,有这五个人就够了;若想成就霸业,那就得靠我管仲了。”黄石公说:“起用有智谋、有勇气、贪财、愚钝的人,使智者争相立功,使勇者得遂其志,使贪者发财,使愚者勇于牺牲。用兵最微妙的权谋就是根据他们每个人的性情来使用他们。”

《淮南子》上说:“天下最毒的药草就是附子,但是高明的医生却把它收藏起来,这是因为它有独特的药用价值;麋鹿上山的时候,善于奔驰的大獐都追不上它,等它下山的时候,牧童也能追得上。这就是说,在不同的环境中,任何才能都会有长短不同。比如胡人骑马方便,然而一旦换过来去做,就显得很荒谬了。”基于这一道理,魏武帝曹操下诏说:“有进取心的人,未必一定有德行;有德行的人,不一定有进取心。陈平有什么忠厚的品德?苏秦何曾守过信义?可是,陈平却奠定了汉王朝的基业,苏秦却拯救了弱小的燕国。这就是因为他们都发挥了各自的特长。”

《东周列国志》版画之晋文公重耳像

由此可见,让韩信当谋士,让董仲舒去打仗,让于公去游说,让陆贾去办案,谁也不会创立先前那样的功勋,也就不有今天这样的美名。所以,“任长”的原则,应当仔细研究。

魏时桓范说:“审时度势,合理使用人才。是帝王用人的原则,打天下的时候,以任用懂得军事战略的人为先;天下安定之后,以任用忠臣义士为主。晋文公重耳先是遵照舅舅子犯的计谋行事,而后在夺取政权时又因雍季的忠言奖赏了他。汉高祖刘邦采用陈平的智谋,临终时把巩固政权的重任托付给了周勃。”古语说:“和平的时期,品德高尚的人受到尊崇;战乱发生的时候,战功多的人得到重赏。”诸葛亮说:“老子善于养性,但不善于解救危难;商鞅善于法治,但不善于施行道德教化;苏秦、张仪善于游说,但不能靠他们缔结盟约;白起善于攻城略地,但不善于团结民众;伍子胥善于图谋敌国,但不善于保全自己的性命;尾生能守信,但不能应变;前秦方士王嘉善于知遇明主,但不能让他来侍奉昏君;许子将不能靠评论别人的优劣好坏来笼络人才。”这就是用人之所长的妙处。

济人利物行好事

接济、救济和帮助别人就是我们所说的济人。利物则是指为一切有情感、有意识的生物谋取福利与安乐,就是佛教所说的利乐有情(众生)的意思。

洪应明认为,每当时光又将天地万物带入到温暖祥和的春天,自然界就会呈现出一派万紫千红、莺歌燕舞的生机蓬勃的景象。生活在其间,连鲜花也会为辽阔的大地铺列出一段又一段春色,小鸟也会自由地飞翔唱出几声赞词。那么,作为万物之灵长的人呢?有气节的读书人(士君子),倘侥幸薪露出了头角,又能过着衣食不愁的温饱生活,却不思在人世间写出好文章、为他人做好事,那么,即便是长命百岁,也等于没在世上活过一天。

他更为强调,士君子在济人利物时,应该务实,而不应追求虚名。否则,对自己的道德修养就会有所损害。

济人利物之举,可具体落实在许多方面上。

“从热闹场中出几句清冷言语,便扫除无限杀机”说的是在人声沸沸扬扬的危急关头,善于济人助人者,道出几句既在理又为关键人物所接受的清言冷语,就能圆事于股掌之中,救人于虎口之下。

春秋时期,楚庄王拟用大夫之礼来礼葬一匹刚刚病故的爱马,对于直言进谏的大臣们则要格杀勿论,一时间,朝堂之上,正直的大臣们全被隐含着无限杀机的氛围所笼罩。

楚国宫廷内的优孟(一位名叫孟的以乐舞戏谑为业的滑稽艺人)听到这件事后,就来到了楚庄王前,边哭边说:“堂堂的楚国,仅以大夫之礼来安葬大王所钟爱的爱马,太寒碜了!应以君王之礼来埋葬它。因此,就应用玉石雕棺,用梓木做椁,派军卒去挖墓道,派老者弱者去背墓土,下令齐、越、韩、魏国的来使参加陪祭,像祭太庙一样,让有万户人家的县邑负责拜祭。这样,其他诸侯听到了这件事,就会知道大王是怎样地轻贱人而贵重马的了。”

优孟的这番话说得既谐又庄、似褒实贬、语顺意谏,终使本欲一意孤行的楚庄王收回了成命,也将朝堂上那无限的杀机一扫而光。

优孟凭其机智的才思与敏捷的口才,可以堪称济人方面的高手。他的诀窍,是先顺着楚庄王的思路来思考,并有过之而无不及,从而将这种思路的谬误及其不可弥补的害处,真切地揭示了出来,用以子之矛攻子之盾的手段,达到了说服对方的目的。

如果想要除去杀机,重要的是要去掉杀心。即使是闲逸事如水边垂钓,钓鱼者的手中也持着对鱼虾的生杀之柄;即使是清雅戏如手弈一局,对弈者的心中也会涌动着争强好胜战不已的意念。可见,喜欢这种蕴涵着杀心与杀机之事,不如省去这些事,多一事不如少一事;多了这些能耐,不如没有这些能耐,更能接近自然之纯真。人处世上,不必处处想着邀功,没有过失便是功。多些反省,我对人有功,不可念念不忘,而因我而产生过失,则不可忘记,要多加反省。

可见,济人不仅仅是在物质金钱上接济别人。在日常生活的许多场合中,善于济人者,即使囊乏一文,也是可能用一两句或由衷,或温存,或正确的话语来救济、帮助那些需要帮助、安慰与提醒的人们的。

比如,对一些因电路火灾而惊呆、茫然无措者,及时说一声:快!拉电闸。”就可能免除或是减轻一场灾难的降临。

这些,都是解人于痴迷、救人于危难的行为,是见义勇为、济人助人精神的表现,正合“救人一命,胜造七级浮屠”之说。

在物质利益上济助别人,通过花费千金来巴结权豪和纳容贤士,哪里比得上倾尽自己仅有的半瓢米去接济那些饥饿者呢?通过构建豪华的房舍来招徕宾客,哪里比得上用茅草来覆盖那些破漏的茅屋,以庇护天下的那些家世寒微的读书士子呢?此项意识,既反映出了他关于做人须耿介刚直的意识,也反映出了他对天下贫苦者温饱要求的同情与支持。

因此,在济人方面,具体到是济贫或是济富的问题,他的答案是:济贫更为重要。作个比喻,即是认为“雪中送炭”较之“锦上添花”,更为迫切也更为必要。

所以,洪应明为人处世的观点告诉我们身贫者以一言来醒人救人,也就建树了不可限量的功业与德行,是由其本性所衍发出的益人助人的恩泽。

“安得广厦千万间,大庇天下寒士俱欢颜,风雨不动安如山?呜呼!何时眼前突兀见此屋,吾庐独破受冻死亦足。”这是诗圣杜甫的博大、蕴含无限爱意的胸怀。

诗圣杜甫像,图出自清·上官周绘《晚笑堂画传》。

洪应明在利物济物方面,则是提倡心萌一点不忍之念,长养一种恻隐之心,也就是怜爱天下万物之心,不忍伤害天下万物,不忍杀生之念。不忍的程度,借用并略改苏东坡的两句诗来论述,是:“为鼠常留饭,怜蛾纱罩灯。”(苏东坡的原诗句是:“为鼠常留饭,怜蛾不点灯。”见其《次韵寄定慧钦长老》)即因怜惜老鼠会因缺吃而饿死,就经常有意识地为老鼠留一些饭粒;因为怜惜扑火自焚的虫蛾,就专门用纱布罩灯,以免火焰伤及虫蛾。这自然是就极端的事例而举的

北宋著名哲学家程颐像，出自明·吕维祺《圣贤像赞》。

例子，对于在秋收时深受老鼠之害、在夏夜时深受虫蛾之扰的人们来说，这种养鼠护蛾的观点似乎过于迂腐。

为什么要有一种养鼠护蛾之心呢？

原因之一，这是使黎民百姓得到教养（生民）、使万物得以繁衍生长（生物）的根芽基础。

其次，这是我们能赢得身心上的新生的契机，缺了这种契机，人就仅是徒具土木形骸的行尸走肉而已。

这样看来，培养一颗博大而慈爱万物之心的重要性。

一次，程颐见到了宋哲宗在无意中折断了一条柳枝，程颐就声色严肃地说：“正值春天和暖的季节，草木万物正在发芽生长，不能够无故地摧残折断它们。”

程颐严肃地指斥宋哲宗折断柳枝，则是说明人在万物欣欣向荣的春天，不应无端地对弱小的动植物施以强暴，以免将损毁生命的遗憾留在自己的身后，从而既防止了损坏大自然的俏丽和谐的面庞，也使人杜绝萌生那种荼毒生命的残暴心性。

从这种立场出发，就很容易理解古人主张人在春游时，不应轻易折枝摧叶，以及“劝君莫打三春鸟，子在巢中盼母归”之类的劝诫。

第二条理由，则是从人类应该通过具体护生行为来培养出慈爱万物之心的角度而言的。

在这方面，曾作《护生画集》的现代艺术名家丰子恺居士，“我的护生之旨是护心，不杀蚂蚁非为爱惜蚂蚁之命，乃为爱护自己的心，使勿养成残忍。”这段话就说得非常在理。

《伊索寓言》中的一则故事，同样也涉及类似的认识。

在海边，一个哲学家目睹了一艘船沉没遇难，船上的水手和乘客全部被淹死了。

哲学家便抱怨上帝不公，只因一个罪犯偶尔乘坐这艘船，上帝竟然让全船无辜的人都死去。

正当他沉迷在抱怨时，他发现自己被一大群蚂蚁围住了。原来，他正站在蚂蚁窝旁，有一只蚂蚁便爬到他脚上，咬了他一口。

顷刻间，他就用脚将这些蚂蚁全踩死了。

这时，天神赫耳墨斯现身了，并用棍子敲打着这个哲学家，说道：“你自己也和上帝一样，如此对待众多可怜的蚂蚁。你也不能做判断天道的评判者。”

可见，相应的意识重要，知行合一就更为重要。

据此，再去理解洪应明所提倡的养鼠护蛾之心，即知这只不过是就极端例子而列举的护生之心。既然能连鼠蛾都予以呵护，那么，天下还有什么生物的生命不应予以呵护呢？所以，我们所应培植并予以珍惜的，正是这种济物护生之心，而不必拘泥于那种养鼠护蛾之说(鼠蛾毕竟还是害虫)。

于是，从这种济物护生之心出发，我们更欣赏在影视文学作品或现实生活中所见的这样一些场景：

或是一个饥渴难忍的濒临绝境者，连滚带爬地来到了一条溪水旁，喝了水后，刚缓过气，他就为自己所发现的一朵花或一条小鱼、一条小蝌蚪，感到无限的喜悦，他小心翼翼地给这朵花浇水，或将那条鱼、那条小蝌蚪轻轻地放入水中，让它们再次自由自在地遨游在碧波里……

这些，绝不仅仅是一些富于闲情逸致和诗情画意式的场景，因为从中，我们可以感悟到了人与其他生物种类的情感沟通，学会珍惜爱护其他生物种类的生命，也养成了热爱生命的和平之心，这正是人类无愧于万物之灵的称誉的表现之一。

洪应明在《菜根谭》中的观点认为，人们在闲暇中，流连于动植物之间，常识虽多认为木石偏枯了一些，鹿豕则不乏顽蠢，但它们都是天地生机的体现，都相通于人的真如本性。

依据济人利物的原则作了以上的阐述之后，很容易认同洪应明所论及的三条原则，即：

(1)在处世时，不能自欺欺人，也就是说，要凭良心去做人做事；

(2)在与别人交往时，不要逆悖别人的真情实意，要合群，要随缘；

(3)在向自然索取物质财富时，要注意适量适度，不能作不留余地的搜刮之举，避免类似竭泽而渔的蠢举。

洪应明论及这三条原则的立场，带有他的时代认识的特色，如认为这是为天地立心、为生民立命的意识。另一方面，他主张为子孙造福的意识，则是十分正确的远见卓识，一代又一代人的不竭物之举，正是为了造福而不是贻祸于后世。在今天，此点尤有强调的必要，因为地球上的不少地区，人们已经在不顾后果地滥伐森林，滥采矿藏与原油……人类也正因此而逐渐领受到了大自然的惩罚与报复，现在，已经到了迫切需要采取具体措施来实施不竭物力的思想之时了。

孔子曰："四时行焉，万物生焉，天何言哉！天何言哉！"确实，天地有大美而不言。如果人类对于生养我们的地球继续作贪婪无度的破坏性摄取，等到有一天，当春天不再有花香鸟鸣，地球温室反应更高，不再有瑞雪飘飞的冬天，人间也就没有好时节了。

为了让我们彼此的人生多领受一些春天般的温暖，为了让我们生活的世界多保留一些鱼跃鸟飞的生机，为了让我们的后代依然拥有广阔的天地，在日常生活中，我们要多一点平常心的智慧，对地球多一点平常心的敬畏与尊重。因此，我们一定要牢记济人利物的原则更要具体的履行它。

欲知其人，观其所使

宋朝时期的司马光认为：通过观察人的言行举止就可以了解一个人。听人说话，必须弄清他的本意；看人做事，必须对照其结果；观察别人的品行，必须考察他的实

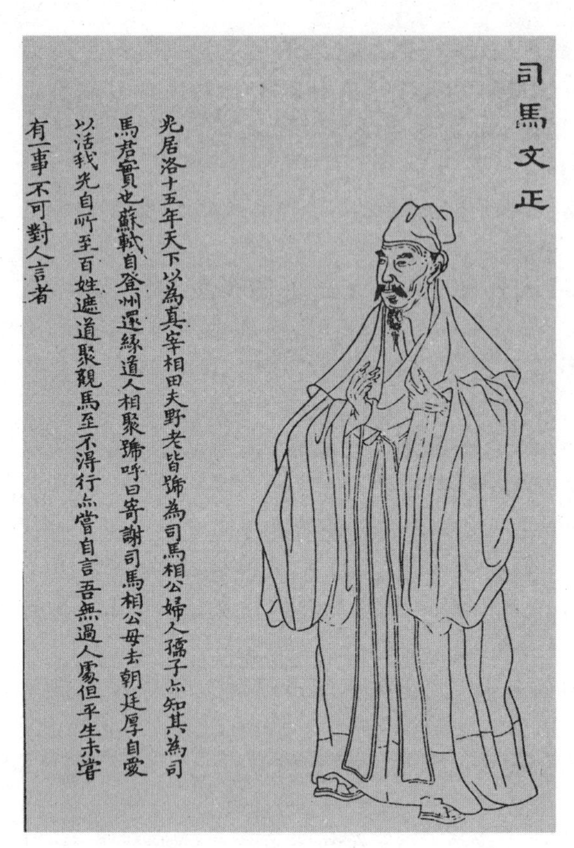

司马光像，图出自清·上官周《晚笑堂画传》。

绩。喜欢许诺的人说话不一定守信用。能说会道的人不一定能够身体力行，能够身体力行的人不一定能说会道；大声叫骂的人未必就是勇敢的人，说话温和的人未必就是怯懦的人；说话迟钝寡言少语的人不见得愚蠢，巧舌如簧滔滔不绝的人不一定聪明；粗鄙朴拙不听话的人未必会背叛，承欢顺命使人满意的人不一定忠诚。

观察人的办法，逃不过眼睛，因为眼睛不能掩藏人内心的丑恶。光明正大的人，眼睛明亮坦诚；心术不正的人，眼睛昏暗闪烁。听人讲话时，注意观察其眼神，此人的善恶好坏又怎能隐藏得住呢？评价人物应当评论其是与非，不应计较其成功或失败。看人应在遇到大事、难事的时候看其能否胜任自如，在逆境、顺境中看其襟怀和气度，在喜怒之际看其涵养，在和众人的言谈举止中看其见识。利害关头可以观察出人的品行节操，喜怒之际可以观察出人的涵养肚量。

对于地位尊贵的人要看他的举措是否合适，对于富有的人要看他的施舍是否慷慨，对于不得志的人要看他是否非义不受，对于地位低下的人要看他是否非礼不为，对于贫穷的人要看他对钱财是否非应得不取。根据其经历的患难，可以知道一个人是否勇敢；用人所喜乐之事加诸其身，可以观察一个人的操守；一个人有没有仁德，委托以财就可得知，用恐惧之事来震慑，可以了解一个人的气节。这都是评价一个人的方法。

病从口入，祸从口出

很多事例都说明了"病从口入，祸从口出"这样一个道理。

《隋书·贺若弼传》记载：贺若弼的父亲贺敦，为人武勇忠烈，耿直敢言，在北周担任金州总管。

当时朝中有个大臣，叫宇文护，飞扬跋扈，目空一切。贺敦很看不惯，经常在人面前指责他的不是。宇文护大为恼火，恨之入骨，于是借机诬陷，将他判了死刑。

贺敦临刑前，招呼儿子贺若弼上前，告诉他说："我惨遭横祸，都是因为祸从口出，说话没有顾忌的缘故，你不可不牢记这个教训。"说完，拿起锥子就刺贺若弼的舌头，直到出血为止，借以告诫他以后说话要小心谨慎。

贺若弼最初还能牢记父亲血的教训，几次躲过了杀身之祸。后来，他的功劳越来越大，而得到的封赏却不如别人，他就牢骚不断，说长道短。最终，因私下与人讨论隋炀帝奢侈，惨遭杀害。

“事到万难需放胆，人非知己莫交心。”这句话值得我们好好思虑。

顺势而说

战国时期的吕不韦认为：会说的如同智巧的武士，能借人家的力量作为自己的力量，来帮助自己，没有形象不露痕迹，与被说的人的意思齐生齐长，如同形象与影子，声音与回声，齐盛齐衰，即使他不听说者的意见，也会让被说的人记住。

说者力量虽然大，财力虽然强，也不能制伏被说者的意旨。顺风叫喊，声音并没增大却更快了；登高远望，目力没有增加却更明亮了。这些都是由于借助了便利条件的缘故。

惠盎去拜见宋康王。康王顿足咳嗽，厌恶地说：“我不喜欢仁义之人，你想怎样劝说我？”惠盎对答说：“我在勇而有力上有办法。让人虽然勇敢，却刺不进去；虽然有力，却打不中，大王您会无意听吗？”王说：“好！这是我想听的。”惠盎说：“刺不进、打不中，这也是对人的侮辱了，我在这方面有办法，能让人虽然勇敢，却不敢刺，虽然有力却不敢打，大王您会对此无意吗？”王说：“好！这是我想知道的。”惠盎说：“不敢刺、不敢击，不是没有这个心志，我在这方面有办法，使人原本就没有击、刺的意愿，大王您会对此无意吗？”王说：“好！这是我所希望的。”惠盎说：“没有击、刺的意愿，就没有爱利之心，我在这上面有办法，可以使天下男人女人欢欢喜喜都想爱利于人，这个可比勇敢而有力好得多，在刚才说的四个层次之上。大王您会对此无意吗？”王说：“这正是我想得到的。”惠盎说：“孔子、墨子就是能做到这事的人。孔子、墨子，没有任何地方可做君王，没有官职可做官长，可天下男人女人没有不欢欣企望孔墨的。今天大王您是万乘的君主，如确有孔墨之志，就完全会获得四境之内的利。那就比孔墨贤明得多了。”宋王无言以应。惠盎快步走出。宋王对左右说：“辩，我被客人说服了。”

宋王是俗主，他的心都可以被信服，就是顺势的结果。顺势的话可使贫贱强过高贵，弱小制伏强大。

田赞穿着带有补丁的衣服去见楚王。楚王说：“先生怎么穿这么破的衣服？”田赞回答：“衣服还有比这更不好的呢。”楚王说：“能说来听听吗？”田赞说：“铠甲比我这衣服更不好。”王说：“怎么讲？”答：“冬天冷，夏天热，衣服没有比铠甲更不好的了。赞很贫穷，所以衣服不好。大王是万乘君主，富贵无人可比，却喜好让人民穿铠甲，我认为这不可取。这是为了义吗？铠甲的事就是战事，砍人头颈，剖人肚腹，毁坏人家城郭，杀人父子，名声又很不光彩。这是为了实利吗？如果打主意害人，人也打主意害他。如果打主意使人处于险境，人也一定打主意使他危险。其实那人就不得安宁。这两种情况，我认为大王都不应取。”楚王无话可说。

劝说虽然没得到明显的效果，但田赞可以说是能内外相应、言行相称了。

论人之非当原其心

清朝时期的倭仁解悟《菜根谭》时认为：往往是因为外人用话挑拨离间或彼此意见不同，人们之间的相互猜疑才会不断发生，往往因一句无关大局的话语而闹到争论不休，因一件没有什么了不起的财物而分你我，以致发展到互相抵触、矛盾迭起，说起来实在让人痛心。古人说：论人之非，当原其心，不可拘泥其迹。意思是说评论别人的过失，应当从其思想上找出原因，不要光去追究其行为本身。善于启发别人思想的人，应当从别人已经明了的道理入手，逐渐开导使之觉悟，而不要用强迫手段来对付抵触情绪。

不埋怨别人做不到的，不勉强别人做不能做的事情，不要求别人接受不喜欢的东西。评论一个人，应当首先肯定和称赞其长处，这样他的短处你不说也显而易见了。

批评别人的过错不要太严，要考虑到他能否接受；教人行善不必要求过高，应当使他能够做到。劝人改过不要径直指责，而要首先肯定他的长处，使之心情舒畅，才听得进批评劝告，不然他带着抵触和恼怒的情绪，这样做是达不到劝说的效果的。

与人不可交浅言深

明朝时期的庞尚鹏认为：古人谨慎待人避免祸灾，用一句话可以概括，即“逢人只说三分话，未可全抛一片心”。

不了解情况就发言是不明智之举，知道情况而隐瞒不说是不忠诚。

应当说话时却一言不发，就像敲钟鼓而不响，不过是报废无用的钟鼓罢了。结交朋友一定要选择好人，未经充分了解，不可推心置腹。

真人面前不说假话。为人处世，说话最忌讳毫不保留，聪明最忌讳全部显露，好事最忌讳样样占尽。不仅意外之福难以享受，上天忌讳过分圆满，就是上述三件事如不留有余地，就会遭到别人异样的目光注视了。

议论别人只应称赞别人的优点长处，而对别人的短处应简略地一笔带过，切不可张扬别人的过失。这不仅可以修身养德，而且还可以少招怨恨，消弭灾祸。如果想规劝别人不能做得太过分了，也只能委婉地对他讲。

对于心怀叵测、不苟言笑的人，暂时不要表露真心实意；对于固执己见，一味争胜之人，应注意防止失言。交浅而言深，你倾吐的真诚却换来颠倒黑白的诽谤，这是自古以来都应引以为借鉴的。

要尊重别人的隐私

宋朝时期的吕祖谦认为：私自折开别人的信物，实在是不道德的行为，甚至会因此结下仇怨。凡是与客人坐在一起，以及到别人家里，看见人家收到亲戚送来的书信，千万不要走进去看或注目窥视。倘若与人家促膝并坐，一眼就可以瞧见，那也要约束自己而起身告退，等人家收好了书信，才可以再进去继续谈话。如果人家把书信放在桌上,也不要拿来看,而要等人家说"您可以看看",这时你才可以看。即使书信中内容事无大小,以及一些很有趣的玩笑话,也不能告诉别人。

凡是向别人借用的东西,都不应该随便据为己有,而且必须比自己的东西更加爱护。书籍看完,器具用毕,就要立即归还给人家。一般来说,豪放的人对自己的东西多半不加珍惜,但借别人的东西难道也可以这样吗?那不是慷慨大方的举动,而是不讲道德、没有教养的一种表现。

与别人坐在同一个地方,夏天自己选择最凉爽的地方,冬天则选择最温暖的地方;凡是与别人同桌共食,自己多吃、先吃,这些都是不讲道德、没有教养的又一种表现。

人贵相知

唐朝时期的李白认为:人的一生贵在遇见一个知己,金钱都是不足以在乎的东西。

人活在世要与形形色色的人打交道。有些人只是泛泛之交,有些人则要成为朋友、知己,还有些人要成为敌人。

一个既无朋友也无敌人的人,是平庸之人。一个人若没有明显的缺点,常常也就没有突出的优点。处世交友是生活之必需,也是完善自己、提高自己的途径。

常言道:"烈火炼真金,患难见知己。"又说:"路遥知马力,日久见人心。"短期的交往,速成的友情是靠不住的,它来得快,去得也快。假朋友就像自己的影子,你在光明之中行走,他紧跟着你;一旦步入黑暗,他便立即离去。

朋友之间,真诚是黏合剂,可把心与心胶合;真诚是桥梁,能将情与情沟通。将心比心,以心换心,朋友之间将得到的是美与爱的升华。获得真正的朋友要以真诚的付出为代价,真诚的付出需要一种宏大的人格力量,包括高尚的道德、坚定的意志、非凡的智慧。

交友要交心,不可不慎;待人贵在诚,宽和为佳。

真诚地对待朋友,应讲信用,守诺言。言必信,行必果;一如既往,一往情深,如同恩爱夫妻,海枯石烂心不变,风吹雨打不移情。

选择朋友,一定要找行为正派,能与之研讨学问,对自己成长有益处的人。

用金钱结交的朋友,没有钱的时候自然也没交情了;为贪图美色而结合的人,美貌衰退之日感情就会变化。游乐朋友的交情维持不了一天,酒肉朋友的交情维持不了一个月,以势利结交的朋友关系维持不了一年,只有志同道合的朋友才可以终生不渝。

真正的朋友,相知至死;真正的知音,心心相印,来不得半点虚假,正如眼睛容不得沙子。因能听懂自己所弹高山流水的钟子期死了,伯牙竟摔琴断乐,说从此再无知音了。所以后人叹息:千金易得,知音难觅!人生得一知己足矣!

注意结交挚友

清朝时期的东方育解悟《菜根谭》时认为:有朋友的帮助才可以取得善良的东西

来辅助自己的仁爱；交际中你来我往，主人与客人的位置是经常相互更替的。彼此心意相通，能互相信任的称为莫逆之交，年老的与年幼的做朋友，叫忘年之交。刎颈之交，指的是蔺相如与廉颇这样的朋友；总角之好，指孙策与周瑜的友谊。

同善良的人交往，就好像进入有芝兰的房子，在里面待的时间长了，就闻不出香味；同坏人交朋友，自己都变坏了，就好像进了卖鲍鱼的市场，时间久了而闻不到臭味。肝胆相照指能够推心置腹的朋友；意气不相投，只能称为口头上的朋友。彼此性格不投和，称为参商二星，这两颗星是永远都不会走到一起。你我有了仇恨，就好像冰与炭一样互不相容。

一旦犯了错，朋友不帮助他改正错误只送食物安慰是远远不够的。其他山上的石头，可以借来磨制玉器。“落月屋梁，相思颜色”。这是杜甫写自己梦见李白的诗。“暮云春树，相望丰仪”，是杜甫写的怀念李白的诗句。王阳做了官之后，他的朋友贡禹弹冠相庆，等待王阳举荐自己去做官。春秋时期周宣王的大臣杜伯没有犯罪，却要被杀害，他的朋友左儒据理力争，宁死也不阿谀周宣王。分手和判决，都是告别的意思。拥慧和扫门，都是欢迎朋友来访的敬词。

陆凯遇到驿站的差使，折断一枝梅花，托付他用这枝梅花表示江南春色，寄给远方的朋友，聊表思念之情。王维折一枝新柳送给即将远行的朋友，写下了《送元二使安西》，谱成阳关三叠曲为世人传唱。谢安与王坦之曾到桓温处讨论事情，桓温命令他的参谋郗超偷听，郗超频繁出入，无所顾忌，被谢安笑做“入幕之宾”。

没有邀请就自己来了，称作不速之客。设宴的时候不再摆下甜酒，是说楚王戊礼贤下士的心松懈了。将客人的车辖投入井中，是说汉朝陈遵留客人的诚心诚意。蔡邕听说王粲来访，倒穿着鞋去迎接，宾客都赞叹蔡邕对待少年才子的真情。

三国时期的刘巴以为张飞是个当兵的粗汉而不与他说话，这便失去了当面结识英雄人物的机会。事情过后才思念朋友，是讲周顗死后，王导才知道他是为了救自己才被害的，王导因此悲伤。吕安只要动了思念之情，千里迢迢都要驾着车马找嵇康；子猷怀着雅兴，半夜驾舟访戴安道。

在尊敬的客人面前，要端庄有礼，连狗都不能够呵叱。韩魏公家中有个门人，生性风流，曾因一首诗而

唐代大诗人王维像，图出自清·顾沅辑《古圣贤像传略》。

得到主人赏识，得到韩魏公赠的一个女奴。宋朝宰相李文定的一个门人，在李文定死后，写下一副新奇的对联，得到当朝皇帝的赏识。周文王梦见自己在渭水河边遇见熊，便到渭水河边去访求贤才，却去晚了，求贤不遇，感到无限凄怆。好朋友如果不能准时赴约，感叹相遇无期，所以自己内心的失落感很难克制。

对己对人德陶熔

自古以来，中国社会都是一个强调与看重道德伦理的社会，现在，如果一个人——不论其地位有多高，权势有多大，在社会交往中被人称为"缺德"，或是变相地被称为"瞧他那德性"，这样就是最厉害的指责了。

在这种情况下，洪应明指出"德者，事业之基"、"德者，才之主"，还强调人应以德性来陶冶人生——也就是用高尚的品德来造就高尚的人生，让人生自然化育在德性中。

一方面，一个人的那些傲居在高官显爵之上的气节、妙手著文章的才能，更应用德性来陶冶造就，否则，这些气节与才能，就会成为感情冲动的产物，成为卖弄技巧的表现。

有了这种基础保证，才可能派生另一方面，即用自己的德性来感化与感染别人。这种感化会因人因遇而异，洪应明具体地列举了四种：

一是遇到那些欺诈者，要用诚挚之心来感动他们；

二是遇到那些残暴者，要用祥和之气来感化他们；

三是遇到那些奸邪不公者，要用人之所以为人的名誉气节来激励他们；

四是对于那些气节过分激昂偏颇者，要用道德意识、情感和行为来消融他们的偏激意气。

诸葛亮七擒孟获图，出自《三国志通俗演义》。

三国时代,诸葛孔明"七擒孟获"的故事,就是一个典范。

鲁莽爽直而又短于心机的孟获,是蜀国南方部族的首领,因起兵反蜀,被孔明率领的蜀军擒获,却不肯认输。

孔明为稳定南方部族,对孟获不骂不打更不杀,陪他参观了蜀军的军营后,就放他回去并约定日后再战。

毕竟与蜀军打过一仗,自以为聪明的孟获改变了以往与蜀军正面对垒的策略,亲率兵马趁夜色来偷袭蜀军的营寨。

殊不知,这早就在孔明的意料之中,于是,孟获及部下陷入了蜀军的埋伏圈中,再次被擒。他依然口口声声是不服,孔明又再次将他放了。

这样孟获一次又一次地改变战略,或坚守渡口,或退守山地,但还是一次又一次地被擒获。当他第七次被蜀军擒获后,他终于心悦诚服地归顺蜀国,立誓永不叛乱。此后,蜀国的后方变得稳定,南方部族的人民也就得以休养生息、安居乐业。

从这个事例中,我们可以看出,孔明是很懂得以德服人的诀窍的,即攻心为上,并善于以周密的计策和雄厚的实力作为实现其目标的基础保证。所以,他一次又一次地给傲慢的孟获留下了一条生路,通过擒后放、再擒再放的策略,达到使孟获及其部族真正归顺的目的。

在孔明的言行中,可以集中地看到那些懿德美德:为人清廉而又胸有度量,为人仁慈而又善于决断,处事开明而又不至于妨碍细致的考察,处事认真而又不至于矫枉过正,这些美德都像不过分甜腻的蜜饯、不过分咸苦的海味一样,更易被人所接受,直至使孟获之类的冥顽之人也情愿归心。

类似孔明之类的智者,尚能在某些敌我双方兵戎相见的场合中,以德降服敌手。那么,在自己所属的团体内,在平和的环境内,就更应以德性来陶冶感化部属或同事。

刘备在临终前,对太子刘禅有这样一段发自肺腑的由衷叮咛:"勿以恶小而为之,勿以善小而不为。惟贤惟德,能服于人。"这可说是刘备一生创业立国的经验总结语。

从与此类似的更多例子中不难看到,在人与人的交往中,德性的陶熔具有一种特殊的人格感召力。于是,与有德者交往,似沐浴在春风雨露中;在与缺德者打交道时,则有似坐卧冰天雪地的感觉……

为了让我们生活的世界变得更美好,让更多的人在人际交往中感受到春天般的温暖,个人的立德持德长养德,仍然是需要我们注意的。

在这方面,洪应明提出尊重别人的三点建议,值得我们认真学习。它们是:

(1)不苛责别人的小过。此会使我们学会宽容待人,宽厚论人。

(2)不播发别人的隐私。此有助于我们理解、尊重并同情他人。

(3)不记别人的旧恶。这将使我们不再纠缠在恩恩怨怨之中,并赢得冰释前嫌的喜悦。

这些都不是很难做到的——哪怕是对平民百姓而言,而相应的成果就是颇为丰盛的:既施惠于别人,有助于自我品德的建树,还有助于自我的避害保身。

那么,如果他人以德性来陶冶我们,处于受惠者的地位,那应作何反应呢?

回答无疑是:报德。

以德报德是对德行陶熔的正面肯定和共鸣,必然会将爱、希望与和谐散布于天地间。

善于揣摩实情

鬼谷子像，出自《鬼谷四友志》。

战国时期的鬼谷子认为：善于揣摩诸侯实情的君王，必然能衡量天下的权势。假如衡量权势不够周到，就不能知道诸侯的强弱虚实；假如揣摩实情不够详细，就不能知道全天下的时局变化。

衡量权势就是说：要测量大小，要谋划众寡，估量一下财货的有无，计算一下人民的多少和贫富，以及贫富到什么程度？分析地形的险易，哪里有利？哪里有害？在谋略上，哪个好？哪个坏？在君臣的亲疏方面，哪个贤德高？再观察天时的祸福，看看什么是吉？什么是凶？尤其是诸侯之间的亲疏关系，看看哪个可用？哪个不可用？所有这些，就叫做善于“衡量权势”。

在对方最高兴的时候，去加大他们的欲望，他们既然有欲望，就不能隐瞒实情；又必须在敌人最恐惧的时候，前去加重他们的恐惧，他们既然有害怕的心理就不能隐瞒实情，情欲必然丧失于变化。对那些受感动却不知道变化的人，要暂时放下，不跟他说话，而另向他所亲近的人打听他安静的原因，这就是所谓的“揣摩实情”。

详细衡量权势，这是谋划国事的人的职责，在向人君游说献策时，就应当详细揣摩实情。凡是谋虑情欲，必然都用这种策略。他们可尊贵，可卑贱，可尊重，可轻视，可有利，可有害，可成功，可失败，其中的揣摩之术是相同的。所以虽然有古圣先王的德行和智谋，假如不揣摩敌情也无法得到隐匿的情报，这不仅是谋略的基础，而且是游说的通用法则。常有事情传到人的心里，而人的认识不能发生在事前，在事情发生前就能预见，是最难的。所以说揣摩实情这件事最难，必须在适当时机侦察敌人的言论。因此，当昆虫蠕动时，都有它们自己的利害关系存在，并依此而发生变化。事情表现出微弱趋势的时候只是刚刚开始，只有细心揣摩才能得到实情。

好人是坏人的老师，坏人是好人的借鉴

春秋时期的老子认为：善于办事的，不留下任何痕迹；善于言谈的，不会说错任何

柳下惠像,图出自清·顾沅《古圣贤像传略》。

话;善于计算的,不需要计算工具;善于关闭的,不使用门闩便可以让人无法打开大门;善于捆缚的,无须用绳索却让人解不开结。所以圣人总是善于挽救和帮助芸芸众生,做到人尽其才,因此世上没有被遗弃不用的人;总是善于救助和利用物品,做到物尽其用,因此天下也没有被遗弃不用的东西,这叫做内在的大聪明、深藏的大智慧。所以说好人是坏人的老师,而坏人则是好人的借鉴。如果不尊重自己的老师,不爱惜自己的借鉴,那么即使是聪明人也迟早会变成大糊涂蛋,这些都是精要深奥的道理。

善于做统帅的,不逞勇武;善于作战的,不轻易发怒;善于战胜敌人的,不同敌人正面交锋;善于任用人才的,总是谦居人下。这些都是不与人争的品德,任用人才的本领,符合自然的规律,这是自古以来就有的最高准则。

学习贤人品质,不蹈袭贤人行为

春秋时期的柳下惠是鲁国贤人,
一天,夜宿于城门口,一女子前来寻宿,柳下惠怕这女子冻死,就用衣服把她裹在怀里,心里没有其他非分之想。

鲁国还有一男子,独居,他邻居为一寡妇,也独居。一天晚上,暴风雨至,寡妇屋坏,于是寡妇敲那男子的门,请求让她躲躲雨。然而,那男子坚决不同意。

寡妇从窗口对他说:"你毫无同情之心,为何不让我进门?"

男子说:"我听说男女年不过六十不同居,现在,你我都年轻,所以,我不敢收留你。"

寡妇说:"你为何不像柳下惠那样坐怀不乱呢?"

男子答道:"柳下惠可以办到,我却办不到。我现在正是以我的'办不到'来学柳下惠的'可以办到'。"

向柳下惠学习的人没有一个比得上这个男子!学习贤人的品质而不蹈袭贤人的

行为，这也是智者的表现。”正如“君子坦荡荡，小人常戚戚”。

与众不同方能出人头地

战国时期的庄子认为：尽管个人的足迹所及毕竟有限，但还须凭借足迹遍布周围广大的土地才能迈向远方；虽然人类的知识有限，但还须凭借那未知的领域去认识无限的世界与真理。

要探求真理，就不可偏执一隅，也不可漫无边际。万物纷纭，生长化育，古今不可替代，也不会亏损。

一切事物的终极境界就是顺应自然发展的结果。顺应自然，事物变化的枢纽便找到了，太初的认识从此开始；认识自然，认识真理，也从此开始。承认自己无知，然后才叫真知。

人生在世的目标，实际只有两件事——让世界变得美好，让人生变得美好。

要做好这两件事，就要不断加强自己的修养，善以待己，也能善以待人；在事业上是强者，在众人的眼里是个好人；明白世事人生的道理，也能正确对待自己的成败得失；为人处世，能大处着眼，也会小处着手。要做到这样，无论对自己还是对他人，都不会遇到麻烦。因此，先要明白道理，其次是不要苛求。

一般人们都喜欢人们和自己相同，厌恶别人和自己不同，这是出人头地的想法。然而，这样又不可能会出人头地。

至于人的教化，就像影子随形，回响之于声音，有问则答，主要是让别人畅所欲言，他只做个听众。他每天做事，不受教条束缚；他的思想与日俱新，所以无始无终；他以大同为原则，因而为人处世处于忘我状态。一个人既然忘我，就不必占有。往日的君子知道“有”，了解“无”的，则是“天地之友”。

《东周列国志》版画之会葵丘义戴周天子图，描绘了齐桓公与管仲于葵丘主持诸侯会盟，拥戴周天子之事。

苛求贤者，是对贤者的爱护

唐朝时期的赵蕤认为：因人不同，所犯的错误也不相同。一般说来，对贤者的错误责备要严，对普通人的错误责备要宽。如孔子批评管仲，正是由于把他当做一流人才来看，才惋惜他没能成就更大的事业。对普通人如果像贤者那样要求，那么普通人就没有一点可取之处了。

过去，管仲辅佐齐桓公，九次主持与诸侯会盟，使天下得以匡正，可孔子还是小看他，曾说："管仲的器量狭小得很啊！"因为他没有努力辅佐齐桓公成就王业，只成就了霸业。夔、龙、稷、契（虞舜的臣子）是天子的辅佐，狐偃、舅犯（晋文公重耳的臣子）是霸主的辅佐。孔子曾称赞管仲说："假如没有管仲，我们就会被夷狄之国所灭，恐怕我们早已成为野蛮人了。"这是因为孔子觉得管仲有王佐之才，却只辅佐齐桓公成就了霸业，不是器量狭小又是什么呢？可见孔子是把管仲当做夔、龙、稷、契一类人来看的，所以才批评他器量狭小。

虞卿在游说魏王时说："楚国是非常强大的，甚至可以说天下无敌。楚国国君将派兵攻打燕国。"魏王说："你刚才说楚国天下无敌，现在又说即将攻打燕国，这是什么意思？"虞卿回答说："假如说马很有力气，这是对的，但假如说马能驮动千斤的重量，这是不对的。为什么呢？因为千斤之重，不是马能驮起来的。现在说楚国强大是对的，但假如说楚国能够越过赵国和魏国去攻打燕国，那岂是楚国能做到的？"由此看来，管仲九次主持诸侯会盟，而孔子还小看他；楚国不能越过魏国去攻打燕国，虞卿反而认为楚国强大，这并不是不负责的说法，而是根据他们各自品类来说的。

对贤者的爱护是苛求贤者。因为贤者总是有一定声望和地位，因而也是人们注意的焦点，一举一动都会对普通人产生较大的影响。但中国传统中却有与之相反的现象，即为尊者讳。势位一尊，就成了圣人，错误都是别人犯的，而功德都是尊者一人所为。然而一旦倒台，就又成了千人唾骂、遗臭万年的人。所以为尊者讳的人，其实恰恰是尊者的掘墓人。对尊者要求也应如对贤者一样，要严一些，即使对他个人来讲也是好事。而对待普通人，则不妨宽容一些。人非圣贤，孰能无过？过而能改，善莫大焉。宽容，就是宽容别人的毛病、缺点，乃至错误。如果没有毛病，对你随声附和，你怎么看怎么舒心，这样就不需要宽容了。

使人无背后之毁

战国时期，魏国大将乐羊率兵攻占了中山国。凯旋回朝时，国君魏文侯就将一个密封的箱子赏给了乐羊，很多人认为里面是金银玉石。

殊不知，乐羊回家打开箱子后，发现内中所装的，只是满满一箱的奏章。打开一看，它们都是其他大臣在乐羊围攻中山国时所上的奏章，内容不外是说乐羊之所以对中山国久攻不下，乃是因乐羊的儿子乐舒是中山国的重臣，两父子之间有着某种默契，所以乐羊就观望不战。即使是轻一点说，乐羊也是耽误战机。因此，建议应该撤销乐羊的职务，云云。

乐羊这才知道，自己之所以能率军夺取最后胜利，首先是得益于魏文侯对自己的信任。正因魏文侯将这些奏章锁在箱里，从而使自己得以不受到背后的毁谤所带来的种种困扰和损害，使军心得以保持稳定。不然的话，结果就可能达到适得其反的效果。

“使人有面前之誉，不若使其无背后之毁”，确是至理之言。

使人无背后之毁，不仅是对别人的一种尊重，还是一种与人为善的交际技巧，别人有过失之处，我们能当面指出，会有助于当事者的改正，而且还能增加人际关系的亲密与融洽度，这样才不会因彼此背后的说三道四而引起猜疑、矛盾与不和。

人是处在社会关系中的动物，一个人不可能包打天下。因此，一个聪明的成功者，对于功劳与美名，不会独揽一身，而是实事求是，将完名美节分些给他人，如此，他在日后也就可以远害，可以全身，可以吸引志同道合者，事业也就可以走向更辉煌。而人非圣贤，一个聪明的成功者，面对在成功路上难免的一时失败，不会将责任、恶名和处分全推给他人，而是客观乃至更多地承担相应的责任，以此来韬光养德。

严格要求自己，善于反省自己，吃一堑长一智，触事皆成药石，失败是成功之母，也就开辟了不断通往成功之路。反之，一有失误就怨天尤人者，念头一起，即是戈矛，于事无补，表现出的是人性弱点，接通的也就是失败之源。两种态度与做法相比较，却有天地的区别。

应该注意到，誉毁的立足基础在于是非，因是而致毁，因非而致誉，那就是大错特错了。既然誉毁与是非有着密切的联系，所以，还有必要对洪应明关于是非得失的思想进行陈述。

首先，不应过多地纠缠在是非问题上，尤其是不能把别人的不是总挂在嘴上，以免有碍对别人的全面认识。也不能总是执著自己的是处，防止据此而产生不合理的欲望。

其次，个人对于是非问题，不可稍加迁就，否则，就会陷入是非的迷魂阵，不能把握趋是避非的标准。在面对利害得失时，则不可太分明，否则，就会斤斤计较，太分明则会使个人的私心泛滥，因私而害己。

使人无背后之毁，是我们个人所可能也应当做到的，这会使我们的修养趋于完美，使我们的认识变得理智。当然，在现实中，背后之毁是不可能完全消失的。对此，还应予以正确的对待，尤其是对于背后之毁所包含的那些合理的因素，更应予以虚心接受。

可见，被谤毁者面对谤毁，自加修省，可以去邪僻，使自己或自己手下的作品近乎尽善尽美，使自己的为人处世显得更为练达圆熟。这才是杜绝日后背后之毁的根本依据，我们要知道，众口铄金的道理。

害人之心不可有，防人之心不可无

你们怎样对别人，别人自然也会怎样待你。冥冥昭昭之中，善有善报，恶有恶报。你首先要对别人热忱坦率，别人才会与你友善。对于没有足够了解的人还需有所防备，但“防人”并不是疑神疑鬼，而是对于任何人、尤其是陌生人，不要轻易地相信盲从，遇到事情应该有自己的判断，而不是因为对方说了什么好话就轻易地相信他人。《论语·宪问》篇中记载："子曰：'不逆诈，不忆不信，抑亦先觉者，是贤乎？'"所谓贤达之人就是知道别人欺骗自己但并不给人难堪，也不随便猜测怀疑别人，而是以诚待人，信任他人。

生活中，我们都不喜欢与小人打交道。但是，又避免不了。这是因为谁的脸上也没有贴上小人标签的字样。我们要御人，也要防被人御，特别是防被小人御，应时刻提防不要上了小人的当，更不要被小人当枪使。否则，也许真应了那句老话"被人卖了还在帮着人家数钱"。

东晋大将军王敦去世后，他的兄长王含便想去投奔王舒，因为他已经没了依靠。王含的儿子王应在一旁劝说他父亲去投奔王彬，王含训斥道："大将军生前与王彬有什么交往？你小子以为到他那儿能有什么好处？"王应不服气地答道："这正是孩儿劝父亲投奔他的原因，江州王彬是在强手如林时凭自己的能力打出一块天地的，他能不趋炎附势，这就不是一般人的见识所能做到的。现在看到我们衰亡下去，一定会产生慈悲怜悯之心；而荆州的王舒一向保守，他是不会例外收留我们的。"

王含不听，还是去投靠王舒，王舒果然将王含父子沉没于江中。而王彬当初听说王应及其父要来，悄悄地准备好了船只在江边等候，但没有等到，后来听说王含父子投靠王舒后惨遭厄运，深深地感到遗憾。

好欺侮弱者的人，必然会依附于强者；能抑制强者的人，必然会扶助弱者。王应的一番话说明他是深谙世情的，在这点上，他要比他父亲强得多。

柔被弱者利用，可以博得人同情，很可能救弱者于危难之间。弱者之柔很少有害，往往是弱者寻找保护的一个护身符，柔被正者利用，则正者更正，为天下所敬佩。正者之柔，往往是为人宽怀，不露锋芒，忍人所不能忍。

然而，天下最不幸的就是柔被奸者、邪者所利用了。他们往往欺下罔上，无恶不作；在强者面前奴颜婢膝，阿谀奉承，在弱者面前却盛气凌人，横行霸道，他们以柔来掩盖真实的丑恶嘴脸，让人看不到他的阴险毒辣，然后趁你不注意时狠狠地捅你一刀。

正是这种人才善于耍手腕，以他的所谓柔来战胜对手，达到他不可告人的目的。他们往往长于不动声色，老谋深算，满肚子鬼胎，对手往往来不及防备便遭到暗算。

有些人看上去毕恭毕敬，一般而言，这样的人在与人交际时，大都低声下气，并且，始终运用赞美的语气。因此，初识之际，对方往往感觉不好意思；但是，交往日久，就会察觉到这种人随时阿谀的态度，从而讨厌他们。

他们外表的恭敬，并不是内心的恭敬。这种人常常过分使用不自然的敬语，常是敌意、轻视、具有警戒心的表示。因为常识告诉我们，双方关系好时是用不着过多恭敬语的。

公平地说，毕恭毕敬的柔弱者，大多并非是什么恶人邪徒。之所以强调对他们的防范，是因为在他们柔弱的表象给我们带来安全感之时，混迹其中的黑心者很容易偷袭得手。

当我们管理外表柔弱之人时，应该力戒松懈，时刻提高警惕，小心测试他内心的意图,而绝不能掉以轻心,以为此类人就可以不负重托,不行奸邪。常言道:害人之心不可有,防人之心不可无,这就告诉我们对外表毕恭毕敬的更应注意。这样的人才是真正的"伪君子"。

君子之交淡如水,小人之交甘如醴

我们在选择交朋友的时候,不小心看走了眼,不但会带来麻烦,还会让自己处于困境。这正如"烤火烧了衣服"一样,是件划不来的事。

在与人相处的过程中,难免会跟人发生争执。但是,即便是在情绪不能自己控制而吵架的时候,也要有分寸感。

有分寸感的人,也能使自己保持主动。没有分寸感的人,做起事来,就一发不可收拾,弄成僵局,没有转弯回旋的余地。为了一些无足轻重的小事,发生很严重的争吵,造成许多不便,是非常不值得的。

一个富有分寸感的人,是不会轻易跟别人闹不愉快的。很多事情,都能够很有分寸地和对方商谈、讨论,晓以利害,动以真诚,摆事实,讲道理,解除对方的疑虑,提出具体的建议。每一句话,都能够说得轻重适宜,进退有据,合情合理,婉转动听。通过细致的商谈,切实的讨论,找出解决的途径,就不会引来争吵。

我们生活中有那么一种分寸感很强的人,他们善于团结群众,让很多人同仇敌忾。他们不但能够控制自己的分寸,同时也善于调整别人的分寸。在许多不同的分寸之间,加加减减,异中求同,使各方面的人,都在他们的折中调解之中,找到一个解决的方案。

有时候,我们需要对那些犯了错误的人提出忠告或加以批评时,也是要细心地把握分寸感。因此,分寸感很强的人,当他需要批评别人的时候,他能够把对方的错误,如实指出,对方不但不生气,反而觉得心悦诚服,觉得他的话非常有道理,他的态度也真诚有礼。

如果把握不好分寸,那么别人虽然承认错误,但心里也会很不好受。

如果再重了一些,别人就可能不肯接受,甚至于动怒、发火,从此把你当作冤家,让怨气久久不散。批评的效果,就荡然无存了。

婚姻心理学家的调查和实验证明,再亲密的夫妻,结婚两三年之后,都要经历一段危机,那就是婚姻倦怠期,也就是人们常说的"纸婚"期,一个最直接的原因,就是彼此没有什么神秘可言了。

这个理由听起来似乎有些荒唐,但却证明了待人处世中的一条浅白而朴实的道理——保持恰当的安全距离为上策。

所以,与一切可利用的亲戚朋友、名人交际,不管是真情互助还是相互利用,都要始终遵循一个规律:保持清醒的头脑和恰当的距离,因为"关系"也会过犹不及,失去意义。

在平淡中建立友善的交情,不可刻意地去追求,如果你急于去求得友情的话,别人就会觉得你另有他图;如果不想和恶人交往下去了,也得慢慢地疏远他,进行冷处理，而不能让对方明显地感觉到你态度的变化。所以，结交朋友要注意方法，与朋友绝交也要注意技巧。

常言说："君子之交淡如水，小人之交甘如醴。"我们与人相处，每分每秒，都要有分寸感。